高等学校大数据技术与应用规划教材

R 语言数据分析与挖掘

杜　宾　钱亮宏　黄　勃　高永彬　编著

中国铁道出版社有限公司
CHINA RAILWAY PUBLISHING HOUSE CO., LTD.

内 容 简 介

本书从 R 语言的使用出发,在重点介绍 R 语言编程基础、操作、可视化、统计、高性能计算和机器学习的同时,注重实践能力的培养和数据分析与挖掘素质的全面提高。

本书分为统计分析基础和机器学习实践两部分,共 12 章,内容包括 R 语言概述、数据访问、数据操作、数据可视化、概率与分布、基本统计分析、回归分析、方差分析、大数据高性能计算、机器学习流程、有监督学习模型、无监督学习模型。本书的重点是让学生了解 R 语言数据分析与挖掘的基本技能和操作方法,并与数据分析与挖掘的典型方法、算法和应用场景结合。

本书内容丰富、体系新颖、结构合理、文字精练,适合作为普通高等院校信息类、管理类和数学统计类专业的 R 语言数据分析与挖掘课程的教材,也可作为数据科学行业相关从业人员的自学用书。

图书在版编目(CIP)数据

R 语言数据分析与挖掘/杜宾等编著. —北京:中国铁道
出版社有限公司,2019.7
高等学校大数据技术与应用规划教材
ISBN 978-7-113-25753-8

Ⅰ.①R… Ⅱ.①杜… Ⅲ.①程序语言-程序设计-高等
学校-教材②数据处理-高等学校-教材③数据采集-高等
学校-教材 Ⅳ.①TP312②TP274

中国版本图书馆 CIP 数据核字(2019)第 081989 号

书　　名:**R 语言数据分析与挖掘**
作　　者:杜　宾　钱亮宏　黄　勃　高永彬

策　　划:曹莉群　　　　　　　　　　**读者热线:**(010)63550836
责任编辑:包　宁
封面设计:穆　丽
责任校对:张玉华
责任印制:郭向伟

出版发行:中国铁道出版社有限公司(100054,北京市西城区右安门西街 8 号)
网　　址:http://www.tdpress.com/51eds/
印　　刷:北京铭成印刷有限公司
版　　次:2019 年 7 月第 1 版　2019 年 7 月第 1 次印刷
开　　本:787 mm×1 092 mm　1/16　印张:22.75　字数:531 千
书　　号:ISBN 978-7-113-25753-8
定　　价:59.80 元

前 言

PREFACE

　　随着信息技术的普及和应用,各行各业产生了大量的数据,人们持续不断地探索处理这些数据的方法,以期最大限度地从中挖掘有用信息。面对如潮水般不断增加的数据,人们不再满足于数据的查询和统计分析,而是期望从数据中提取信息或者知识为决策服务。数据挖掘技术突破数据分析技术的种种局限,结合统计学、数据库、机器学习等技术解决从数据中发现新的信息并辅助决策这一难题,是正在飞速发展的前沿学科。近年来,随着教育部"新工科"建设的不断推进,大数据技术受到广泛的关注,数据挖掘作为大数据技术的重要实现手段,能够挖掘数据的关联规则、实现数据的分类、聚类、异常检测和时间序列分析等,解决商务管理、生产控制、市场分析、工程设计和科学探索等各行各业中的数据分析与信息挖掘问题。

　　R 语言是一种通用的统计计算和数据可视化开源软件环境和编程语言,具有高度可扩展性。R 语言同时支持 Linux、Windows 和 Mac 操作系统。R 语言的前身为贝尔实验室研发的 S 语言。1992 年由新西兰奥克兰大学的 Ross Ihaka 和 Robert Gentleman 创建,并以他们的名字首字母作为项目名称。2007 年 Revolution Analytics 公司成立,对 R 语言做商用支持,2015 年 1 月被 Microsoft 收购。

　　1997 年,R 语言正式开源,吸引了世界范围内各行业的代码贡献者,实现各种各样的数据分析方法。截至 2018 年 11 月,CRAN(the Comprehensive R Archive Network)官方收录了 13 328 个算法库,常用的包括:

- 数据加载:RODBC、RMySQL、RSQLite、XLConnect、xlsx、foreign;
- 数据处理:dplyr、tidyr、stringr、lubridate;
- 数据可视化:ggplot2、ggvis、rgl、htmlwidgets、googleVis;
- 数据建模:car、mgcv、nlme、randomForest、multcomp、glmnet、survival、caret、mlr;
- 数据报告:shiny、xtable;
- 空间数据:sp、maptools、maps、ggmap;
- 时间序列和金融数据:zoo、xts、quantmod;
- 高性能计算:Rcpp、data. table、parallel;
- 网页数据:XML、jsonlite、httr。

　　截至本书出版,共有 283 所高校获批"数据科学与大数据技术"专业,其中 985 及 211 高校占比达 13%。目前,国内数据人才缺口更是达到百万级。由于其开源性、易用性和强大的数据分析能力，R语言已成为世界范围内应用最广泛的数据科学工具和语言之一。目前，R语言数据分析与挖掘逐渐成为高校信息类、管理类和数学统计类专业的必修课程内容，同时，作为面向各专业的通识课也广受欢迎。

本书作为立足于应用型本科数据科学与大数据教学的R语言核心课教材，具有如下特色：

（1）内容安排合理且全面，从R语言的基本编程、数据处理、数据可视化、统计分析到高性能计算和机器学习，循序渐进，深入浅出。

（2）难度适中，适合作为本科中高年级的核心课教材，零基础要求，对编程及数学知识不作为必要基础。

（3）理论与案例相结合，理论与实践相结合，包含了泰坦尼克号乘客生存分析、航班准点数据处理、鸢尾花数据建模等实践案例。

本书全面介绍了R语言的基本编程、数据处理、数据可视化、统计分析到高性能计算和机器学习，主要内容分为以下两部分：

第一部分：统计分析基础。第1章为R语言概述，包括R语言的相关背景、基本概念和基本操作等。第2章为数据访问，包括基本数据类型、数据的输入和输出等。第3章为数据操作，包括数据的缺失值处理、转换、合并和取子集等。第4章为数据可视化，包括各种图形元素的绘制和各种图表的绘制。第5章为概率与分布，包括常用概率和中心极限定理。第6章为基本统计分析，包括描述性统计分析、相关性和常用检验等。第7章为回归分析，包括OLS回归和回归诊断等。第8章为方差分析，包括ANOVA模型、单因素和多元方差分析等。

第二部分：机器学习实践。第9章为大数据高性能计算，包括大数据的选择、聚合、引用、筛选、连接和变形等。第10章为机器学习流程，包括数据探索、划分、填充、特征选择、建模调优和测试评估等。第11章主要介绍常用的有监督学习模型，包括线性、朴素贝叶斯、k近邻、决策树、随机森林、神经网络、支持向量机等。第12章主要介绍常用的无监督学习模型，包括k均值聚类、DBSCAN聚类、AGNES层次聚类和关联分析模型等。

本书由杜宾、钱亮宏、黄勃和高永彬编著。具体分工如下：杜宾编写第1章到第8章，黄勃编写第9章，钱亮宏编写第10章和第11章，高永彬编写第12章。全书由方志军、范磊和许华根主审。感谢孙冉、沈烨和周恒对本书的贡献。

由于编者水平有限，加之时间仓促，书中难免存在疏漏和不足之处，敬请老师和同学批评指正。

编　者

2018 年 11 月

目录

CONTENTS

第一部分 统计分析基础

第1章

概 述 <<<

随着计算机和互联网的广泛应用,人类可获取并存储的数据量随时间呈指数级增长,当今世界已经进入大数据(big data)时代。企业、公司拥有 TB 级的客户交易数据,政府机关、学术团体以及各研究机构拥有各类研究课题的大量文本和各式各样的实验、调查数据。从这些海量数据中挖掘信息、探索规律已经形成社会经济结构的一种产业;同时,如何以容易让人理解和沟通的方式呈现隐藏在数据中的信息和知识日益成为有趣且前景可观的职业或工作。

数据分析科学(如统计学、计量心理学、计量经济学、机器学习等)的发展一直与数据的爆炸式增长保持同步。在个人计算机普及之前,学术研究人员已经开发出很多新颖的统计方法,并将其研究成果以论文的形式发表在专业期刊上;同时,这些方法可能需要很多年才能够被程序员编写并整合到广泛用于数据分析的统计软件中。

首先,个人计算机将计算变得廉价且便捷,促使现代数据分析的方式发生变化。与过去一次性设置好完整的数据分析过程不同,现在这个过程已经变得高度交互化,每一阶段的输出都可以充当下一阶段的输入。一个典型的数据分析过程如图1.1所示。在任何时候,子循环都可能要进行数据变换、变量增加或减少、缺失值增补,甚至重新执行整个分析过程。当数据分析师认为分析过程已经深入地理解数据,并且可以回答相关问题时,分析过程可以结束。

身处"互联网+"时代,新需求层出不穷,同时新的解决方法不断涌现。统计研究者经常在专业性网站上发表新方法和改进的方法,并分享相应的实现代码,全球共同造就了当今的 R 语言。

个人计算机的出现对数据分析的方式产生影响之二是统计软件的数据处理方式。当数据分析需要在大型机

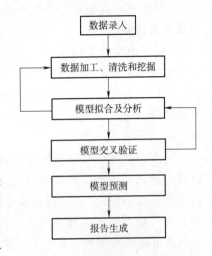

图 1.1 典型的数据分析过程

上完成的时候,机时非常宝贵难求。分析师们设定可能用到的所有参数和选项,再让计算机执行计算。程序运行完毕后,输出的结果可能长达几十甚至几百页。之后,分析师会仔细筛查整个输出,去芜存菁。许多受欢迎的统计软件正是在这个时期开发出来的。直到现在,统计软件依然在一定程度上沿袭这种处理方式。

个人计算机的出现对数据分析的方式产生影响之三是理解和呈现分析结果的变化。人类擅长通过视觉获取有用信息,现代数据分析也日益依赖通过呈现图形来揭示含义和表达结果。当代的数据分析人士需要从广泛的数据源(数据库管理系统、文件、电子表格及统计软件)获取数据,将数据片段融合到一起,对数据做清理和标注,用最新的方法进行分析,以有吸引力的图形化方式展示结果,最后将结果整合成令人感兴趣的报告并向利益相关者和公众发布。

R语言作为统计学的一门语言应运而生,直到大数据的爆发,突变成为一门数据分析的强大工具,功能全面的数据加工、处理、分析、挖掘的集成软件。

1.1　为什么使用 R 语言

R是一个具有强大统计分析与绘图功能的软件系统。最先由 Ross Ihaka 和 Robert Gentleman 共同开发,现在由 R 开发核心小组(R Development Core Team)维护,是完全自愿、负责且具有奉献精神的全球性研究型社区,将世界优秀的统计应用软件集成支持分享。与起源于贝尔实验室的 S 语言类似,R 可看作 S 语言的一种实现形式,是一套开源的数据分析解决方案。对比其他流行的统计和绘图软件,如 Microsoft Excel、SAS、SPSS、Stata 以及 Minitab,为什么选择 R? 显而易见,互联网时代的 R 具有很多优良的品质和特性。

(1)R 语言开源(open source)意味着 R 是"免费的午餐"。比较而言,多数商业统计软件价格不菲,投入常常成千上万,例如 SAS 统计软件。

(2)R 是一个全面的统计研究平台,提供各式各样的数据分析技术,几乎任何类型的数据分析工作皆可在 R 中完成。

(3)R 囊括其他软件中尚不可用的、先进的统计计算例程。事实上,新方法的更新速度是以周来计算的。

(4)R 的绘图及可视化功能十分强大。如果希望复杂数据可视化,那么 R 拥有强大且全面的一系列可用功能。

R 是一个可进行交互式数据分析和探索的强大平台,其核心设计理念就是支持图 1.1 概述的分析方法。例如,任意一个分析步骤的结果均可被轻松保存、操作,并作为进一步分析的输入。

从多个数据源获取并将数据转化为可用的形式,可能是一个富有挑战性的课题。R 可以轻松地从各种类型的数据源导入数据,包括文件、数据库管理系统、统计软件,乃至专门的数据仓库,同样可以将数据输出并写入到这些系统中。R 也可以直接从网页、社交媒体网站和各种类型的在线数据服务中获取数据。

R 可以使用一种简单且直接的方式编写新的统计方法,易于扩展,并为快速编程实现新方法提供一套自然语言。R 的功能可以被整合到其他语言编写的应用程序,包括 C ++、

Java、Python、PHP、Pentaho、SAS 和 SPSS,继续使用熟悉语言的同时还可以在应用程序中加入 R 的功能。

　　R 可运行于多种平台之上,包括 Windows、UNIX 和 Mac OS X。R 语言拥有各式各样的 GUI(Graphical User Interface,图形用户界面)工具,通过菜单和对话框提供相应的功能。

　　图 1.2 所示为 R 绘图功能的一个示例,使用一行代码就可以绘制这张图。后续章节将会进一步讨论这类图形。重要的是,R 能够以一种简单而直接的方式创建信息丰富、高度定制化的图形。使用其他统计语言创建类似的图形不仅费时费力,而且可能根本无法实现。

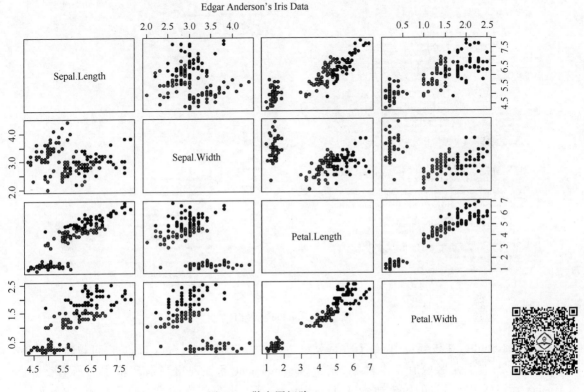

图 1.2　散点图矩阵

　　R 的学习曲线较为陡峭。因为它的功能非常丰富,所以文档和帮助文件也相当多。另外,由于许多功能由独立贡献者编写,这些文档比较零散而且大多是英文版本。事实上,掌握 R 的所有功能是一项挑战,正确的学习方式是各取所需。下面从 R 的安装开始学习。

1.2　R 的安装

　　将需要安装 R 的计算机连接互联网,R 便可以在 CRAN(Comprehensive R Archive Network,http://cran.r.project.org)的任一镜像站点上免费下载。操作系统 Windows、Mac OS X 和 Linux 均有对应的安装程序,只需根据平台的安装向导进行选择即可。通过安装包等可选模块(类似从 CRAN 下载)增强 R 的系统功能。

1.3 RStudio 集成环境

RStudio 是一套功能强大的开发环境,提供友好且简约的用户交互界面,并能够兼容各种操作系统,充分发挥 R 语言的各项功能,主界面如图 1.3 所示。本书所有 R 操作和代码均在 R 3.5 版本下运行并实现,如果不强调说明,默认集成开发平台为 RStudio。

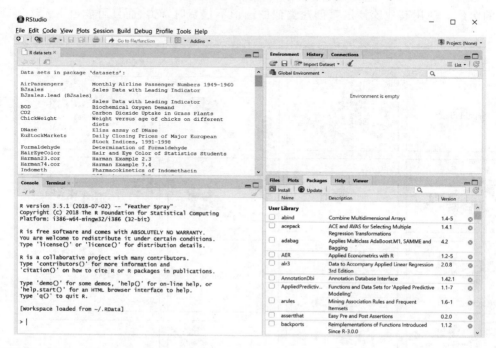

图 1.3 RStudio 主界面

运行 RStudio,在该环境中,最上方是菜单栏;左边区域是控制台(console),可以输入各种 R 语言命令;右上角区域有 3 个标签,其中,Environment 标签列出当前环境中的所有变量,History 标签列出执行过的历史命令,Connections 标签列出当前连接的外部数据源;右下角区域有 5 个标签,Files 标签列出当前工作目录中的所有文件,Plots 标签显示最近一次所绘制的图,Packages 标签列出当前环境载入的所有包,Help 标签显示最近一次查看的帮助信息,Viewer 标签显示本地网页文件。

1.4 R 的基础操作

R 是一种区分大小写的解释型语言。可以在命令提示符(>)后每次输入并执行一条命令,或者一次性执行写在脚本中的一组命令。R 中有多种数据类型,包括向量、矩阵、数据框(与数据集类似)以及列表(各种对象的集合)。

R 中的多数功能是由程序内置函数、用户自编函数和对对象的创建和操作所提供的。一个对象可以是任何能被赋值的东西。对于 R 来说,对象可以是任何东西(如数据、函数、图形、分析结果等)。每个对象都有一个类属性,类属性可以告诉 R 如何对其进行处理。

一次交互式会话期间的所有数据对象都被保存在内存中。一些基本函数是默认直接可用的,而其他高级函数则包含于按需加载的程序包中。

R语句由函数和赋值构成。R使用 < -,而不是传统的 = 作为赋值符号。例如:

```
x  < - rnorm(7)
```

该语句创建了一个名为x的向量对象,它包含7个来自标准正态分布的随机偏差。

R允许使用 = 为对象赋值,但是这样写的R程序并不多,因为它不是标准语法。一些情况下,用等号赋值会出现问题。还可以反转赋值方向,如 rnorm(7) - > x 与上面的语句等价。注释由符号#开头。在#之后出现的同一行所有文本都会被R解释器忽略。

1.4.1　启动和退出

首先,通过一个简单的虚构示例直观地感受RStudio界面。假设正在研究生理发育问题,并收集1名小孩从出生到成长共12年内的年龄和体重数据,感兴趣的是体重的分布及体重与年龄的关系,如表1.1所示。

表 1.1　儿童的年龄与体重

年龄/岁	体重/斤	年龄/岁	体重/斤
1	15	7	50
2	24	8	55
3	30	9	60
4	35	10	65
5	40	11	70
6	45	12	75

代码1.1显示分析的过程。可以使用函数c()以向量的形式输入年龄和体重数据,此函数可将其参数组合成一个向量或列表。然后用mean()、sd()和cor()函数分别获得体重的均值和标准差,以及年龄和体重的相关度。最后使用plot()函数,从而用图形展示年龄和体重的关系,这样就可以用可视化的方式检查其中可能存在的趋势。函数q()将结束会话并允许退出R。

【代码1.1】一个会话示例

```
age  < - c(1,2,3,4,5,6,7,8,9,10,11,12)
weight  < - c(15,24,30,35,40,45,50,55,60,65,70,75)
mean(weight)
## [1] 47
sd(weight)
## [1] 18.87278
cor(age,weight)
## [1] 0.9979766
plot(age,weight)
```

代码 1.1 中可以看到,这个小孩从 1 岁到 12 岁的平均体重是 47 斤,标准差为 18.87278,年龄和体重之间存在较强的线性关系(相关度 = 0.9979766)。这种关系也可以从图 1.4 所示的散点图看到。不出意料,随着年龄的增长,儿童的体重也趋于增加。散点图的信息量充足,但不够美观。

如果要初步了解 R 能够绘制何种图形,在命令行中运行 demo( ) 函数即可。其他演示还有 demo(Hershey)、demo(persp) 和 demo(image)。若要浏览完整的演示列表,不加参数直接运行 demo( ) 函数即可。

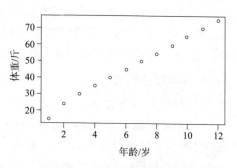

图 1.4 儿童的体重(斤)和年龄(岁)的散点图

1.4.2 获取帮助

R 提供大量的帮助功能,学会使用这些帮助文档可以在相当程度上提升编程能力。帮助系统提供当前已安装包中所有函数的细节、参考文献以及使用示例,可以通过表 1.2 中列出的函数查看帮助文档。

表 1.2 R 的帮助函数

函 数	功 能
help. start( )	打开帮助文档首页
help("foo") 或? foo	查看函数 foo 的本地帮助文档(引号可以省略)
help. search("foo") 或?? foo	以 foo 为关键词搜索网络帮助文档
example("foo")	函数 foo 的使用示例(引号可以省略)
RSiteSearch("foo")	以 foo 为关键词搜索在线文档和邮件列表存档
apropos("foo" , mode = "function")	列出名称中含有 foo 的所有可用函数
data( )	列出当前已加载包中所含的所有可用示例数据集
vignette( )	列出当前已安装包中所有可用的 vignette 文档
vignette("foo")	为主题 foo 显示指定的 vignette 文档

help. start( ) 函数打开一个浏览器窗口,可在其中查看入门和高级的帮助手册、常见问题集,以及参考材料。RSiteSearch( ) 函数可在在线帮助手册和 R. Help 邮件列表的讨论存档中搜索指定主题,并在浏览器中返回结果。由 vignette( ) 函数返回的 vignette 文档一般是 PDF 格式的实用介绍性文章。不过,并非所有的包都提供 vignette 文档,经常使用? 或?? 可查看某些函数的功能(如选项或返回值)。

1.4.3 工作空间

工作空间(workspace)就是当前 R 的工作环境,存储所有用户定义的对象(向量、矩阵、函数、数据框、列表)。在一个 R 会话结束时,可以将当前工作空间保存到一个镜像,并在下次启动 R 时自动载入。各种命令可在 R 命令行中交互式地输入,使用上下方向键查看已输入命令的历史记录。这样就可以选择一个之前输入过的命令并适当修改,最后按【Enter】键重新运行。

当前工作目录(working directory)是 R 用来读取文件和保存结果的默认目录。可以使用 getwd( )函数查看当前的工作目录,或使用 setwd( )函数设定当前的工作目录。如果需要读入一个不在当前工作目录下的文件,则需在调用语句中写明完整的路径,注意使用引号界定这些目录名和文件名。用于管理工作空间的部分函数如表 1.3 所示。

表 1.3　R 工作空间的函数

函　　数	功　　能
getwd( )	显示当前的工作目录
setwd("mydirectory")	修改当前的工作目录为 mydirectory
ls( )	列出当前工作空间中的对象
rm(objectlist)	移除(删除)一个或多个对象
help(options)	显示可用选项的说明
options( )	显示或设置当前选项
history(#)	显示最近使用过的#个命令(默认值为 25)
savehistory("myfile")	保存命令历史到文件 myfile 中(默认值为 . Rhistory)
loadhistory("myfile")	载入一个命令历史文件(默认值为 . Rhistory)
save. image("myfile")	保存工作空间到文件 myfile 中(默认值为 . RData)
save(objectlist, file = "myfile")	保存指定对象到一个文件中
load("myfile")	读取一个工作空间到当前会话中(默认值为 . RData)
q( )	退出 R,将会询问是否保存工作空间

了解表 1.3 中命令是如何运作的,运行代码 1.2 可查看结果。

【**代码 1.2**】用于管理 **R** 工作空间的命令使用示例

```
setwd( "myprojects/project1" )
options( )
options( digits = 3 )
x  < - runif( 20 )
summary( x )
hist( x )
q( )
```

首先,当前工作目录被设置为 myprojects/project1,当前的选项设置情况将显示出来,而数字将被格式化,显示为具有小数点后三位有效数字的格式。然后,创建一个包含 20 个均匀分布随机变量的向量,生成此数据的摘要统计量和直方图。当 q( )函数被运行的时候,程序将向用户询问是否保存工作空间。如果用户输入 y,命令的历史记录保存到文件 . Rhistory 中,工作空间(包含向量 x)保存到当前目录中的文件 . RData 中,会话结束,R 程序退出。

setwd( )函数的路径中使用正斜杠。反斜杠\在 R 中作为一个转义符。即使在 Windows 平台上运行 R,在路径中也要使用正斜杠。同时,setwd( )函数不会自动创建一个不存在的目录。如有必要,可以使用 dir. create( )函数创建新目录,然后使用 setwd( )函数将工作目录指向这个新目录。

在独立的目录中保存项目是一个好习惯。也许在启动一个会话时使用 setwd() 命令指定到某一个项目的路径,后接不加选项的 load("RData") 命令。这样做可以让从上一次会话结束的地方重新开始,并保证各个项目之间的数据和设置互不干扰。这样做可以启动 R,载入保存的工作空间,并设置当前工作目录到这个文件夹中。

1.4.4　输入和输出

启动 R 后将默认开始一个交互式的会话,从键盘接收输入并从屏幕进行输出,也可以运行脚本(包含 R 语句的文件)中的命令集并直接将结果输出到多类目标。

1. 输入

source("filename") 函数可在当前会话中执行一个脚本。如果文件名中不包含路径,R 将假设此脚本在当前工作目录中。例如,source("myscript. R")将执行包含在文件 myscript. R 中的 R 语句集合。依照惯例,脚本以 . R 作为扩展名。

2. 文本输出

sink("filename") 函数将输出重定向到文件 filename 中。默认情况下,如果文件已经存在,则它的内容将被覆盖。使用参数 append = TRUE 可以将文本追加到文件后,而不是覆盖它。参数 split = TRUE 可将输出同时发送到屏幕和输出文件中。不加参数调用 sink() 函数将仅向屏幕返回输出结果。

3. 图形输出

虽然 sink() 函数可以重定向文本输出,但它对图形输出没有影响。要重定向图形输出,使用表 1.4 中列出的函数即可。最后,使用 dev. off() 函数将输出返回到终端。

表 1.4　图形输出的函数

函　　数	输　　出
bmp("filename. bmp")	BMP 文件
jpeg("filename. jpg")	JPEG 文件
pdf("filename. pdf")	PDF 文件
png("filename. png")	PNG 文件
postscript("filename. ps")	PostScript 文件
svg("filename. svg")	SVG 文件
win. metafile("filename. wmf")	Windows 图元文件

下面通过一个示例理解整个流程。假设有包含 R 代码的三个脚本 script1. R、script2. R 和 script3. R。执行语句:source("script1. R")。将会在当前会话中执行 script1. R 中的 R 代码,结果将出现在屏幕上。如果执行语句:

```
sink("myoutput", append = TRUE, split = TRUE)
pdf("mygraphs. pdf")
source("script2. R")
```

文件 script2. R 中的 R 代码将执行,结果显示在屏幕上。除此之外,文本输出将被追加到文件 myoutput 中,图形输出将保存到文件 mygraphs. pdf 中。最后,如果执行语句:

```
sink( )
dev. off( )
source( "script3. R" )
```

文件 script3. R 中的 R 代码将执行,结果将显示在屏幕上。这一次,没有文本或图形输出保存到文件中。

R 对输入来源和输出走向的处理相当灵活,可控性很强。

1.5　包

R 提供大量下载即用的功能,最有价值的部分功能是通过可选模块的下载和安装实现的。目前有 5 500 多个称为包(Package)的模块可从 http://cran. r. project. org/web/packages 下载。这些包提供横跨各领域、数量惊人的新功能。例如:分析地理数据、处理蛋白质质谱,甚至是心理测验分析。

1.5.1　什么是包

包是 R 函数、数据、预编译代码以一种定义完善的格式组成的集合。计算机上存储包的目录称为库(library)。. libPaths( )函数能够显示库所在的位置,library( )函数则可以显示库中有哪些包。

R 默认内置一系列标准包,包括 stats、graphics、grDevices、utils、datasets、methods 以及 base,覆盖许多基本的函数和数据集。其他包可通过下载进行安装,安装后包必须被载入到会话中才能使用。search( )函数可以显示当前哪些包已加载并可使用。

1.5.2　包的安装

R 程序包的安装有三种方式:

(1)菜单方式:在接入互联网的条件下,按步骤"程序包 > 安装程序包… > 选择 CRAN 镜像服务器 > 选定程序包"进行实时安装。

(2)命令方式:在接入互联网的条件下,在命令提示符后输入 install. packages ("ggplot2"),就可以完成程序包 ggplot2 的安装。

(3)本地安装:在无互联网条件下,先从 CRAN 社区下载需要的程序包及与之关联的程序包,再按第一种方式通过"程序包"菜单中的"用本机的 zip 文件安装程序包"选定本机上的程序包(zip 文件)进行安装。

如果需要,还可通过步骤"程序包 > 更新程序包…"对本机的程序包进行实时更新。

一个包仅需安装一次,但和其他软件类似,包经常被其作者更新。可以使用 update. packages( ) 函数更新已经安装的包。要查看已安装包的描述,可以使用 installed. packages( )函数,将列出已安装的包,以及版本号、依赖关系等信息。

1.5.3　包的载入

包的安装指从某个 CRAN 镜像站点下载它并将其放入库中的过程。R 会话使用包,还需要使用 library()函数载入这个包。除 R 的标准程序包(如 base 包)外,新安装的程序包在使用前必须先载入,有两种载入方式:

(1)菜单方式:按步骤"程序包 > 载入程序包…",再从已有的程序包中选定需要的一个加载。

(2)命令方式:在命令提示符后输入 library("ggplot2"),实现加载程序包 ggplot2。

1.5.4　包的使用

载入一个包之后,就可以使用包所包含的一系列函数和数据集。包中往往提供演示性的小型数据集和示例代码,能够让用户尝试这些新功能。帮助系统包含每个函数的一个描述,同时带有示例,每个数据集的信息也被包括其中。help(package = "package_name")命令可以输出某个包的简短描述以及包中的函数名称和数据集名称的列表。使用 help()函数可以查看其中任意函数或数据集的更多细节,这些信息也能以 PDF 帮助手册的形式从 CRAN 下载。

有一些错误是初学者可能常犯的,当程序出错时可以从以下几方面检查:

(1)没有区分大小写。help()、Help()和 HELP()是三个不同的函数(只有第一个是正确的)。

(2)忽略引号的作用。install. packages("gclus")能够正常执行,然而 install. packages(gclus)将会报错。

(3)函数调用时忘记使用括号。例如,要使用 help()而非 help。即使函数无须参数,仍需加上()。

(4)在 Windows 上,路径名中使用了反斜杠 \。R 将反斜杠视为一个转义字符。所以,setwd("c:\mydata")会报错。正确的写法是 setwd("c:/mydata")或 setwd("c:\\mydata")。

(5)使用尚未载入包中的函数或数据。例如,order. clusters()函数包含在 gclus 包中,如果还没有载入 gclus 包就使用 order. clusters()函数将会报错。

R 的出错信息可能不准确,如果严格遵守以上几点,就能避免许多不必要的错误,节省时间,少走弯路。

1.6　结果的重用性

R 有一个非常实用的特点是重用性,即输出结果可以轻松保存,并作为进一步分析的输入使用。例如,运用汽车数据 mtcars 执行一次简单线性回归,通过车身质量(wt)预测每加仑汽油行驶的英里数(mpg)。可以通过以下语句实现:

```
lm( mpg ~ wt, data = mtcars)
```

结果将显示在屏幕上,不会保存任何信息。下一步,执行回归,区别是在一个对象中保存结果:

```
lmfit <- lm( mpg ~ wt, data = mtcars)
```

以上赋值语句创建一个名为 lmfit 的列表对象,其中包含分析的大量信息,如包括预测值、残差、回归系数等。虽然屏幕上没有显示任何输出,但分析结果可在稍后被显示和继续使用。输入 summary(lmfit)将显示分析结果的统计概要,plot(lmfit)将生成回归诊断图形,而语句 cook <- cooks. distance(lmfit)将计算和保存影响度量统计量,plot(cook)对其绘图。要在新的车身

质量数据上对每加仑汽油行驶的英里数进行预测,还可以使用 predict(lmfit,mynewdata)。

如果要了解某个函数的返回值,查阅这个函数在线帮助文档中的 Value 部分即可。本例应当查阅 help(lm) 或 ? lm 的对应部分,这样可以知道将某个函数的结果赋值到一个对象时,保存下来的结果具体是什么。

1.7　综　合　示　例

多重任务描述如下:

(1)打开帮助文档首页,并查阅其中的"Introduction to R"。

(2)安装 vcd 包(一个用于可视化类别数据的包)。

(3)列出此包中可用的函数和数据集。

(4)载入这个包并阅读数据集 Arthritis 的描述。

(5)显示数据集 Arthritis 的内容(直接输入一个对象的名称将列出它的内容)。

(6)运行数据集 Arthritis 自带的示例,比较接受治疗的关节炎患者和接受安慰剂的患者的治疗情况。

(7)退出。

所需的代码如代码 1.3 所示,只需使用少量 R 代码即可完成大量的工作。

【代码 1.3】使用一个新包

```
help. start( )
install. packages( "vcd" )
help( package  =  "vcd" )
library( vcd)
help( Arthritis)
Arthritis
example( Arthritis)
q( )
```

1.8　大数据处理

大数据通常为超出传统数据库的采集、存储和分析能力的规模巨大的数据集。其特征可归纳为 4V,主要有:

(1)数据体量大(volume)。按照数据存储与管理行业界定,大数据一般指在 10 TB 规模左右的数据集。

(2)数据多样化(variety)。大数据既包括结构化数据也包括传感器数据、音频、视频、日志、点击流量等非结构化数据。

(3)处理速度快(velocity)。基于对实时数据及其关联数据的处理,快速准确地处理源具有高要求。

(4)价值密度低(value)。价值密度的高低与数据总量大小成反比。大数据的研究热点是设计强大的机器算法实现数据价值的体现。

　　R 包含若干个常用于分析大型数据集的包,例如 biglm 和 speedglm 包能以内存高效的方式实现大型数据集的线性模型拟合和广义线性模型拟合。针对 bigmemory 包生成的大型矩阵,biganalytics 包提供 k 均值聚类、列统计和一个 biglm 的封装。bigtabulate 包提供 table()、split() 和 tapply() 功能;bigalgebra 包提供高级的线性代数函数。biglars 包和 ff 共同配合使用,为在内存中无法放置的大数据提供最小角回归(least-angle regression)、Lasso 和逐步回归分析。data.table 包提供 data.frame 的增强版,包括更快的聚集、更快的有序、重叠范围连接,以及更快根据参考组进行列相加、修改和删除。还可以使用带有大型数据集的 data.table 结构(例如内存 100 GB),与任意期望得到数据框的 R 函数都兼容。

　　这些包均能容纳用于特殊目的的大数据集,并且相对容易使用。对于处理 TB 级分析数据的解决方案,至少有五个项目旨在方便地使用 R 来处理 TB 级数据集。其中三个是开源免费的,即 RHIPE、RHadoop 和 pbdR;另外两个是商业产品,即 RevoSution R Enterprise(RevoScaleR)和 Oracle R Enterprise。每个项目都需要对高性能计算有一定的了解。

　　RHIPE 包(http://www.datadr.org)提供将 R 和 Hadoop(基于 Java 的免费软件架构,用于在分布式环境下处理大数据)深度融合的编程环境。该包的作者还开发其他的软件,为非常大的数据集提供“分裂与重组”和数据可视化方法。

　　RHadoop 项目提供 R 包封装的集合,用于管理和分析 Hadoop 上的数据。rmr 包在 R 内部提供 Hadoop 的 MapReduce 功能,rhdfs 和 rhbase 包支持 HDFS 文件系统和 HBASE 数据存储上的访问。维基百科介绍该项目并提供相关教程。需要注意的是 RHadoop 包必须从 GitHub 而不是 CRAN 安装。

　　pbdR(programming with big data in R)项目通过一个简单的界面到达可扩展、高性能的库(如 MPI、ScaLAPACK 和 netCDF4),使其能够在 R 中进行高级别的数据并行运算。pbdR 软件在大规模计算集群上还支持单线程多数据(SPMD)模型。可以通过访问 http://r-pbd.org/ 了解详细信息。

　　Revolution R Enterprise(http://www.revolutionanalytics.com)是 R 的一个商业版本,包括一个支持可扩展数据分析和高性能计算的包 RevoScaleR。RevoScaleR 使用二进制 XDF 格式的数据文件从磁盘到内存优化流数据,并提供一系列常见的大数据统计分析算法。可以执行数据管理任务,并在 TB 级数据集上获得汇总统计、列联表格、相关性和协方差、非参数统计、线性和广义线性回归、逐步回归、k 均值聚类以及分类和回归树。此外,Revolution R Enterprise 可以和 Hadoop(通过 RHadoop 包)及 IBM 的 Netezza(通过 IBM PureData 分析系统的插件)集成。

　　最后,Oracle R Enterprise(http://www.oracle.com)是一种商业产品,可用于使用 R 环境操作存储在 Oracle 数据库和 Hadoop 上的大规模数据集。Oracle R Enterprise 是 Oracle 高级分析的一部分,需要安装在 Oracle 的企业版数据库上。几乎 R 的所有功能,包括数以千计的贡献包,都可以使用 Oracle R Enterprise 界面应用于 TB 级的数据问题。这是一个相对昂贵但全面的解决方案,主要适用于财力雄厚的大企业。

　　不论用哪种语言,处理 GB 到 TB 级范围内的数据集都是一种挑战。在 RHIDE、RHadoop、RevoScaleR 和 pbdk 四个包中,RevoScaleR 或许是最容易安装和使用的程序包。有关分析大型数据集的其他信息还可以从 CRAN 的任务视图“High-Performance and Parallel Computing with R”(http://cran.r-project.org/web/views)获取。这是一个正在迅猛发展、成长壮大的前沿领域。

1.9　数　据　挖　掘

1.9.1　数据挖掘的定义

数据挖掘(Data Mining,DM)又称知识发现(Knowledge Discover in Database,KDD),指从数据集的大量数据中揭示出隐含的、先前未知的并具有潜在价值的规律,是目前人工智能和数据库领域研究的经典问题。数据挖掘是一种决策支持过程,主要基于人工智能、机器学习、模式识别、统计学、数据库、可视化技术等,高度自动化地分析企业的数据,做出归纳性的推理,从中挖掘出潜在的模式,帮助决策者调整市场策略,减小风险,做出正确的决策。

1.9.2　数据挖掘的任务

数据挖掘的任务主要是关联分析、聚类分析、分类、预测、时序模式和偏差分析等。

1. 关联分析

关联(association)规则挖掘由 Rakesh Apwal 等人首先提出。两个或两个以上变量的取值之间存在某种规律性,称为关联。数据关联是数据库中存在的一类重要的、可被发现的知识。关联分为简单关联、时序关联和因果关联。关联分析的目的是找出数据库中隐藏的关联网。一般用支持度和可信度两个阈值来度量关联规则的相关性,还不断引入兴趣度、相关性等参数,使得所挖掘的规则更符合需求。

2. 聚类分析

聚类(clustering)是把数据按照相似性归纳成若干类别,同一类中的数据彼此相似,不同类中的数据相异。聚类分析可以建立宏观的概念,发现数据的分布模式,以及可能的数据属性之间的相互关系。

3. 分类

分类(classification)是找出一个类别的概念描述,代表这类数据的整体信息,即该类的内涵描述,并用这种描述来构造模型,一般用规则或决策树模式表示。分类是利用训练数据集通过一定的算法而求得分类规则,可用于规则描述和预测。

4. 预测

预测(predication)是利用历史数据找出变化规律,建立模型,并由此模型对未来数据的种类及特征进行预测。预测关心的是精度和不确定性,通常用方差来度量。

5. 时序模式

时序模式(time-series pattern)是指通过时间序列搜索出的重复发生概率较大的模式。与回归一样,它也是用已知的数据预测未来的值,但这些数据的区别是变量所处时间不同。

6. 偏差分析

在偏差(deviation)中包括很多有用的知识,数据库中的数据存在很多异常情况,发现数据库中数据存在的异常情况是非常重要的。偏差检验的基本方法是寻找观察结果与参照之间的差别。

1.9.3　数据挖掘的过程

根据信息存储格式,用于挖掘的对象有关系数据库、面向对象数据库、数据仓库、文本数据源、多媒体数据库、空间数据库、时态数据库、异质数据库以及 Internet 等。数据挖掘流程如下:

(1)定义问题:清晰地定义出业务问题,确定数据挖掘的目的。

(2)数据准备:数据准备包括选择数据和数据预处理。选择数据:在大型数据库和数据仓库目标中提取数据挖掘的目标数据集;数据预处理:进行数据再加工,包括检查数据的完整性及数据的一致性、去噪声、填补丢失的域、删除无效数据等。

(3)数据挖掘:根据数据功能的类型和数据的特点选择相应的算法,在净化和转换后的数据集上进行数据挖掘。

(4)结果分析:对数据挖掘的结果进行解释和评价,转换成能够最终被用户理解的知识。

(5)知识的运用:将分析所得到的知识集成到业务信息系统的组织结构中去。

1.9.4　数据挖掘的方法

1. 神经网络

神经网络由于本身良好的健壮性、自组织自适应性、并行处理、分布存储和高度容错等特性非常适合解决数据挖掘的问题,因此,近年来逐步受到人们的关注。典型的神经网络模型主要分三大类:以感知机、BP 反向传播模型、函数型网络为代表的,用于分类、预测和模式识别的前馈式神经网络模型;以 Hopfield 的离散模型和连续模型为代表的,分别用于联想记忆和优化计算的反馈式神经网络模型;以 ART 模型、Koholon 模型为代表的,用于聚类的自组织映射方法。神经网络方法的缺点是"黑箱"性,人们难以理解网络的学习和决策过程。

2. 遗传算法

遗传算法是一种基于生物自然选择与遗传机理的随机搜索算法,是一种仿生全局优化方法。遗传算法具有的隐含并行性、易于和其他模型结合等性质使得它在数据挖掘中被加以应用。

Sunil 已成功地开发了一个基于遗传算法的数据挖掘工具,利用该工具对两个飞机失事的真实数据库进行了数据挖掘实验,结果表明遗传算法是进行数据挖掘的有效方法之一。遗传算法的应用还体现在与神经网络、粗糙集等技术的结合上。如利用遗传算法优化神经网络结构,能够在不增加错误率的前提下,删除多余的连接和隐层单元;用遗传算法和 BP 算法结合训练神经网络,然后从网络提取规则等。但遗传算法的算法较复杂,收敛于局部极小的较早收敛问题尚未解决。

3. 决策树

决策树是一种常用于预测模型的算法,它通过将大量数据有目的地分类,从中找到一些有价值的、潜在的信息。它的主要优点是描述简单,分类速度快,特别适合大规模的数据处理。最有影响和最早的决策树方法是由 Quinlan 提出的基于信息熵的 ID3 算法。它的主要问题是:ID3 是非递增学习算法;ID3 决策树是单变量决策树,复杂概念的表达困难;同性间的相互关系强调不够;抗噪性差。针对上述问题,出现了许多较好的改进算法,如 Schlimmer 和 Fisher 设计了 ID4 递增式学习算法;钟鸣、陈文伟等提出了 IBLE 算法等。

4. 粗糙集方法

粗糙集理论是一种研究不精确、不确定知识的数学工具。粗糙集方法有几个优点：不需要给出额外信息；简化输入信息的表达空间；算法简单，易于操作。粗糙集处理的对象是类似二维关系表的信息表。目前成熟的关系数据库管理系统和新发展起来的数据仓库管理系统，为粗糙集的数据挖掘奠定了坚实的基础。但粗糙集的数学基础是集合论，难以直接处理连续的属性。而现实信息表中连续属性是普遍存在的。因此连续属性的离散化是制约粗糙集理论实用化的难点。现在国际上已经研制出来了一些基于粗糙集的工具应用软件，如加拿大 Regina 大学开发的 KDD-R、美国 Kansas 大学开发的 LERS 等。

5. 覆盖正例排斥反例方法

此方法利用覆盖所有正例、排斥所有反例的思想来寻找规则。首先在正例集合中任选一个种子，到反例集合中逐个比较。与字段取值构成的选择子相容则舍去，相反则保留。按此思想循环所有正例种子，将得到正例的规则（选择子的合取式）。比较典型的算法有 Michalski 的 AQ11 方法、洪家荣改进的 AQ15 方法以及他的 AE5 方法。

6. 统计分析方法

在数据库字段项之间存在两种关系：函数关系（能用函数公式表示的确定性关系）和相关关系（不能用函数公式表示，但仍是相关确定性关系），对它们的分析可采用统计学方法，即利用统计学原理对数据库中的信息进行分析。可进行常用统计（求大量数据中的最大值、最小值、总和、平均值等）、回归分析（用回归方程来表示变量间的数量关系）、相关分析（用相关系数来度量变量间的相关程度）、差异分析（从样本统计量的值得出差异来确定总体参数之间是否存在差异）等。

7. 模糊方法

利用模糊理论对实际问题进行模糊评判、模糊决策、模糊模式识别和模糊聚类分析。系统的复杂性越高，模糊性越强，一般模糊理论是用隶属度来刻画模糊事物的亦此亦彼性。李德毅等人在传统模糊理论和概率统计的基础上，提出定性定量不确定性转换模型——云模型，并形成云理论。

1.9.5 数据挖掘软件的评价

评价数据挖掘软件需要考虑的问题：越来越多的软件供应商加入了数据挖掘这一领域的竞争。用户如何正确评价一个商业软件，选择合适的软件成为数据挖掘成功应用的关键。评价一个数据挖掘软件主要应从以下四方面展开：

（1）计算性能：如该软件能否在不同的商业平台运行；软件的架构；能否连接不同的数据源；操作大数据集时，性能变化是线性的还是指数的；计算效率；是否基于组件结构易于扩展；运行的稳定性等。

（2）功能性：如软件是否提供足够多样的算法；能否避免挖掘过程黑箱化；软件提供的算法能否应用于多种类型的数据；用户能否调整算法和算法的参数；软件能否从数据集随机抽取数据建立预挖掘模型；能否以不同的形式表现挖掘结果等。

（3）可用性：如用户界面是否友好；软件是否易学易用；软件面对的用户是初学者、高级用户还是专家；错误报告对用户调试是否有很大帮助；软件应用的领域是专攻某一专业领域还是适用多个领域等。

（4）辅助功能:如是否允许用户更改数据集中的错误值或进行数据清洗;是否允许值的全局替代;能否将连续数据离散化;能否根据用户制定的规则从数据集中提取子集;能否将数据中的空值用某一适当均值或用户指定的值代替;能否将一次分析的结果反馈到另一次分析中,等等。

小　结

本章首先介绍 R 语言的特点和优点,正是这些优点吸引了大多数学者、研究者、统计学家以及数据分析师等希望理解数据所具有意义的人。从程序的安装出发,讨论如何通过下载附加包来增强 R 的功能。探索了 R 的基本界面,以交互方式运行 R 程序,并绘制一些示例图形。最后,介绍如何将工作保存到文本和图形文件中。由于 R 的复杂性,建议花费一些时间了解如何访问大量现成可用的帮助文档。学习本章后,希望对 R 和 RStudio 的强大功能具有探索性的初步认识。

数据挖掘又称知识发现,是一种决策支持过程,主要基于人工智能、机器学习、模式识别、统计学、数据库、可视化等技术,高度自动化地分析企业的数据,做出归纳性的推理,从中挖掘出潜在的模式,帮助决策者调整市场策略,减小风险,做出正确的决策。数据挖掘的任务主要是关联分析、聚类分析、分类、预测、时序模式和偏差分析等。

习　题

1. R 语言具有哪些优点?

2. 熟悉 R 和 RStudio 的安装过程,在计算机上建立自己的 R 平台。

3. 了解 R 及 RStudio 的基本功能,如查看帮助文档、设置工作目录、清理工作空间的内存变量。

4. R 内置许多程序、数据和示例,查看 plot( )函数的相关功能,并运行相关示例。

5. 安装 R 语言的程序包(package)有哪几种方法?

6. R 语言拥有超过 2 000 个程序包(package)。对于初学者,要选择合适的包和函数来解决遇到的问题,可行的解决方案有哪些?

7. 在自己建立的 R 平台中如何安装本地包?

8. R 语言的运算结果具有重复性,举例说明其原理。

9. 什么是数据挖掘? 详细描述数据挖掘的主要过程。

10. 数据挖掘的主要任务有哪些?

11. 数据挖掘有哪些主要方法?

第 2 章

数 据 访 问 ⋘

处在"数据为王"的时代,学术性或现实性问题的解决都需要数据的支持和佐证。根据个人偏好格式建立覆盖研究信息的数据集,这是任何数据分析的第一步。在 R 的世界里,这个任务主要包括两个步骤:①选择一种数据结构来存储数据;②将数据输入或导入到这个数据结构中。

首先,介绍 R 中用于存储数据的多种结构。其中,2.2 节描述向量、矩阵、数组、数据框、因子以及列表的用法,熟悉这些数据结构及访问其中元素的方法有助于了解 R 的操作方式和工作原理。

其次,介绍多种向 R 中导入数据的可行方法。既可以手工输入数据,也可从外部源导入数据。数据源可为文件、Excel、统计软件和各类数据库管理系统,或是从 SAS、Stata、SPSS 中导出的数据。通常,仅仅需要掌握描述的一两种方法,因此可根据需求有选择地查阅此部分内容。

创建数据集后,往往需要对数据进行标注,也就是为变量和变量代码添加描述性的标签。本章将阐述数据集的标注问题,并介绍一些处理数据集的实用函数。

2.1 数 据 集 合

数据集合简称数据集,通常是由数据构成的二维矩阵或数组,其中行表示事例、记录或元组,列表示变量或属性。不同的行业对于数据集的行和列叫法不同。统计学家称为观测样本(observation)和变量(variable),社会学家称为案例(case)和变量(variable),数据库专家则称其为记录(record)和字段(field),数据挖掘和机器学习的研究者则称其为实例(example)和属性(attribute)。任一数据集可以清晰地查询数据集的结构以及其中包含的数据类型和具体数值。例如,表 2.1 所示为常见的大学生数据集。

表 2.1　大学生数据

学号(ID)	入学时间(AdmDate)	年龄(Age)	学生类型(Class)	专业(Profession)
1	2016.9.18	18	本科	计算机科学与技术
2	2016.9.18	25	博士	管理科学与工程
3	2016.9.18	21	硕士	电子商务
4	2016.9.18	20	本科	金融工程

在表 2.1 所示的数据集中,ID 是行/实例标识符,AdmDate 是日期型变量,Age 是数值型变量,Class 是分类型变量,Profession 是字符型变量。表 2.1 实际上对应 R 中的一个数据框。多样化的数据结构赋予 R 极其灵活的数据处理能力。

R 语言有 5 种最基本的"原子性"数据类型,分别是字符型、数值型(实数)、整数型、复数型和逻辑型(真或假)。最基本的数据对象是向量,向量只能包含同一数据类型的对象,可以调用 vector( ) 函数创建空向量。在 R 中,ID、AdmDate 和 Age 为数值型变量,而 class 和 Profession 为字符型变量。进一步设置,ID 是实例标识符,AdmDate 是含有日期的数据,Class 和 Profession 分别是分类型和字符型变量。R 将实例标识符称为行名(rowname),将分类型变量称为因子(factor)。

R 语言中数字一般被当成数值型对象处理。如果需要创建整数型对象,需要在数字后面加上后缀 L。例如,输入"1"得到数值型对象,而输入 1L 则得到整数型对象。Inf 是一个特殊的数值型对象,表示无穷,如 1/0 的结果即为 Inf。NaN 表示未定义的值,如 0/0 的结果即为 NaN。

2.2 数 据 结 构

R 拥有许多用于存储数据的对象类型,包括标量、向量、矩阵、数组、数据框和列表。由于类型不同,在存储数据的类型、创建方式、结构复杂度,以及用于定位和访问其中元素的标记等方面大相径庭。

在 R 中,对象(Object)是指可以赋值给变量的任何事物,包括常量、数据结构、函数,甚至图形。对象都拥有某种模式,描述此对象是如何存储的,以及某个类,像 print 这样的泛型函数表明如何处理此对象。

R 语言中的对象可以有属性,如名称、维度(如矩阵和数组)、类型、长度和其他用户自定义的属性。可以调用 attributes( ) 函数查看对象的属性。

除此之外,R 语言还有一些常用的"非原子性"数据类型。列表是一类特殊的向量,可以包含不同数据类型的元素。同时,列表是一种非常重要的数据类型,需要重点掌握。矩阵是一种有维度属性的向量,而维度属性本身就是一个长度为 2 的整数型向量。因子型用于表示类型数据,可以是有序或是无序的,可以将因子型理解为一个整数型向量,其中每个整数有一个标签。数据框用于存储表格数据,是一种特殊的列表,要求列表的每个元素长度相同,列表的每个元素可以视为表格的一列,每个元素的长度可以视为表格的行数。与矩阵不同的是,数据框的每一列可以是不同的数据类型。

与其他标准统计软件(如 SAS、SPSS 和 Stata)中的数据集类似,数据框(data frame)是 R 中用于存储数据的一种结构:列表示变量,行表示实例。在同一个数据框中可以存储不同类型(如数值型、字符型)的变量。数据框是用来存储数据集的主要数据结构。

2.2.1 向量

向量是用于存储数值型、字符型或逻辑型数据的一维数组。执行组合功能的 c( ) 函数可用来创建向量。各类向量如下所示:

```
a <- c(.1,2,0,.3,4,.5,6)
b <- c("Alpha go","master","God")
c <- c(TRUE,FALSE,TRUE,FALSE,TRUE,FALSE)
```

这里,a 是数值型向量,b 是字符型向量,而 c 是逻辑型向量。单个向量中的数据必须拥有统一的类型(数值型、字符型或逻辑型),即同一个向量不能包含不同类型的数据。

标量(scalar)又称"无向量",是只含一个元素的向量。物理学上,标量指在坐标变换下保持不变的物理量,只有数值大小,而没有方向。例如 a <-,b <- "male" 和 c <- FALSE。它们通常用于保存常数。

通过在方括号中给定元素所处位置的数值,可以访问向量中的任一元素。例如,a[c(3,6)]用于访问向量 a 中的第 3 个和第 6 个元素。其他例子如下:

```
a <- c("a","b","c","d","e","f","g")
a[2]
## [1] "b"
a[c(1,3,5)]
## [1] "a" "c" "e"
a[2:6]
## [1] "b" "c" "d" "e" "f"
```

语句中使用的冒号用于生成一个数值连续的序列。例如,a <- c(2:6)等价于 a <- c(2,3,4,5,6)。

2.2.2 矩阵

矩阵是一个二维数组,只是每个元素都拥有相同的类型(数值型、字符型或逻辑型)。可通过 matrix()函数创建矩阵。一般使用格式为:

```
myymatrix <- matrix(data, nrow = number_of_rows, ncol = number_of_columns, byrow = logical_value,
dimnames = list(char_vector_rownames,char_vector_colnames))
```

其中,vector 包含矩阵的元素,nrow 和 ncol 用以指定行和列的维数,dimnames 包含可选的、以字符型向量表示的行名和列名。选项 byrow 则表明矩阵应当按行填充(byrow = TRUE)还是按列填充(byrow = FALSE),默认情况下按列填充。下面代码展示 matrix()函数的使用方法。

【代码 2.1】创建矩阵

```
y <- matrix(1:30,nrow = 5,ncol = 6)
y
##      [,1] [,2] [,3] [,4] [,5] [,6]
## [1,]    1    6   11   16   21   26
## [2,]    2    7   12   17   22   27
## [3,]    3    8   13   18   23   28
## [4,]    4    9   14   19   24   29
## [5,]    5   10   15   20   25   30
cells <- c(10,2,50,108)
rnames <- c("r1","r2")
```

```
cnames <- c("c1","c2")
mymatrix <- matrix(cells,nrow = 2,ncol = 2,byrow = TRUE,dimnames = list(rnames,cnames))
mymatrix
##    c1  c2
## r1 10   2
## r2 50 108
mymatrix <- matrix(cells,nrow = 2,ncol = 2,byrow = FALSE,dimnames = list(rnames,cnames))
mymatrix
##    c1  c2
## r1 10  50
## r2  2 108
```

首先创建一个 5×6 的矩阵，接着创建一个 2×2 的含列名标签的矩阵，并按行进行填充，最后创建一个 2×2 的矩阵并按列进行填充。可以使用下标和方括号选择矩阵中的行、列或元素。X[i,]指矩阵 X 中的第 i 行，X[,j]指第 j 列，X[i,j]指第 i 行第 j 个元素。选择多行或多列时，下标 i 和 j 可为数值型向量，如代码 2.2 所示。

【代码 2.2】矩阵下标的使用

```
x <- matrix(1:10,nrow = 2)
x
##      [,1]  [,2]  [,3]  [,4]  [,5]
## [1,]   1     3     5     7     9
## [2,]   2     4     6     8    10
x[2,]
## [1]   2     4     6     8    10
x[,2]
## [1]   3     4
x[1,4]
## [1]   7
x[1,c(4,5)]
## [1]   7     9
```

首先，创建数字 1 到 10 的 2×5 矩阵。默认情况下，矩阵按列填充。然后，分别选择第 2 行和第 2 列的元素。接着，又选择第 1 行第 4 列的元素。最后选择位于第 1 行第 4、5 列的元素。

矩阵基本上是二维的，和向量类似，矩阵中也仅能包含一种数据类型。当维度超过 2 时，可以使用数组。当有多种类型的数据时，可以使用数据框。

2.2.3　数组

数组(array)与矩阵类似，但是维度可以大于 2。数组可通过 array()函数创建，形式如下：

```
myarray <- array(vector,dimensions,dimnames)
```

其中，vector 包含数组中的数据，dimensions 是一个数值型向量，指出各个维度下标的最大值，而 dimnames 是可选的、各维度名称标签的列表。代码 2.3 给出一个创建三维($2 \times 3 \times 4$)数值型数组的示例。

【代码 2.3】创建一个数组

```
dime1 <- c("X1","X2")
dime2 <- c("Y1","Y2","Y3")
dime3 <- c("Z1","Z2","Z3","Z4")
z <- array(1:24,c(2,3,4),dimnames = list(dime1,dime2,dime3))
z
##,,Z1
##
##    Y1 Y2 Y3
## X1  1  3  5
## X2  2  4  6
##
##,,Z2
##
##    Y1 Y2 Y3
## X1  7  9 11
## X2  8 10 12
##
##,,Z3
##
##    Y1 Y2 Y3
## X1 13 15 17
## X2 14 16 18
##
##,,Z4
##
##    Y1 Y2 Y3
## X1 19 21 23
## X2 20 22 24
```

数组是矩阵的一个自然扩展,在编写统计代码时非常有效。像矩阵一样,数组中的数据也只能拥有一种类型。从数组中选取元素的方式与矩阵相同。上例中,元素 $z[1,2,3]$ 为 15,$z[2,2,2]$ 为 10,$z[2,3,4]$ 为 24。

2.2.4 数据框

由于不同的列可以包含不同类型(数值型、字符型等)的数据,数据框的概念较矩阵来说更为一般,与在 SAS、SPSS 和 Stata 中的数据集类似。数据框是 R 中最常处理的数据结构。

表 2.1 所示的大学生数据集包含数值型和字符型数据。由于数据有多种类型,无法将此

数据集放入一个矩阵。在这种情况下,使用数据框是最佳选择。数据框可通过函数 data.frame()创建:

```
mydata <- data.frame(col1,col2,col3,...)
```

其中,列向量 col1、col2、col3 等可为任何类型(如字符型、数值型或逻辑型)。每一列的名称可由函数 names 指定。代码 2.4 清晰地展示相应用法。

【代码 2.4】创建一个数据框

```
ID <- c(1,2,3,4)
Age <- c(18,25,21,20)
Class <- c("本科","博士","硕士","本科")
Profession <- c("计算机科学与技术","管理科学与工程","电子商务","金融工程")
studentdata <- data.frame(ID,Age,Class,Profession)
studentdata
##   ID Age Class     Profession
## 1  1  18 本科 计算机科学与技术
## 2  2  25 博士     管理科学与工程
## 3  3  21 硕士       电子商务
## 4  4  20 本科       金融工程
```

每一列数据的类型必须唯一,可以将多个类型的不同列放到一起组成数据框。因为数据框与数据分析人员通常想象的数据集形态更接近,在讨论数据框时将常常使用术语变量和列。选取数据框中元素的方式有若干种。可以使用下标记号,也可直接指定列名。代码 2.5 使用之前创建的 studentdata 数据框演示这些方式。

【代码 2.5】选取数据框中的元素

```
studentdata[1:2]
##   ID Age
## 1  1  18
## 2  2  25
## 3  3  21
## 4  4  20
studentdata[c("Class","Profession")]
##   Class       Profession
## 1 本科     计算机科学与技术
## 2 博士     管理科学与工程
## 3 硕士       电子商务
## 4 本科       金融工程
studentdata $ Age
## [1] 18 25 21 20
```

第三个例子中的符号$用来选取一个给定数据框中的某个特定变量。例如,如果生成学生类型变量 Class 和专业变量 Profession 的列联表,使用以下代码即可:

```
table(studentdata $ Class , studentdata $ Profession )
##
##           电子商务 管理科学与工程 计算机科学与技术 金融工程
##   本科        0            0             1          1
##   博士        0            1             0          0
##   硕士        1            0             0          0
```

在每个变量名前都输入一次 studentdata $ 会很麻烦,所以不妨学习一些快捷方式。可以联合使用函数 attach( ) 和 detach( ) 或单独使用函数 with( ) 来简化代码。

1. attach( )、detach( ) 和 with( )

attach( ) 函数可将数据框添加到 R 的搜索路径中。R 在遇到一个变量名以后,将检查搜索路径中的数据框。以 mtcars 数据框为例,可以使用以下代码获取每加仑汽油行驶英里数(mpg)变量的描述性统计量,并分别绘制此变量与发动机排量(disp)和车身质量(wt)的散点图:

```
summary( mtcars $ mpg )
plot( mtcars $ mpg , mtcars $ disp )
plot( mtcars $ mpg , mtcars $ wt )
```

以上代码也可写成:

```
attach( mtcars )
summary( mpg )
plot( mpg , disp )
plot( mpg , wt )
detach( mtcars )
```

detach( ) 函数将数据框从搜索路径中移除,并不会对数据框本身做任何处理。这句是可以省略的,但其实它应当被例行地放入代码中,因为这是一个好的编程习惯。当名称相同的对象不止一个时,这种方法的局限性就很明显。考虑以下代码:

```
mpg < - c( 25 , 36 , 47 )
attach( mtcars )
##  The following object(s) are masked _by_ '. GlobalEnv' : mpg
plot( mpg , wt )
##  Error in xy. coords( x , y , xlabel , ylabel , log ) : 'x' and 'y' lengths differ
mpg
[ 1 ] 25 36 47
```

数据框 mtcars 被绑定之前,环境中已经有了一个名为 mpg 的对象。在这种情况下,原始对象将取得优先权,这与想要的结果有所不同。由于 mpg 中有 3 个元素而 disp 中有 32 个元素,故 plot 语句出错。attach( ) 函数和 detach( ) 函数最好在分析一个单独的数据框,并且不太可能有多个同名对象时使用。任何情况下,都要注意那些告知某个对象已被屏蔽(masked)的警告。

除此之外,另一种方式是使用 with( ) 函数,可以这样重写上例:

```
with( mtcars , {
    print( summary( mpg ) )
```

```
    plot(mpg,disp)
    plot(mpg,wt)
})
```

在这种情况下,花括号{}之间的语句都针对数据框 mtcars 执行,这样就无须担心名称冲突。如果仅有一条语句(例如 summary(mpg)),那么花括号{}可以省略。

with()函数的局限性在于,赋值仅在此函数的括号内生效。考虑以下代码:

```
with(mtcars,{
    stats  <- summary(mpg)
    stats
})
stats
##  Error:object 'stats' not found
```

如果需要创建在 with()函数以外存在的对象,使用特殊赋值符 <<-替代标准赋值符 <-,将对象保存到 with()函数之外的全局环境中,如以下代码:

```
with(mtcars,{
    nokeepstats  <- summary(mpg)
    keepstats  << - summary(mpg)
})
keepstats
##    Min.  1st Qu.   Median   Mean 3rd Qu.      Max.
##   10.40   15.43    19.20    20.09  22.80    33.90
nokeepstats
##  Error:object 'nokeepstats' not found
```

相对于 attach()函数,多数的 R 书籍更推荐使用 with()函数。从根本上说,选择哪个是个人偏好问题,并且应当根据目标和对于这两个函数含义的理解而定。

2. 实例标识符

在大学生数据中,学生编号(ID)用于区分数据集中不同的个体。在 R 中,实例标识符(case identifier)可通过数据框操作函数中的 rowname 选项指定。例如,语句:

```
studentdata <- data.frame(ID,Age,Class,Profession,row.names = ID)
```

将 ID 指定为 R 中标记各类打印输出和图形中实例名称所用的变量。

2.2.5 因子

变量可归结为分类型、有序型或连续型变量。分类型变量是没有顺序之分的类别变量。专业类型 Profession("计算机科学与技术","管理科学与工程","电子商务","金融工程")是分类型变量的一例。即使在数据中"计算机科学与工程"编码为 1 而"管理科学与工程"编码为 2,这也并不意味着二者是有序的。有序型变量表示一种顺序关系,而非数量关系。学生类型 Class("本科","硕士","博士")是顺序型变量的一个典型示例。

学生类型为本科状态没有硕士状态的学历高,但并不知道两者的具体差距。连续型变量可以呈现为某个范围内的任意值,并同时表示了顺序和数量。年龄 Age 就是一个连续型变量,能够表示像 30.2 或 20.7 这样的值以及其间的其他任意值,35 岁的人比 22 岁的人年长 13 岁。

类别(分类型)变量和有序类别(有序型)变量在 R 中称为因子(factor)。因子在 R 中非常重要,因为它决定数据的分析方式以及如何实现可视化。

factor( )函数以一个整数向量的形式存储类别值,整数的取值范围是 $[1\cdots n]$,同时一个由字符串组成的内部向量映射到这些整数上。例如一个向量:

```
Profession <- c("计算机科学与技术","管理科学与工程","电子商务","金融工程")
```

语句 Profession <- factor(Profession)将此向量存储为 $(1,2,3,4)$,并在内部将其关联为 1 = "计算机科学与技术"、2 = "管理科学与工程"、3 = "电子商务"和 4 = "金融工程"。针对向量 Profession 进行的任何分析都会将其作为分类型变量对待,并自动选择适合这一测度的统计方法。

表示有序型变量,需要为 factor( )函数指定参数 ordered = TRUE。给定向量:

```
Class <- c("本科","博士","硕士","本科")
```

语句 Class <- factor(Class,ordered = TRUE)将向量编码为 $(3,1,2,3)$,并在内部将这些值关联为 1 = "博士"、2 = "硕士"以及 3 = "本科"。另外,针对此向量进行的任何分析都会将其作为有序型变量对待,并自动选择合适的统计方法。

对于字符型向量,因子的水平默认依字母顺序创建,可以通过指定 levels 选项覆盖默认排序。例如:

```
status <- factor(status,order = TRUE,levels = c("本科","硕士","博士"))
```

各水平的赋值为 1 = "本科"、2 = "硕士"、3 = "博士"。保证指定的水平与数据中的真实值相匹配,因为任何在数据中出现而未在参数中列举的数据都将被设为缺失值。

数值型变量可以用 levels 和 labels 参数编码成因子。如果男性被编码成 1,女性被编码成 2,则以下语句:

```
sex <- factor(sex,levels = c(1,2),labels = c("Male","Female"))
```

把变量转换成一个无序因子,标签的顺序必须和水平相一致。在这个例子中,性别将被当成分类型变量,标签"Male"和"Female"将替代 1 和 2 在结果中输出,而且所有不是 1 或 2 的性别变量将被设为缺失值。代码 2.6 演示普通因子和有序因子的不同是如何影响数据分析的。

【代码 2.6】因子的使用

```
ID <- c(1,2,3,4)
Age <- c(18,25,21,20)
Class <- c("本科","博士","硕士","本科")
Profession <- c("计算机科学与技术","管理科学与工程","电子商务","金融工程")
Profession <- factor(Profession)
Class <- factor(Class,order = TRUE)
studentdata <- data.frame(ID,Age,Class,Profession)
str(studentdata)
##'data.frame':      4 obs. of  4 variables:
## $ ID        :num  1 2 3 4
```

```
##  $ Age       :num  18 25 21 20
##  $ Class     :Ord. factor w/ 3 levels "本科" < "博士" < .. :1 2 3 1
##  $ Profession:Factor w/ 4 levels "电子商务","管理科学与工程",.. :3 2 1 4
summary(studentdata)
##       ID            Age        Class        Profession
##  Min.   :1.00  Min.   :18.0  本科:2   电子商务        :1
##  1st Qu.:1.75  1st Qu.:19.5  博士:1   管理科学与工程  :1
##  Median :2.50  Median :20.5  硕士:1   计算机科学与技术:1
##  Mean   :2.50  Mean   :21.0           金融工程        :1
##  3rd Qu.:3.25  3rd Qu.:22.0
##  Max.   :4.00  Max.   :25.0
```

首先,以向量的形式输入数据。然后,将 Profession 和 Class 分别指定为一个普通因子和一个有序型因子。最后,将数据合并为一个数据框。str(object)函数可提供 R 中某个对象的信息,清楚地显示 Profession 是一个因子,而 Class 是一个有序型因子,以及此数据框在内部是如何进行编码的。summary()函数会区别对待各个变量,显示连续型变量 age 的最小值、最大值、均值和各四分位数,并显示分类型变量 Profession 和 Class 的频数值。

2.2.6 列表

列表(List)是 R 的数据类型中最为复杂的一种。一般来说,列表就是一些对象或成分(Component)的有序集合。列表允许整合若干(可能无关的)对象到单个对象名下。例如,某个列表中可能是若干向量、矩阵、数据框,甚至其他列表的组合。可以使用函数 list()函数创建列表:

```
mylist <- list(object1,object2,...)
```

其中,对象可以是前面提过的任一结构。还可以为列表中的对象命名:

```
mylist <- list(name1 = object1,name2 = object2,...)
```

具体示例如代码 2.7 所示。

【代码 2.7】创建一个列表

```
d <- "This is the first list"
e <- c(10,7,18,36)
f <- matrix(1:12,nrow = 4)
g <- c("east","south","west","north")
mylist <- list(title = d,ages = e,f,g)
mylist
## $title
## [1] "This is the first list"
##
## $ages
## [1] 10  7 18 36
##
```

```
## [[3]]
##      [,1] [,2] [,3]
## [1,]    1    5    9
## [2,]    2    6   10
## [3,]    3    7   11
## [4,]    4    8   12
##
## [[4]]
## [1] "east"   "south"   "west"   "north"
```

本例创建一个列表,共有 4 个成分,即:一个字符串、一个数值型向量、一个矩阵以及一个字符型向量。可以组合任意多的对象,并将它们保存为一个列表。也可以通过在双重方括号中指明代表某个成分的数字或名称来访问列表中的元素。

此例中,mylist[[2]]和 mylist[["ages"]]均指那个含有 4 个元素的向量。对于命名成分,mylist $ages 也可以正常运行。由于两个原因,列表成为 R 中的重要数据结构。首先,列表允许以一种简单的方式组织和重新调用不相干的信息。其次,许多 R 函数的运行结果都是以列表的形式返回的。需要取出其中哪些成分由数据分析人员决定。

经验丰富的程序员通常会发现 R 语言的某些方面不太寻常。以下是这门语言中需要了解的一些特性。

(1)对象名称中的句点(.)没有特殊意义,但美元符号($)有和其他语言中的句点类似的含义,即指定一个数据框或列表中的某些部分。例如,A $x 是指数据框 A 中的变量 x。

(2)R 不提供多行注释或块注释功能。必须以#作为多行注释每行的开始。出于调试目的,也可以把想让解释器忽略的代码放到语句 if(FALSE){...}中。将 FALSE 改为 TRUE 即允许这块代码执行。

(3)将一个值赋给某个向量、矩阵、数组或列表中一个不存在的元素时,R 将自动扩展这个数据结构以容纳新值。例如,考虑以下代码:

```
x <- c(8,6,4)
x[7] <- 10
x
## [1]  8  6  4 NA NA NA 10
```

通过赋值,向量 x 由 3 个元素扩展到了 7 个元素。x <- x[1:3]会重新将其缩减回 3 个元素。

(4)R 中没有标量。标量以单元素向量的形式出现。

(5)R 中的下标不从 0 开始,而从 1 开始。在上述向量中,x[1]的值为 8。

(6)变量无法被声明。它们在首次被赋值时生成。

2.3　数据的输入

作为一名数据分析人员,通常会面对来自多种数据源和多种格式的数据,主要任务是将这些数据导入数据平台,进行数据分析,并汇报分析结果。R 提供适用范围广泛的数据导入工具。数据导入指南可以访问网站 http://cran. r. project. org/doc/manuals/R. data. pdf 下载 R Data Import/Export 手册。

对于在文件读取和写入的工作,R 使用工作目录来完成。如果一个文件不在工作目录里则必须给出它的路径。可以使用 getwd( )函数找到目录,使用命令 setwd("C:/data")将当前工作目录改为 C:\data(R 命令中目录的分隔符使用正斜杠"/"或两个反斜杠"\\")。工作目录的设定也可通过"文件"菜单的"改变当前目录…"完成。

R 可从键盘、文件、Microsoft Excel 和 Access、流行的统计软件、特殊格式的文件、多种关系型数据库管理系统、专业数据库、网站和在线服务中导入数据。

2.3.1　数据的存储

输入数据最简单的方式是直接使用键盘输入,有三种常见的方式:文本编辑器、函数和直接输入。

1. 文本编辑器

R 的 edit( )函数自动调用一个允许手动输入数据的文本编辑器。具体步骤如下:

(1)创建一个空数据框或矩阵,其中变量名和变量的类型需与最终数据集一致。

(2)针对这个数据对象调用文本编辑器,输入数据,并将结果保存回此数据对象中。

创建一个名为 mydata 的数据框,含有三个变量:age(数值型)、gender(字符型)和 weight(数值型)。然后调用文本编辑器,输入数据,最后保存结果。

```
mydata <- data. frame( age = numeric(0),gender = character(0),weight = numeric(0))
mydata <- edit(mydata)
```

类似于 age = numeric(0)的赋值语句将创建一个指定类型但不含实际数据的变量。编辑的结果需要赋值回对象本身(如上第 2 行代码)。edit( )函数事实上是在对象的一个副本上进行操作的。如果不将其赋值到一个目标,所有修改将全部丢失。

在 Windows 环境调用 edit( )函数,自主添加一些数据。单击列的标题,就可以用编辑器修改变量名和变量类型(数值型、字符型)。还可以通过单击未使用列的标题来添加新的变量。编辑器关闭后,结果会保存到之前赋值的对象中(如 mydata)。再次调用 mydata <- edit(mydata),就能够编辑已经输入的数据并添加新的数据。语句 mydata <- edit(mydata)的一种简捷等价写法是 fix(mydata)。

2. 函数方法

R 使用 write. table( )函数或 save( )函数在文件中写入一个对象,一般是写一个数据框,也可以是其他类型的对象(如向量、矩阵、数组、列表等)。以数据框为例加以说明,数据框 d 是用下面的命令建立的:

```
d <- data. frame( obs = c(1,2,3),treat = c("A","B","A"),weight = c(2.3,NA,9))
```

(1)保存为简单的文件:

```
write. table( d,file = "c:/data/foo. txt",row. names = F,quote = F)
```

其中,选项 row. names = F 表示行名不写入文件,quote = F 表示变量名不放在双引号中。

(2)保存为逗号分隔的文件:

```
write. csv( d,file = "c:/data/foo. csv",row. names = F,quote = F)
```

（3）保存为 R 格式文件：

```
save( d,file = " c:/data/foo. Rdata" )
```

在经过了一段时间的分析后,常需要将工作空间的映像保存起来,命令为

```
save. image( )
```

等价于

```
save( list = ls( all = TRUE),file = ". RData" )
```

也可通过"文件"菜单的"保存工作空间"完成。上述三个函数的选项及具体使用可以查看相关的帮助文件。

3. 直接输入

R 可以直接在程序中嵌入数据集。例如以下代码：

```
mydatatxt <- "
age gender weight
25 m 166
30 f 115
18 f 120
"
mydata <- read. table( header = TRUE,text = mydatatxt)
```

以上代码创建和用 edit( )函数所创建的数据框一样。一个字符型变量被创建于存储原始数据,然后 read. table( )函数被用于处理字符串并返回数据框。

键盘输入数据的方式在处理小数据集的时候很有效。对于较大的数据集,还是导入数据的方式比较方便,如从文件、Excel、统计软件或数据库中导入数据。

2.3.2 从带分隔符的文件导入数据

可以使用 read. table( )函数从带分隔符的文件中导入数据,此函数可读入一个表格格式的文件并将其保存为一个数据框。表格的每一行分别出现在文件中每一行。其语法如下：

```
mydataframe <- read. table( file,options)
```

其中,file 是一个带分隔符的 ASCII 文件,options 是控制如何处理数据的选项。表 2.2 列出 read. table( )函数的常见选项描述。

表 2.2 read. table( )函数的常见选项描述

选 项	描 述
header	一个表示文件是否在第一行包含了变量名的逻辑型变量
sep	分开数据值的分隔符。默认是 sep = " ",这表示了一个或多个空格、制表符、换行或回车。使用 sep = ","来读取用逗号分隔行内数据的文件,使用 sep = ""来读取使用制表符分隔行内数据的文件
row. names	一个用于指定一个或多个行标记符的可选参数
col. names	如果数据文件的第一行不包括变量名(header = FASLE),可以用 col. names 指定一个包含变量名的字符向量。如果 header = FALSE 以及 col. names 选项被省略了,变量会被分别命名为 V1、V2,依此类推
na. strings	可选的用于表示缺失值的字符向量。例如,na. strings = c(".9","?")把.9 和? 值在读取数据的时候转换成 NA

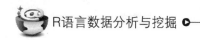

选　项	描　　述
colClasses	可选的分配到每一列的类向量。例如,colClasses = c("numeric","numeric","character","NULL","numeric")把前两列读取为数值型变量,把第三列读取为字符型向量,跳过第四列,把第五列读取为数值型向量。如果数据多于五列,colClasses 的值会被循环。当在读取大型文件时,加上 colClasses 选项可以可观地提升处理速度
quote	用于对有特殊字符的字符串划定界限的符号。默认值是双引号或单引号
skip	读取数据前跳过行数目。这个选项在跳过头注释的时候比较有用
stringsAsFactors	一个逻辑变量,标记处字符向量是否需要转化成因子。默认值是 TRUE,除非它被 colClasses 所覆盖。当在处理大型文件时,设置成 stringsAsFactors = FALSE 可以提升处理速度
text	一个指定文字进行处理的字符串。如果 text 被设置了,file 应该被留空

考虑一个名为 studentgrades.csv 的文件,包含学生在数学、科学和社会学习的成绩。文件中每一行表示一个学生,第一行包含变量名,用逗号分隔。每个单独的行都包含学生的信息,也用逗号分隔。文件的前几行如下:

```
StudentID,First,Last,Math,Science,Social Studies
011,Bob,Smith,90,80,67
012,Jane,Weary,75,,80
010,Dan,"Thornton,III",65,75,70
040,Mary,"O'Leary",90,95,92
```

这个文件可以用以下语句读入为一个数据框:

```
grades <- read.table("studentgrades.csv",header = TRUE,row.names = "StudentID",sep = ",")
```

结果如下:

```
grades
##        First    Last            Math    Science    Social.Studies
## 11     Bob      Smith           90      80         67
## 12     Jane     Weary           75      NA         80
## 10     Dan      Thornton,III    65      75         70
## 40     Mary     O'Leary         90      95         92
```

导入数据时需要注意的地方很多,例如变量名 Social Studies 被自动地根据 R 的习惯所重命名。列 StudentID 现在是行名,不再有标签,也失去前置的 0。Jane 缺失的科学课成绩被正确地识别为缺失值。不得不在 Dan 的姓周围用引号括住,从而能够避免 Thornton 和 III 之间的逗号。否则,R 会在那一行读出 7 个值而不是 6 个值。也在 O'Leary 左右用引号括住。R 把单引号读取为分隔符(而这不是想要的)。最后,姓和名都被转化成为因子。

默认地,read.table()函数把字符变量转化因子,这不一定是想要的情况。例如,很少情况下才会把回答者的评论转化成因子。加上选项 stringsAsFactors = FALSE 对所有的字符变量都去掉这个操作;可以用 colClasses 选项对每列指定一个类,例如逻辑型、数值型、字符型或因子型。

用以下代码导入同一个函数:

```
grades <- read.table("studentgrades.csv",header = TRUE,row.names = "StudentID",sep = ",",
colClasses = c("character","character","character","numeric","numeric","numeric"))
```

得到以下数据框：

grades					
##	First	Last	Math	Science	Social. Studies
## 011	Bob	Smith	90	80	67
## 012	Jane	Weary	75	NA	80
## 010	Dan	Thornton, III	65	75	70
## 040	Mary	O' Leary	90	95	92
str(grades)					
## 'data. frame'	:4 obs. of 5 variables:				
## $ First	:chr	"Bob"	"Jane"	"Dan"	"Mary"
## $ Last	:chr	"Smith"	"Weary"	"Thornton, III"	"O' Leary"
## $ Math	:num	90	75	65	90
## $ Science	:num	80	NA	75	95
## $ Social. Studies	:num	67	80	70	92

行名保留前缀 0，而且 First 和 Last 不再是因子。此外，grades 作为实数而不是整数来进行排序。

R 提供若干种通过链接访问数据的机制。例如，file( )、gzfile( )、bzfile( )、xzfile( )、unz( ) 和 url( ) 函数可作为文件名参数使用。file( ) 函数允许访问文件、剪贴板和 C 级别的标准输入。gzfile( )、bzfile( )、xzfile( ) 和 unz( ) 函数允许读取压缩文件。

url( ) 函数能够通过一个含有 http://、ftp:// 或 file:// 的完整 URL 访问网络上的文件，还可以为 HTTP 和 FTP 连接指定代理。为了方便起见，完整的 URL 也经常直接用来代替文件名使用。

2.3.3 导入 Excel 数据

读取一个 Excel 文件的最好方式，就是在 Excel 中将其导出为一个逗号分隔文件（csv），并使用上节描述的方式将其导入 R 中。此外，可以用 xlsx 包直接导入 Excel 工作表，需要确保在第一次使用它之前已经下载和安装，还需要 xlsxjars 和 rJava 包，以及一个正常工作的 Java 安装。

xlsx 包可以用来对 Excel 97/2000/XP/2003/2007 及更新版本文件进行读取、写入和格式转换。函数 read. xlsx( ) 导入一个工作表到一个数据框中。最简单的格式是 read. xlsx(file, n)，其中 file 是 Excel 工作簿的所在路径，n 则为要导入的工作表序号。例如，运行以下代码：

```
library( xlsx)
workbook <- "myprojects/myworkbook. xlsx"
mydataframe <- read. xlsx( workbook, 1)
```

从位于 C 盘 myprojects 目录的工作簿 myworkbook. xlsx 中导入第一个工作表，并将其保存为一个数据框 mydataframe。

read. xlsx( ) 函数有些选项可以允许指定工作表中特定的行（rowIndex）和列（colIndex），对应每一行和列的类（colClasses）。对于大型工作簿（如 100 000 个单元格），也可以使用 read. xlsx2( ) 函数。该函数用 Java 运行更多的处理过程，因此能够获得可观的质量提升。可以查阅 help(read. xlsx)获得更多细节。

还有其他包可以帮助处理 Excel 文件。替代的包蕴含 XLConnect 和 openxlsx 包，XLConnect 依赖于 Java，openxlsx 不依赖于 Java。所有这些软件包都可以做比导入数据更加多的事情，还可以创建和操作 Excel 文件。

2.3.4 导入 XML 数据

以 XML 格式编码的数据正在逐渐增多，R 中有若干用于处理 XML 文件的包。例如，由 DuncanTemple Lang 编写的 XML 包允许读取、写入和操作 XML 文件。对使用 R 存取 XML 文档感兴趣的读者可以参阅 www. omegahat. org/RSXML，从中可以找到若干份有帮助的文档。

2.3.5 从网页抓取数据

网络数据可以通过 Web 数据抓取程序，或对应用程序接口(Application Programming Interface，API)的使用来获取。

一般地，在 Web 数据抓取过程中，用户从互联网上提取嵌入在网页中的信息，并将其保存为 R 中的数据结构以做进一步的分析。例如，一个网页上的文字可以使用 readLines( )函数下载到一个 R 的字符向量中，然后使用如 grep( )和 gsub( )一类的函数处理。对于结构复杂的网页，可以使用 RCurl 包和 XML 包来提取其中想要的信息。

API 指定软件组件如何互相进行交互，有很多 R 包使用这个方法来从网上资源中获取数据。这些资源包括生物医药、地球科学、物理学、经济学，以及商业、金融、新闻和运动等数据。例如，twitteR 获取 Twitter 数据，Rfacebook 获取 Facebook 数据，Rflickr 获取 Flicker 数据。其他软件包允许连接上如 Google、Amazon、Dropbox、Salesforce 等所提供的网上服务。

2.3.6 导入 SPSS 数据

IBM SPSS 数据集可以通过 foreign 包中的 read. spss( )函数导入到 R 中，也可以使用 Hmisc 包中的 spss. get( )函数。spss. get( )函数是对 read. spss( )的封装，可以自动设置后者的许多参数，让整个转换过程更加简单，最后得到数据分析人员所期望的结果。

首先下载并安装 Hmisc 包(foreign 包默认安装)，然后使用以下代码导入数据：

```
library(Hmisc)
mydataframe <- spss. get("mydata. sav", use. value. labels = TRUE)
```

这段代码中，mydata. sav 是要导入的 SPSS 数据文件，use. value. labels = TRUE 表示让函数将带有值标签的变量导入为 R 中水平对应相同的因子，mydataframe 是导入后的 R 数据框。

2.3.7 导入 SAS 数据

R 设计了若干用来导入 SAS 数据集的函数，包括 foreign 包中的 read. ssd( )函数，Hmisc 包中的 sas. get( )函数，以及 sas7bdat 包中的 read. sas7bdat( )函数。如果安装了 SAS，sas. get( )函数是一个好的选择。

例如，导入一个名为 clients. sas7bdat 的 SAS 数据集文件，它位于一台安装 Windows 操作系统的计算机的 C:/mydata 文件夹中，以下代码导入数据，并且保存为一个 R 数据框：

```
library( Hmisc)
datadir  < - " C:/mydata"
sasexe  < - " C:/Program Files/SASHome/SASFoundation/9.4/sas.exe"
mydata  < - sas.get( libraryName = datadir, member = " clients" , sasprog = sasexe )
```

libraryName 是一个包含 SAS 数据集的文件夹,member 是数据集名字,sasprog 是 SAS 可运行程序的完整路径。有很多可用的选项,可以通过查阅 help(sas.get) 获得更多细节,也可以在 SAS 中使用 PROC EXPORT 将 SAS 数据集保存为一个逗号分隔的文件,并使用前面的方法将导出的文件读取到 R 中。下面是一个 SAS 程序示例:

```
libname datadir" C:\mydata" ;
proc export data = datadir. clients
outfile = " clients. csv"
dbms = csv;
run;
```

R 程序:

```
mydata  < - read. table( " clients. csv" , header = TRUE, sep = " ," )
```

前面两种方法要求安装一套完整的可运行的 SAS 程序。如果没有连接 SAS 的途径,函数 read. sas7dbat( ) 或许是一个好的选择。这个函数可以直接读取 sas7dbat 格式的 SAS 数据集。对应的代码如下:

```
library( sas7bdat)
mydata  < - read. sas7bdat( " C:/mydata/clients. sas7bdat" )
```

不像 sas. get( ) 函数,read. sas7dbat( ) 函数忽略 SAS 用户自定义格式。此外,这个函数需要更多的时间进行处理。

2.3.8 导入 Stata 数据

将 Stata 数据导入 R 中非常简单直接,所需代码如下:

```
library( foreign)
mydataframe  < - read. dta( " mydata. dta" )
```

这里,mydata. dta 是 Stata 数据集,mydataframe 是返回的 R 数据框。

2.3.9 导入 NetCDF 数据

Unidata 项目主导的开源软件库 NetCDF(Network Common Data Form,网络通用数据格式)定义一种机器无关的数据格式,可用于创建和分发面向数组的科学数据。NetCDF 格式通常用来存储地球物理数据。ncdf 包和 ncdf4 包为 NetCDF 文件提供高级的 R 接口。

ncdf 包为通过 Unidata 的 NetCDF 库创建的数据文件提供支持,而且在 Windows、Mac OS X 和 Linux 上均可使用。ncdf4 包支持 NetCDF 4 或更早的版本,但在 Windows 上尚不可用。相关代码如下:

```
library(ncdf)
nc <- nc_open("mynetCDFfile")
myarray <- get.var.ncdf(nc,myvar)
```

在本例中,对于包含在 NetCDF 文件 mynetCDFfile 中的变量 myvar,所有数据都被读取并保存到一个名为 myarray 的数组中。

2.3.10 访问数据库管理系统

R 中有多种面向关系型数据库管理系统(DBMS)的接口,包括 Microsoft SQL Server、Microsoft Access、MySQL、Oracle、DB2、Sybase 以及 SQLite。其中一些包通过数据库驱动提供访问功能,另一些通过 ODBC 或 JDBC 实现访问。使用 R 来访问存储在外部数据库中的数据是分析大数据集的有效手段,并且能够发挥 SQL 和 R 各自的优势。

1. ODBC 接口

在 R 中,通过 RODBC 包访问一个数据库也许是最流行的方式,这种方式允许 R 连接到任意一种拥有 ODBC 驱动的数据库,这包含前文所列的所有数据库。

第一步针对系统和数据库类型安装合适的 ODBC 驱动。针对选择的数据库安装并配置好驱动后,可以安装 RODBC 包。RODBC 包中的主要函数及描述如表 2.3 所示。

表 2.3　RODBC 中的函数及其描述

函　　　数	描　　　述
odbcConnect(dsn,uid = " ",pwd = " ")	建立一个到 ODBC 数据库的连接
sqlFetch(channel,sqltable)	读取 ODBC 数据库中的某个表到一个数据框中
sqlQuery(channel,query)	向 ODBC 数据库提交一个查询并返回结果
sqlSave(channel,mydf,tablename = sqtable,append = FALSE)	将数据框写入或更新(append = TRUE)到 ODBC 数据库的某个表中
sqlDrop(channel,sqtable)	删除 ODBC 数据库中的某个表
close(channel)	关闭连接

RODBC 包允许 R 和一个通过 ODBC 连接的 SQL 数据库之间进行双向通信,意味着不仅可以读取数据库中的数据到 R 中,同时也可以使用 R 修改数据库中的内容。假设将某个数据库中的两个表(Crime 和 Punishment)分别导入名为 crimedat 和 pundat 的数据框,可以通过如下代码完成:

```
library(RODBC)
myconn <- odbcConnect("mydsn",uid = "Rob",pwd = "aardvark")
crimedat <- sqlFetch(myconn,Crime)
pundat <- sqlQuery(myconn,"select * from Punishment")
close(myconn)
```

首先载入 RODBC 包,并通过一个已注册的数据源名称(mydsn)和用户名(rob)以及密码(aardvark)打开一个 ODBC 数据库连接。连接字符串被传递给 sqlFetch()函数,将 Crime 表复制到 R 数据框 crimedat 中。然后对 Punishment 表执行 SQL 语句 select,并将结果保存到数据框 pundat 中。最后,关闭连接。

sqlQuery()函数非常强大,其中可以插入任意的有效 SQL 语句。这种灵活性赋予其选择指定变量、对数据取子集、创建新变量,以及重编码和重命名现有变量的能力。

2. DBI 相关包

DBI 包为访问数据库提供通用且一致的客户端接口。构建于这个框架之上的 RJDBC 包提供通过 JDBC 驱动访问数据库的方案,使用时确保安装系统和数据库的必要 JDBC 驱动。其他有用的、基于 DBI 的包有 RMySQL、ROracle、RPostgreSQL 和 RSQLite。

2.4 数据的输出

把 R 中的数据导出并实现数据的保存或者是在外部程序中使用主要有三种方法,分别将 R 的对象输出到符号分隔的文本文件、Excel 电子表格或者其他统计软件。

2.4.1 符号分隔文本文件

可以用 write. table( ) 函数将 R 对象输出到符号分隔文件中。函数使用方法是:

```
write. table(x,outfile,sep = delimiter,quote = TRUE,na = "NA")
```

其中,x 是要输出的对象,outfile 是目标文件。例如语句:

```
write. table(mydata,"mydata. txt",sep = ",")
```

将 mydata 数据集输出到当前目录下逗号分隔的 mydata. txt 文件中。用路径(例如 c:/myprojects/mydata. txt)可以将输出文件保存到任何地方。用 sep = "\t" 替换 sep = ",",数据就会保存到制表符分隔的文件中。默认情况下,字符串是放在引号("")中的,缺失值用 NA 表示。

2.4.2 Excel 文件

xlsx 包是一个操作 Excel 文件的强大工具。xlsx 包中的 write. xlsx( ) 函数可以将 R 数据框写入到 Excel 文件中。使用方法是:

```
write. xlsx(x,outfile,col. Names = TRUE,row. names = TRUE,
sheetName = "Sheet 1",append = FALSE)
```

例如语句:

```
library(xlsx)
write. xlsx(mydata,"mydata. xlsx")
```

将 mydata 数据框保存到当前目录下的 Excel 文件 mydata. xlsx 的工作表(默认是 Sheet1)中。默认情况下,数据集中的变量名称会被作为电子表格头部,行名称会放在电子表格的第一列。函数会覆盖已存在的 mydata. xlsx 文件。

2.4.3 统计软件文件

foreign 包中的 write. foreign( ) 函数可以将数据框导出到外部统计软件。这会创建两个文件,一个是保存数据的文本文件;另一个是指导外部统计软件导入数据的编码文件。使用方法如下:

```
r write. foreign(dataframe,datafile,codefile,package = package)
```

例如下面这段代码：

```
library(foreign)
write. foreign(mydata, "mydata. txt", "mycode. sps", package = "SPSS")
```

会将 mydata 数据框导出到当前目录的纯文本文件 mydata. txt 中，同时还会生成一个用于读取
该文本文件的 SPSS 程序 mycode. sps。package 参数的其他值有 SAS 和 Stata。

2.5 数据集的标注

为了使结果更易解读，数据分析人员通常会对数据集进行标注。这种标注包括为变量名
添加描述性的标签，以及为分类型变量中的编码添加值标签。例如，对于变量 age，可能附加一
个描述更详细的标签 Age at hospitalization（in years）。对于编码为 1 或 2 的性别变量 gender，
可能将其关联到标签 male 和 female。

2.5.1 变量标签

R 设置变量标签的方法较少，一种解决方法是将变量标签作为变量名，然后通过位置下标
访问这个变量。考虑前面大学生数据框的例子，名为 Age 的第二列包含着个体注册入学时的
年龄。代码：

```
names(studentdata)[2] <- "Age at register(in years)"
```

将 age 重命名为 Age at register（in years）。很明显，新的变量名太长，不适合重复输入。作为
替代，可以使用 studentdata[2]引用此变量，而在本应输出 Age 的地方输出字符串" Age at
register（in years）"。

2.5.2 值标签

factor( )函数可为分类型变量创建值标签。假设一个名为 gender 的变量，其中 1 表示男
性，2 表示女性。可以使用代码：

```
studentdata $ gender <- factor(studentdata $ gender, levels = c(1,2),
labels = c("male","female"))
```

创建值标签。这里 levels 代表变量的实际值，而 labels 表示包含理想值标签的字符型向量。

2.6 处理数据对象的实用函数

处理数据对象的实用函数及用途如表 2.4 所示。

表 2.4 处理数据对象的实用函数及用途

函　　数	用　　途
length(object)	显示对象中元素/成分的数量
dim(object)	显示某个对象的维度
str(object)	显示某个对象的结构

续表

函　　数	用　　途
class(object)	显示某个对象的类或类型
mode(object)	显示某个对象的模式
names(object)	显示某对象中各成分的名称
c(object,object,…)	将对象合并入一个向量
cbind(object,object,…)	按列合并对象
rbind(object,object,…)	按行合并对象
object	输出某个对象
head(object)	列出某个对象的开始部分
tail(object)	列出某个对象的最后部分
ls()	显示当前的对象列表
rm(object,object,…)	删除一个或更多个对象。语句 rm(list = ls())将删除当前工作环境中的几乎所有对象
newobject <- edit(object)	编辑对象并另存为 newobject
fix(object)	直接编辑对象

表中,head()和 tail()函数对于快速浏览大数据集的结构非常有用。例如,head(studentdata)将列出数据框的前六行,而 tail(studentdata)将列出最后六行。

小　　结

数据的准备可能是数据分析中最具挑战性的任务之一。在本章中概述 R 中用于存储数据的多种数据结构,以及从键盘和外部来源导入数据的许多可能方式,这是一个不错的起点。特别是,将在后续各章中反复地使用向量、矩阵、数据框和列表的概念。掌握通过括号表达式选取元素的能力,对数据的选择、取子集和变换将是非常重要的。

R 提供了丰富的函数用以访问外部数据,包括普通文件、网页、统计软件、电子表格和数据库的数据。虽然本章的重点是将数据导入到 R 中,同样也可以将数据从 R 导出为这些外部格式。

将数据集读入 R 之后,很有可能需要将其转换为一种更有助于分析的格式。在下一章,将会探索创建新变量、变换和重编码已有变量、合并数据集和选择实例的方法。

习　　题

1. R 语言有哪些"原子性"数据类型?

2. R 语言有哪些基本数据类型及类型转换函数? 不同的数据结构之间如何转换?

3. R 语言有哪些读写数据文件的方法? 主要有哪些读写数据文件的函数?

4. 运行读取当前系统日期时间的函数:Sys. Date()、Sys. time()、Date(),判断运行结果的数据类型。

5. 将上题的年月日格式的日期时间值转换为月日年格式的字符串。

6. 创建一个向量 a，内含元素序列：3.3 5.5 7.7 9.9 8.8 6.6 4.4 2.2 1.1 0.5。

7. 查询向量 a 中序号为 2、5、8 的元素，查询向量 a 中大于 3 小于或等于 7 的元素及其位置。

8. 创建一个向量 b，内含等差数列：第一个数是 2，等差是 0.2，长度是 10。

9. 创建一个向量 c，内含重复数列：重复 0.5 十次。

10. 创建一个 2 行 5 列的矩阵 d，元素为向量 a，按行填充。

11. 将矩阵 d 写入数据框 data_d。

12. 将向量 b 和 c 按列合并至数据框 data_d 中。

13. 将数据框 data_d 保存为 txt 类型的文件，并保存到目录 test 下。

14. 读取目录 test 下的 txt 文件 data_d，将 R 语言内置的数据集 iris 的第 6 ~10 行写入数据框 data_d1，将数据框 data_d 和 data_d1 合并为数据框 data_d2，并保存在 test 目录下 csv 类型文件。

15. 如果读取的数据中出现乱码，可能是什么原因？该如何处理？

第3章

数 据 操 作 ⋘

将数据表示为矩阵或数据框的形式仅仅是数据准备的第一步,差不多 60% 的数据分析时间都花在实际分析前数据的准备上。多数需要处理现实数据的分析师可能面临以某种形式存在的类似问题。

首先介绍 R 中的多种数学、统计和字符处理函数。为了让这一部分内容相互关联,先引入一个能够使用这些函数解决的数据处理问题。在讲解过这些函数以后,再为这个数据处理问题提供一个可能的解决方案。

接下来,讲解如何自己编写函数完成数据的处理和分析。首先,将探索控制程序流程的多种方式,包括循环和条件执行语句。然后,研究用户自编函数的结构,以及在编写完成后如何调用它们。

最后,了解数据的整合和概述方法,以及数据集的重塑和重构方法。在整合数据时,可以使用任何内建或自编函数来获取数据的概述。

3.1 一 个 示 例

现在有一项社会调查,研究主题之一是男生和女生在不同学历背景下就业的满意度。典型的问题如下:处于即将毕业的男生和女生找工作的过程是否有所不同?这种情况是否因学历背景的不同而有所不同,或者说这些由性别导致的不同是否普遍存在?

解答这些问题的一种方法是让多个高校的毕业生对其找工作的困难程度打分。李克特(Likert)量表是属评分加总式量表最常用的一种,属同一构念的这些项目用汇总方式计分。该量表由一组陈述组成,每一陈述有非常满意、满意、不确定、不满意、非常不满意五种评分,分别记为 5、4、3、2、1,每个被调查者的态度总分就是他对各道题的回答所得分数的汇总,这一总分说明态度强弱或在这一量表上的不同状态。

结果可能类似于表 3.1 所示,各行数据代表某个毕业生对其就业满意度的评分。

表 3.1　满意度的性别差异

学生	日期	类型	性别	年龄	score1	score2	score3	score4	score5
1	2017.3.3	本科	M	22	5	4	5	5	5
2	2017.3.3	硕士	F	25	3	5	2	5	5
3	2017.3.3	博士	M	28	3	5	5	5	2
4	2017.3.3	硕士	M	23	3	3	4	3	3
5	2017.3.3	本科	F	99	2	2	1	2	1
6	2017.3.3	博士	F	40	5	5	5	5	5

在这里,每位毕业生根据就业过程的五个方面进行满意度的评分(score1 到 score5)。例如,毕业生 1 是一位 22 岁的男性本科生,他的就业评分达到 24 分(满分是 25),非常满意找到的工作;而毕业生 5 是一位年龄未知(99 可能代表缺失)的女性本科生,满意程度评分较低。日期一栏记录了进行评分的时间。

一个数据集中可能含有几十个变量和成千上万的实例,但为了简化示例,仅选取了 6 行 10 列的数据。另外,已将关于毕业生就业满意度的问题数量限制为 5。在现实的研究中,很可能会使用 10 到 20 个类似的问题来提高结果的信度和效度。可以使用代码 3.1 创建一个类似表 3.1 中数据的数据框。

【代码 3.1】创建 graduate 数据框

```
student  <- c(1,2,3,4,5,6)
date  <- c("2017.3.3","2017.3.3","2017.3.3","2017.3.3","2017.3.3","2017.3.3")
grade <- c("本科","硕士","博士","硕士","本科","博士")
gender <- c("M","F","M","M","F","F")
age  <- c(22,25,28,23,99,40)
s1 <- c(5,3,3,3,2,5)
s2 <- c(4,5,5,3,2,5)
s3 <- c(5,2,5,4,1,5)
s4 <- c(5,5,5,NA,2,5)
s5 <- c(5,5,2,NA,1,5)
graduate  <- data.frame(student,date,grade,gender,age,s1,s2,s3,s4,s5,stringsAsFactors = FALSE)
```

为了解决感兴趣的问题,必须首先解决一些数据管理方面的问题。这里列出其中一部分。

(1)五个评分(score1 到 score5)需要组合起来,即为每位毕业生生成一个平均满意度的得分。

(2)在问卷调查中,被调查者经常会跳过某些问题。例如 4 号毕业生评分时忽略了问题 4 和问题 5。需要一种处理不完全数据的方法,同时也需要将 99 岁这样的年龄值重编码为缺失值。

(3)一个数据集中也许会有数百个变量,但可能仅对部分感兴趣。为了简化问题,往往希望创建一个只包含那些感兴趣变量的数据集。

(4)既往研究表明,满意度可能随毕业生的年龄而改变,二者存在函数关系。要检验这种观点,希望将当前的年龄值重编码为分类型的年龄组(如年轻、中年、年长)。

（5）满意度可能随时间推移而发生改变,如可能重点研究 2008 年全球金融危机期间的就业过程。为了达到这一目标,将研究范围限定在某一个特定时间段收集的数据,例如 2009 年 1 月 1 日到 2009 年 12 月 31 日。

3.2 创建新变量

在典型的研究项目中,可能需要创建新变量或者对现有的变量进行变换。这可以通过以下形式的语句来完成:

```
变量名 <- 表达式
```

以上语句中的"表达式"部分可以包含多种运算符和函数。表 3.2 列出了 R 的算术运算符,算术运算符可用于构造公式。

表 3.2 算术运算符

运 算 符	描 述
+	加
-	减
*	乘
/	除
^ 或 **	求幂
x%%y	求余
x%/%y	整除,如 5%/%2 的结果为 2

假设一个名为 mydata 的数据框,其中变量为 x1 和 x2,现在创建一个新变量 sumx 存储以上两个变量的和,并创建一个名为 meanx 的新变量存储这两个变量的均值。如果使用代码:

```
sumx <- x1 + x2
meanx <- (x1 + x2)/2
```

将得到一个错误,因为 R 并不知道 x1 和 x2 来自于数据框 mydata。如果转而使用代码:

```
sumx <- mydata $x1 + mydata $x2
meanx <- (mydata $x1 + mydata $x2)/2
```

语句可以成功执行,但是只会得到一个数据框(mydata)和两个独立的向量(sumx 和 meanx)。这也许并不是真正想要的。因为从根本上说,希望将两个新变量整合到原始的数据框中。代码 3.2 提供三种不同的方式来实现这个目标,具体选择哪一种由具体情况决定,所得结果都是相同的。

【代码 3.2】创建新变量

```
mydata <- data. frame(x1 = c(2,2,6,4),x2 = c(3,4,2,8))
mydata $sumx <- mydata $x1 + mydata $x2
mydata $meanx <- (mydata $x1 + mydata $x2)/2
attach(mydata)
mydata $sumx <- x1 + x2
```

```
mydata $ meanx <- (x1 + x2)/2
detach(mydata)
mydata <- transform(mydata,sumx = x1 + x2,meanx = (x1 + x2)/2)
```

一般情况下倾向于采用第三种方式，即 transform() 函数的一个示例。这种方式简化了按需创建新变量并将其保存到数据框中的过程。

3.3 变量的重编码

重编码涉及根据同一个变量和/或其他变量从现有值变化为新值的过程。例如：

（1）将一个连续型变量修改为一组类别值。

（2）将误编码的值替换为正确值。

（3）基于一组分数线创建一个表示及格/不及格的变量。

要重编码数据，可以使用 R 中的一个或多个逻辑运算符，如表 3.3 所示。逻辑运算符表达式可返回逻辑值 TRUE 或 FALSE。

表 3.3　逻辑运算符

运 算 符	描 述	运 算 符	描 述
<	大于	! =	不等于
< =	小于或等于	! x	非 x
>	大于	x | y	x 或 y
> =	大于或等于	x & y	x 和 y
= =	严格等于	isTRUE(x)	测试 x 是否为 TRUE

假设将 graduate 数据集中毕业生的连续型年龄变量 age 重编码为分类型变量 agerank（Young、Middle Aged、Elder）。首先，必须将 99 岁的年龄值重编码为缺失值，使用的代码为：

```
graduate $ age[graduate $ age = = 99] <- NA
```

语句 variable[condition] <- expression 将仅在 condition 的值为 TRUE 时执行赋值。在指定好年龄中的缺失值后，可以接着使用以下代码创建 agerank 变量：

```
graduate $ agerank[graduate $ age > 75] <- "Elder"
graduate $ agerank[graduate $ age > = 55 & graduate $ age < = 75] <- "Middle Aged"
graduate $ agerank[graduate $ age < 55] <- "Young"
```

graduate $ agerank 写上数据框的名称，以确保新变量能够保存到数据框中，例如将中年人（Middle Aged）定义为 55~75 岁。如果一开始没把 99 重编码为 age 的缺失值，那么毕业生 5 就将在变量 agerank 中被错误地赋值为"老年人"。这段代码可以写成：

```
graduate <- within(graduate,{
    agerank <- NA
    agerank[age > 75] <- "Elder"
    agerank[age > = 55 & age < = 75] <- "Middle Aged"
    agerank[age < 55] <- "Young"
})
```

函数 within( )与函数 with( )类似,不同的是允许修改数据框。首先,创建 agerank 变量,并将每一行都设为缺失值。括号中剩下的语句接下来依次执行。agerank 现在只是一个字符型变量,可能更希望把它转换成一个有序型因子。若干程序包都提供变量重编码函数,特别地,car 包中的 recode( )函数可以十分简便地重编码数值型、字符型向量或因子。而 doBy 包提供另外一个函数 recodevar( )。最后,R 自带函数 cut( ),可将一个数值型变量按值域切割为多个区间,并返回一个因子。

3.4 变量的重命名

如果打算修改已有变量的名称,可以采用交互式或者编程式两种方法。例如,将变量名 student 修改为 studentID,并将 date 修改为 testDate,那么可以使用语句:

```
fix(graduate)
```

调用交互式编辑器;然后单击变量名,在弹出的对话框中将其重命名,如图 3.1 所示。

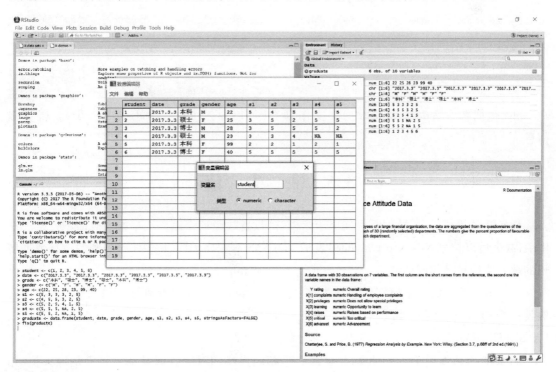

图 3.1 使用 fix( )函数交互式地重命名变量

若采用编程方式,可以通过 names( )函数重命名变量。例如:names(graduate)[2] <- "testDate",将重命名 date 为 testDate,就像以下代码演示的一样

```
names(graduate)
## [1] "student"   "date"      "grade"     "gender"    "age"    "s1"    "s2"
## [8] "s3"        "s4"        "s5"        "agerank"
```

```
names(graduate)[2] <- "testDate"
graduate
```

##	student	testDate	grade	gender	age	s1	s2	s3	s4	s5	agerank
## 1	1	2017.3.3	本科	M	22	5	4	5	5	5	Young
## 2	2	2017.3.3	硕士	F	25	3	5	2	5	5	Young
## 3	3	2017.3.3	博士	M	28	3	5	5	5	2	Young
## 4	4	2017.3.3	硕士	M	23	3	3	4	NA	NA	Young
## 5	5	2017.3.3	本科	F	99	2	2	1	2	1	Elder
## 6	6	2017.3.3	博士	F	40	5	5	5	5	5	Young

以类似的方式:

```
names(graduate)[6:10] <- c("item1","item2","item3","item4","item5")
```

将重命名 s1 到 s5 为 item1 到 item5。最后,plyr 包中有一个 rename() 函数,可用于修改变量名。这个函数默认并没有被安装,所以首先要使用命令 install.packages("plyr")进行安装。rename()函数的使用格式为:

```
rename(dataframe,c(oldname = "newname",oldname = "newname",...))
```

例如,如下示例:

```
library(plyr)
graduate <- rename(graduate,c(student = "studentID",date = "testDate"))
```

plyr 包拥有一系列强大的数据集操作函数,可以通过 http://had.co.nz/plyr 获得更多信息。

3.5 缺　失　值

任何规模的项目中,数据都可能由于未回答、设备故障或误编码数据的缘故而不完整。在 R 中,缺失值以符号 NA(Not Available)表示。与 SAS 等程序不同,R 中字符型和数值型数据使用的缺失值符号是相同的。

R 提供一些函数用于识别包含缺失值的实例。函数 is.na()允许检测缺失值是否存在。假设一个向量:y <- c(1,2,3,NA),然后使用函数:is.na(y),将返回 c(FALSE,FALSE,FALSE,TRUE)。

is.na()函数作用于一个对象,将返回一个相同大小的对象。如果某个元素是缺失值,相应的位置将被改写为 TRUE,不是缺失值的位置则为 FALSE。代码 3.3 将此函数应用到 graduate 数据集。

【代码 3.3】使用 is.na()函数

```
is.na(graduate[,6:10])
##        s1     s2     s3     s4     s5
## [1,] FALSE FALSE FALSE FALSE FALSE
## [2,] FALSE FALSE FALSE FALSE FALSE
## [3,] FALSE FALSE FALSE FALSE FALSE
## [4,] FALSE FALSE FALSE  TRUE  TRUE
## [5,] FALSE FALSE FALSE FALSE FALSE
## [6,] FALSE FALSE FALSE FALSE FALSE
```

这里的 graduate[,6:10]将数据框限定到第 6 列至第 10 列,接下来通过 is.na()函数识别出缺失值。

在处理缺失值的时候,缺失值被认为是不可比较的,即便是与缺失值自身的比较。这意味着无法使用比较运算符检测缺失值,逻辑测试 myvar == NA 的结果永远不会为 TRUE。作为替代,只能使用处理缺失值的函数识别 R 数据对象中的缺失值。

R 并不把无限的或者不可能出现的数值标记成缺失值。正无穷和负无穷分别用 Inf 和 -Inf 所标记。因此,5/0 返回 Inf。不可能的值(如 sin(Inf))用 NaN 符号标记(Not a Number)。若要识别这些数值,需要用到 is.infinite()或 is.nan()函数。

3.5.1　重编码某些值为缺失值

可以使用赋值语句将某些值重编码为缺失值。在 graduate 示例中,缺失的年龄值被编码为 99。在分析这一数据集之前,必须让 R 明白 99 表示缺失值。可以通过重编码完成:

```
graduate$age[graduate$age == 99] <- NA
```

任何等于 99 的年龄值都将被修改为 NA。确保所有的缺失数据已在分析之前被妥善地编码为缺失值,否则分析结果将失去意义。

3.5.2　在分析中排除缺失值

确定缺失值的位置以后,需要在进一步分析数据之前以某种方式删除这些缺失值。原因是,含有缺失值的算术表达式和函数的计算结果也是缺失值。例如,考虑以下代码:

```
x <- c(1,2,NA,3)
y <- x[1] + x[2] + x[3] + x[4]
z <- sum(x)
```

由于 x 中的第 3 个元素是缺失值,所以 y 和 z 也都是 NA(缺失值)。

好在多数的数值函数都拥有一个 na.rm = TRUE 选项,可以在计算之前移除缺失值并使用剩余值进行计算:

```
x <- c(1,2,NA,3)
y <- sum(x,na.rm = TRUE)
```

这里,y 等于 6。

在使用函数处理不完整的数据时,可以查阅相关的帮助文档。例如,help(sum)检查这些函数如何处理缺失值,也可以通过 na.omit()函数移除所有含有缺失值的实例。na.omit()函数可以删除所有含有缺失值的行。在代码 3.4 中,将此函数应用到 graduate 数据集。

【代码 3.4】使用 na. omit( )函数删除不完整的实例

```
graduate# 含有缺失数据的数据框
##      studentID   testDate   grade   gender  age  s1  s2  s3  s4  s5  agerank
## 1           1  2017.3.3    本科       M      22   5   4   5   5   5   Young
## 2           2  2017.3.3    硕士       F      25   3   5   2   5   5   Young
## 3           3  2017.3.3    博士       M      28   3   5   5   5   2   Young
## 4           4  2017.3.3    硕士       M      23   3   4  NA  NA       Young
## 5           5  2017.3.3    本科       F      99   2   2   1   2   1   Elder
## 6           6  2017.3.3    博士       F      40   5   5   5   5   5   Young
newdata  < - na. omit( graduate)
newdata   #仅含完整实例的数据框
##      studentID   testDate   grade   gender  age  s1  s2  s3  s4  s5  agerank
## 1           1  2017.3.3    本科       M      22   5   4   5   5   5   Young
## 2           2  2017.3.3    硕士       F      25   3   5   2   5   5   Young
## 3           3  2017.3.3    博士       M      28   3   5   5   5   2   Young
## 5           5  2017.3.3    本科       F      99   2   2   1   2   1   Elder
## 6           6  2017.3.3    博士       F      40   5   5   5   5   5   Young
```

在结果被保存到 newdata 之前,所有包含缺失数据的行均已从 graduate 中删除。删除所有含有缺失数据的实例(行删除)是处理不完整数据集的若干手段之一。如果只有少数缺失值或者缺失值仅集中于一小部分实例中,行删除不失为解决缺失值问题的一种优秀方法。但如果缺失值遍布于数据之中,或者一小部分变量中包含大量的缺失数据,行删除可能会剔除相当比例的数据。

3.6　日期型数据

日期型数据通常以字符串的形式输入到 R 中,然后转化为以数值形式存储的日期变量。as. Date( )函数用于执行这种转化。其语法为 as. Date(x," input_format"),其中 x 是字符型数据,input_format 则显示用于读入日期的适当格式,如表 3.4 所示。

表 3.4　日期型数据格式

符　　号	含　　　义	示　　例
% d	数字表示的日期(0～31)	01～31
% a	缩写的星期名	Mon
% A	非缩写的星期名	Monday
% m	月份(00～12)	00～12
% b	缩写的月份	Jan
% B	非缩写月份	January
% y	两位数的年份	07
% Y	四位数的年份	2007

日期值的默认输入格式为 yyyy. mm. dd。语句:

```
mydates  < - as. Date( c( "2007. 06. 22" ,"2004. 02. 13" ) )
```

将默认格式的字符型数据转换为对应日期。相反,

```
strDates  < - c( "01/05/1965" ,"08/16/1975" )
dates  < - as. Date( strDates ,"% m/% d/% Y" )
```

则使用 mm/dd/yyyy 的格式读取数据。

在 graduate 数据集中,日期是以 yyyy. mm. dd 格式编码为字符型变量的。因此:

```
myformat  < - "% y. % m. % d "
graduate $ date  < - as. Date( graduate $ testDate ,myformat)
```

使用指定格式读取字符型变量,并将其作为一个日期变量替换到数据框中。

有两个函数对于处理时间戳数据特别实用。Sys. Date( ) 函数可以返回当天的日期,而 date( )函数则返回当前的日期和时间。这段文字的时间是 2018 年 10 月 28 日下午 3:45:50。所以执行这些函数的结果是:

```
Sys. Date( )
## [1] "2018-10-28"
date( )
## [1] "Sun Oct 28 15:45:50 2018"
```

可以使用函数 format(x ,format = "output_format")输出指定格式的日期值,并且可以提取日期值中的某些部分。

```
today  < - Sys. Date( )
format( today ,format  =  "% B % d % Y" )
## [1] "October 28 2018"
format( today ,format  =  "% A" )
## [1] "Sunday"
```

format( )函数可接受一个参数并按某种格式输出结果。

R 的内部存储日期使用自 1970 年 1 月 1 日以来的天数表示,更早的日期则表示为负数。这意味着可以在日期值上执行算术运算,例如:

```
startdate  < - as. Date( "2014/01/01" )
enddate  < - as. Date( "2017/01/01" )
days  < - enddate - startdate
days
## Time difference of 1096 days
```

显示 2014 年 1 月 1 日和 2017 年 1 月 1 日之间的天数。

最后,也可以使用 difftime( )函数计算时间间隔,并以星期、天、时、分、秒来表示。假设出生于 2000 年 10 月 2 日,现在有多大呢?

```
today  < - Sys. Date( )
birthday  < - as. Date( "2000/10/02" )
```

```
difftime(today,birthday,units = "weeks")
## Time difference of 942.8571 weeks
```

很明显,有942.8571周这么大。最后一个问题是生于星期几。同样可以将日期变量转换为字符型变量。函数 as. character( )可将日期值转换为字符型:

```
strDates  <- as. character(dates)
```

进行转换后,即可使用一系列字符处理函数处理数据(如取子集、替换、连接等)。

了解字符型数据转换为日期的更多细节可以查看 help(as. Date)和 help(strftime)。了解更多关于日期和时间格式的知识,可以参考 help(ISOdatetime)。lubridate 包中有许多简化日期处理的函数,可以用于识别和解析日期、时间数据,抽取日期、时间成分(例如年份、月份、日期等),以及对日期、时间值进行算术运算。如果需要对日期进行复杂的计算,timeDate 包提供了大量的日期处理函数,可以同时处理多个时区,并且提供复杂的历法操作功能,支持工作日、周末以及假期。

3.7 类型转换

R 提供一系列用来判断某个对象的数据类型和将其转换为另一种数据类型的函数。R 与其他统计编程语言有类似的数据类型转换方式。例如,向一个数值型向量中添加一个字符串将此向量中的所有元素转换为字符型。可以使用表3.5中列出的函数判断数据的类型或者将其转换为指定类型。

表 3.5　类型转换函数

判　　断	转　　换
is. numeric( )	as. numeric( )
is. character( )	as. character( )
is. vector( )	as. vector( )
is. matrix( )	as. matrix( )
is. data. frame( )	as. data. frame( )
is. factor( )	as. factor( )
is. logical( )	as. logical( )

is. datatype( )函数返回 TRUE 或 FALSE,而 as. datatype( )函数则将其参数转换为对应的类型。代码3.5提供一个示例。

【代码 3.5】转换数据类型

```
a <- c(1,2,3)
a
## [1] 1 2 3
is. numeric(a)
## [1] TRUE
is. vector(a)
```

```
## [1] TRUE
a < - as. character( a)
a
## [1] "1" "2" "3"
is. numeric( a)
## [1] FALSE
is. vector( a)
## [1] TRUE
is. character( a)
## [1] TRUE
```

如果结合控制语句（如 if-then）共同使用时，is. datatype( )函数将成为一类强大的工具，即允许根据数据的具体类型以不同的方式处理数据。另外，某些 R 函数需要接受某个特定类型（字符型或数值型，矩阵或数据框）的数据，as. datatype( )类函数可以在分析之前先将数据转换为符合要求的格式。

3.8　数据排序

有些情况下，查看排序后的数据集可以获得更多的信息。例如，哪些毕业生最具服从意识？在 R 中，可以使用 order( )函数对一个数据框进行排序。默认的排序顺序是升序。在排序变量的前边加一个减号即可得到降序的排序结果。以下示例使用 graduate 演示数据框的排序。语句：

```
newdata < - graduate[ order( graduate $ age) , ]
```

创建一个新的数据集，其中各行依毕业生的年龄升序排序。语句：

```
attach( graduate)
newdata < - graduate[ order( gender, age) , ]
detach( graduate)
```

则将各行依女性到男性、同样性别中按年龄升序排序。最后，

```
attach( graduate)
newdata < -graduate[ order( gender, – age) , ]
detach( graduate)
```

将各行依毕业生的性别和年龄降序排序。

3.9　数据集的合并

如果数据分散在多个地方，就需要在继续下一步之前将其合并。本节展示向数据框中添加列（变量）和行（实例）的方法。

3.9.1　向数据框添加列

横向合并两个数据框（数据集）可以使用 merge( )函数。在多数情况下，两个数据框是通

过一个或多个共有变量进行连接(即一种内连接,inner join)。例如:

```
total <- merge(dataframeA,dataframeB,by = "ID")
```

将 dataframeA 和 dataframeB 按照 ID 进行合并。类似地,

```
total <- merge(dataframeA,dataframeB,by = c("ID","Grade"))
```

将两个数据框按照 ID 和 Grade 进行合并,类似的横向联结通常用于向数据框中添加变量。

如果要直接横向合并两个矩阵或数据框,并且不需要指定一个公共索引,那么可以直接使用 cbind( )函数:

```
total <- cbind(A,B)
```

这个函数将横向合并对象 A 和对象 B。为了让它正常工作,每个对象必须拥有相同的行数,以同顺序排序。

3.9.2 向数据框添加行

纵向合并两个数据框(数据集)可以使用 rbind( )函数:

```
total <- rbind(dataframeA,dataframeB)
```

两个数据框必须拥有相同的变量,不过它们的顺序不必一定相同。如果 dataframeA 拥有 dataframeB 没有的变量,可以在合并它们之前做以下某种处理:①删除 dataframeA 中的多余变量;②在 dataframeB 中创建追加的变量并将其值设为 NA。纵向连接通常用于向数据框中添加实例。

3.10　数据集取子集

R 拥有强大的索引特性,可以用于访问对象中的元素,也可运用这些特性对变量或实例进行选入和排除。以下演示对变量和实例进行保留或删除的若干方法。

3.10.1 选择变量

从一个大数据集中选择有限数量的变量创建一个新的数据集是经常的事情。在第 2 章中,数据框中的元素是通过 dataframe[row indices,column indices]这样的记号访问。可以沿用这种方法来选择变量,例如:

```
newdata <- graduate[,c(6:10)]
```

从 graduate 数据框中选择变量 s1、s2、s3、s4 和 s5,并将它们保存到数据框 newdata 中。将行下标留空(,)表示默认选择所有行。下列语句:

```
myvars <- c("s1","s2","s3","s4","s5")
newdata <- graduate[myvars]
```

实现等价的变量选择。引号中的变量名充当列的下标,因此选择的列是相同的。可以写为:

```
myvars <- paste("s",1:5,sep = "")
newdata <- graduate[myvars]
```

使用 paste( )函数创建与上例中相同的字符型向量。

3.10.2 剔除变量

剔除变量的原因很多。例如,如果某个变量中有很多缺失值,可能就需要在进一步分析之前将其丢弃。下面是一些剔除变量的方法。

可以使用语句:

```
myvars <- names(graduate) %in% c("s3","s4")
newdata <- graduate[! myvars]
```

剔除变量 s3 和 s4。为了理解以上语句的原理,需要把它拆解如下。

（1）names(graduate) 生成一个包含所有变量名的字符型向量:c(" studentID",
"testDate","grade","gender","age","s1","s2","s3","s4","s5")。

（2）names(graduate) %in% c("s3","s4") 返回一个逻辑型向量,names(graduate)中每个匹配 s3 或 s4 的元素的值为 TRUE,反之为 FALSE。即:c(FALSE,FALSE,FALSE,FALSE,FALSE,FALSE,FALSE,TRUE,TRUE,FALSE)。

（3）运算符非(!)将逻辑值反转:c(TRUE,TRUE,TRUE,TRUE,TRUE,TRUE,TRUE,FALSE,FALSE,TRUE)。

（4）graduate[c(TRUE,TRUE,TRUE,TRUE,TRUE,TRUE,TRUE,FALSE,FALSE,TRUE)]选择逻辑值为 TRUE 的列,于是 s3 和 s4 被剔除。

在知道 s3 和 s4 是第 8 个和第 9 个变量的情况下,可以使用语句:

```
newdata <- graduate[c(.8,.9)]
```

将它们剔除。这种方式的工作原理是,在某一列的下标之前加一个减号(−)就会剔除那一列。

最后,相同的变量删除工作也可通过:

```
graduate s3 <- graduate s4 <- NULL
```

完成。这将 s3 和 s4 两列设为未定义(NULL)。NULL 与 NA 是不同的。

剔除变量是保留变量的逆向操作。选择哪一种方式进行变量筛选依赖于两种方式的编码难易程度。如果有许多变量需要剔除,那么直接保留需要留下的变量可能更简单,反之亦然。

3.10.3 选择实例

选择或剔除实例(行)通常是成功的数据准备和数据分析的一个关键步骤。代码 3.6 给出一些例子。

【代码3.6】输入实例

```
newdata <- graduate[1:3,]
newdata <- graduate[graduate$gender == "M" & graduate$age > 30,]
attach(graduate)
## The following objects are masked _by_ .GlobalEnv:
##
```

```
##       age,date,gender,grade,s1,s2,s3,s4,s5
newdata <- graduate[ gender = = "M" & age > 30,]
detach(graduate)
```

在以上每个示例中,只提供行下标,并将列下标留空(选入所有列)。在第一个示例中,选择第 1 行到第 3 行(前三个实例)。拆解第二行代码以便理解它。

(1)逻辑比较 graduate $ gender = = "M" 生成向量 c(TRUE,FALSE,FALSE,TRUE, FALSE)。

(2)逻辑比较 graduate $ age > 30 生成向量 c(TRUE,TRUE,FALSE,TRUE,TRUE)。

(3)逻辑比较 c(TRUE,FALSE,FALSE,TRUE,TRUE) & c(TRUE,TRUE,FALSE,TRUE, TRUE)生成向量 c(TRUE,FALSE,FALSE,TRUE,FALSE)。

(4)graduate[c(TRUE,FALSE,FALSE,TRUE,FALSE),]从数据框中选择第一个和第四个实例(当对应行的索引是 TRUE,这一行被选入;当对应行的索引是 FALSE,这一行被剔除)。这就满足选取准则(30 岁以上的男性)。

将研究范围限定在 2016 年 1 月 1 日到 2016 年 10 月 31 日之间收集的实例,这里有一个办法,具体如下:

```
graduate $ date  <- as.Date( graduate $ testDate,"% m/% d/% y")
startdate <- as.Date("2016/01/01")
enddate <- as.Date("2016/10/31")
newdata <- graduate[ which( graduate $ date > = startdate & graduate $ date < = enddate),]
```

由于 as.Date()函数的默认格式为 yyyy/mm/dd,所以无须提供这个参数。

3.10.4 subset()函数

前两节中的示例辅助描述逻辑型向量和比较运算符在 R 中的解释方式,理解这些例子的工作原理在总体上将有助于对 R 代码的解读。使用 subset()函数是选择变量和实例最简单的方法。两个示例如下:

```
newdata <- subset(graduate,age > = 35 | age < 24,select = c(s1,s2,s3,s4))
newdata <- subset(graduate,gender = = "M" & age > 25,select = gender:s4)
```

冒号运算符 from:to 表示数据框中变量 from 到变量 to 包含的所有变量。

3.10.5 随机抽样

在数据挖掘和机器学习领域,从大数据集进行抽样是常见的做法。例如,希望选择两份随机样本,使用其中一份样本构建预测模型,使用另一份样本验证模型的有效性。sample()函数能够从数据集(有放回或无放回地)抽取大小为 n 的一个随机样本。可以使用以下语句从 graduate 数据集中随机抽取一个大小为 3 的样本:

```
mysample <- graduate[ sample(1:nrow(graduate),3,replace = FALSE),]
```

sample()函数中的第一个参数是一个抽样元素组成的向量,这个向量是 1 到数据框中实例的数量;第二个参数是要抽取的元素数量;第三个参数表示无放回抽样。sample()函数返回随机抽样的元素,之后即可用于选择数据框中的行。

R 拥有齐全的抽样工具,包括抽取和校正调查样本(参考 sampling 包)以及分析复杂调查数据(参考 survey 包)的工具。还有其他依赖于抽样的方法,包括自助法和重抽样统计方法。

3.11 使用 SQL 语句操作数据框

到目前为止,一直在使用 R 语句操作数据。但是,许多数据分析人员在接触 R 之前已经精通结构化查询语言(SQL)。因此,在这里简述 sqldf 包。

在下载并安装好 sqldf 包以后(install. packages("sqldf")),可以使用 sqldf() 函数在数据框上使用 SQL 中的 SELECT 语句。经验丰富的 SQL 用户将会发现,sqldf 包是 R 中一个实用的数据管理辅助工具。代码 3.7 显示两个示例。

【代码 3.7】使用 SQL 语句操作数据框

```
library( sqldf)
## Loading required package:gsubfn
## Loading required package:proto
## Loading required package:RSQLite
newdf <- sqldf("select * from mtcars where carb = 1 order by mpg", row. names = TRUE)
newdf
##                 mpg cyl disp  hp drat   wt  qsec  vs am gear carb
## Valiant        18.1   6 225.0 105 2.76 3.460 20.22  1  0    3    1
## Hornet 4 Drive 21.4   6 258.0 110 3.08 3.215 19.44  1  0    3    1
## Toyota Corona  21.5   4 120.1  97 3.70 2.465 20.01  1  0    3    1
## Datsun 710     22.8   4 108.0  93 3.85 2.320 18.61  1  1    4    1
## Fiat X1-9      27.3   4  79.0  66 4.08 1.935 18.90  1  1    4    1
## Fiat 128       32.4   4  78.7  66 4.08 2.200 19.47  1  1    4    1
## Toyota Corolla 33.9   4  71.1  65 4.22 1.835 19.90  1  1    4    1
sqldf("select avg(mpg) as avg_mpg,avg(disp) as avg_disp,gear from mtcars where cyl in (4,6) group by gear")
##   avg_mpg  avg_disp gear
## 1 20.33333 201.0333    3
## 2 24.53333 123.0167    4
## 3 25.36667 120.1333    5
```

3.12 一个数据处理难题

讨论数值和字符处理函数,首先考虑一个数据处理问题。一组学生参加高等数学、概率论和英语考试,为了给所有学生确定一个单一的成绩衡量指标,需要将这些科目的成绩组合起来。另外,还想将前 20% 的学生评定为 A,接下来 20% 的学生评定为 B,依此类推。最后,希望按字母顺序对学生排序。数据如表 3.6 所示。

表 3.6　学生成绩数据

学生	高等数学	概率论	英语
朱梦云	90	95	502
代雅玲	100	99	600
杜娅	88	80	412
刘华雨楠	65	82	358
曾晖懿	70	75	495
徐雪儿	80	85	512
李太尧	77	80	410
罗曼迪	92	95	625
李佳慧	75	89	573
牛牧原	60	86	522

　　观察此数据集,可以发现一些明显的障碍。首先,三科考试的成绩是无法比较的。由于它们的均值和标准差相去甚远,所以对它们求平均值是没有意义的。在组合这些考试成绩之前,必须将其变换为可比较的单元。其次,为了评定等级,需要一种方法来确定某个学生前述得分的百分比排名。再次,表示姓名的字段只有一个,这让排序任务复杂化。

3.13　数值和字符处理函数

　　作为数据处理的基石,R 函数可分为数值(数学、统计、概率)函数和字符处理函数。在阐述过每一类函数以后,举例说明如何将函数应用到矩阵和数据框的列(变量)和行(实例)。

3.13.1　数学函数

　　表 3.7 列出常用的数学函数和简短的用例。

表 3.7　数学函数

函　　数	描　　述
abs(x)	绝对值。例如:abs(.4)返回值为 4
sqrt(x)	平方根。例如:sqrt(25)返回值为 5,和 25^(0.5)等价
ceiling(x)	不小于 x 的最小整数。例如:ceiling(3.475)返回值为 4
floor(x)	不大于 x 的最大整数。例如:floor(3.475)返回值为 3
trunc(x)	向 0 的方向截取的 x 中的整数部分。例如:trunc(5.99)返回值为 5
round(x,digits = n)	将 x 舍入为指定位的小数。例如:round(3.475,digits = 2)返回值为 3.48
signif(x,digits = n)	将 x 舍入为指定的有效数字位数。例如:signif(3.475,digits = 2)返回值为 3.5
cos(x)、sin(x)、tan(x)	余弦、正弦和正切。例如:cos(2)返回值为 − 0.416
acos(x)、asin(x)、atan(x)	反余弦、反正弦和反正切。例如:acos(.0.416)返回值为 2
cosh(x)、sinh(x)、tanh(x)	双曲余弦、双曲正弦和双曲正切。例如:sinh(2)返回值为 3.627

函　　数	描　　述
acosh(x)、asinh(x)、atanh(x)	反双曲余弦、反双曲正弦和反双曲正切。例如:asinh(3.627)返回值为2
log(x,base = n),log(x),log10(x)	对 x 取以 n 为底的对数,为了方便见:log(x)为自然对数,log10(x)为常用对数。log(10)返回值为 2.3026,log10(10)返回值为 1
exp(x)	指数函数。例如:exp(2.3026)返回值为 10

对数据做变换是这些函数的一个主要用途。例如,经常会在进一步分析之前将收入这种存在明显偏倚的变量取对数。数学函数也被用作公式中的一部分,用于绘图函数(例如 x 对 sin(x))和在输出结果之前对数值做格式化。

表 3.7 中的示例将数学函数应用到标量(单独的值)上。当这些函数被应用于数值向量、矩阵或数据框时,它们会作用于每一个独立的值。例如,sqrt(c(4,16,25))的返回值为 c(2,4,5)。

3.13.2　统计函数

常用的统计函数如表 3.8 所示,其中许多函数都拥有可以影响输出结果的可选参数。例如:y <- mean(x)提供对象 x 中元素的算术平均数,而 z <- mean(x,trim = 0.05,na.rm = TRUE)则提供截尾平均数,即丢弃最大 5% 和最小 5% 的数据和所有缺失值后的算术平均数。可以使用 help()函数了解每个函数及其参数的用法。

表 3.8　统计函数

函　　数	描　　述
mean(x)	平均数。例如:mean(c(1,2,3,4))返回值为 2.5
median(x)	中位数。例如:median(c(1,2,3,4))返回值为 2.5
sd(x)	标准差。例如:sd(c(1,2,3,4))返回值为 1.29
var(x)	方差。例如:var(c(1,2,3,4))返回值为 1.67
mad(x)	绝对中位差(median absolute deviation)。例如:mad(c(1,2,3,4))返回值为 1.48
quantile(x,probs)	求分位数。其中 x 为待求分位数的数值型向量,probs 为一个由[0,1]之间的概率值组成的数值向量。例如:求 x 的 30% 和 84% 分位点,则 y <- quantile(x,c(.3,.84))
range(x)	求值域。如果 x <- c(1,2,3,4),则 range(x)返回值为 c(1,4),diff(range(x))返回值为 3
sum(x)	求和。例如:sum(c(1,2,3,4))返回值为 10
diff(x,lag = n)	滞后差分,lag 用以指定滞后几项。默认的 lag 值为 1。例如:x <- c(1,5,23,29) diff(x)返回值为 c(4,18,6)
min(x)	求最小值。例如:min(c(1,2,3,4))返回值为 1
max(x)	求最大值。例如:max(c(1,2,3,4))返回值为 4
scale(x,center = TRUE,scale = TRUE)	为数据对象 x 按列进行中心化(center = TRUE)或标准化(center = TRUE,scale = TRUE)

要了解这些函数的实战应用,可以参考代码 3.8。这个例子演示了计算某个数值向量的均值和标准差的两种方式。

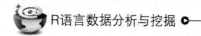

【代码3.8】均值和标准差的计算

```
x <- c(1,2,3,4,5,6,7,8)
mean(x)
## [1] 4.5
sd(x)
## [1] 2.44949
n <- length(x)
meanx <- sum(x)/n
css <- sum((x - meanx)^2)
sdx <- sqrt(css/(n - 1))
meanx
## [1] 4.5
sdx
## [1] 2.44949
```

第二种方式中修正平方和(css)的计算过程是很有启发性的:

(1)x 等于 c(1,2,3,4,5,6,7,8),x 的平均值等于 4.5(length(x)返回 x 中元素的数量)。

(2)(x - meanx)从 x 的每个元素中减去了 4.5,结果为 c(- 3.5, - 2.5, - 1.5, - 0.5, 0.5,1.5,2.5,3.5)。

(3)(x - meanx)^2 将(x - meanx)的每个元素求平方,结果为 c(12.25,6.25,2.25,0.25, 0.25,2.25,6.25,12.25)。

(4)sum((x - meanx)^2)对(x - meanx)^2)的所有元素求和,结果为 42。

R 中公式的写法和类似 MATLAB 的矩阵运算语言有着许多共同之处。默认情况下,scale()函数对矩阵或数据框的指定列进行均值为 0、标准差为 1 的标准化:

```
newdata <- scale(mydata)
```

要对每一列进行任意均值和标准差的标准化,可以使用如下代码:

```
newdata <- scale(mydata) * SD + M
```

其中,M 是想要的均值,SD 为想要的标准差。在非数值型的列上使用 scale()函数将会出错。要对指定列而不是整个矩阵或数据框进行标准化,可以使用如下代码:

```
newdata <- transform(mydata,myvar = scale(myvar) * 10 + 50)
```

此句将变量 myvar 标准化为均值为 50、标准差为 10 的变量。

3.13.3 概率函数

概率函数通常用来生成特征已知的模拟数据,以及在用户编写的统计函数中计算概率值。R 的概率函数形如:

```
[dpqr]distribution_abbreviation()
```

其中,第一个字母表示其所指分布的某一方面,例如:

d = 密度函数(density);

p = 分布函数(distribution function);

q = 分位数函数(quantile function);

r = 生成随机数(随机偏差)。

常用的概率分布列于表 3.9 中。

表 3.9 概率分布

分布名称	缩 写	分布名称	缩 写	分布名称	缩 写
Beta 分布	beta	几何分布	geom	泊松分布	pois
二项分布	bionm	超几何分布	hyper	Wilcoxon 符号秩分布	signrank
柯西分布	cauchy	对数正态分布	lonm	t 分布	t
(非中心)卡方分布	Chisq	Logistic 分布	logis	均匀分布	unif
指数分布	Exp	多项分布	multinom	Weibull 分布	weibull
F 分布	f	负二项分布	nbinom	Wilcoxon 秩和分布	wilcox
Gamma 分布	gamma	正态分布	norm		

先看看正态分布的有关函数,以了解这些函数的使用方法。如果不指定一个均值和一个标准差,则函数将假定其为标准正态分布(均值为 0,标准差为 1)。密度函数(dnorm)、分布函数(pnorm)、分位数函数(qnorm)和随机数生成函数(rnorm)的使用示例如表 3.10 所示。

表 3.10 正态分布函数

问 题	解 法
(1) 在区间[−4,4]上绘制标准正态曲线 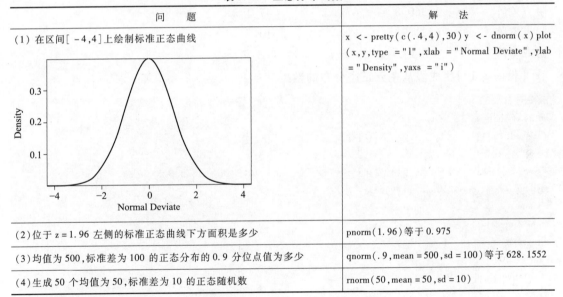	x <- pretty(c(.4,4),30) y <- dnorm(x) plot(x,y,type = "l",xlab = "Normal Deviate",ylab = "Density",yaxs = "i")
(2)位于 z = 1.96 左侧的标准正态曲线下方面积是多少	pnorm(1.96)等于 0.975
(3)均值为 500,标准差为 100 的正态分布的 0.9 分位点值为多少	qnorm(.9,mean = 500,sd = 100)等于 628.1552
(4)生成 50 个均值为 50,标准差为 10 的正态随机数	rnorm(50,mean = 50,sd = 10)

1. 设定随机数种子

每次生成伪随机数的时候,函数都会使用一个不同的种子,因此也会产生不同的结果。可以通过 set.seed() 函数显式地指定这个种子,让结果可以重现。代码 3.9 显示一个示例。这里的 runif() 函数用来生成 0 到 1 区间上服从均匀分布的伪随机数。

【代码3.9】生成服从正态分布的伪随机数

```
runif(5)
## [1] 0.9716740 0.9608652 0.7867300 0.6948986 0.9979259
runif(5)
```

```
## [1] 0.2189530 0.2085182 0.6227477 0.1368207 0.6390902
set.seed(1234)
runif(5)
## [1] 0.1137034 0.6222994 0.6092747 0.6233794 0.8609154
set.seed(1234)
runif(5)
## [1] 0.1137034 0.6222994 0.6092747 0.6233794 0.8609154
```

通过手动设定种子,就可以重现结果。这种能力有助于创建在未来可用的,以及可与他人分享的示例。

2. 生成多元正态数据

在模拟研究和蒙特卡洛方法中,经常需要获取来自给定均值向量和协方差阵的多元正态分布的数据。MASS 包中的 mvrnorm( )函数可以让这个问题变得很容易。其调用格式为:

```
mvrnorm(n,mean,sigma)
```

其中,n 是样本大小,mean 为均值向量,sigma 是方差——协方差矩阵或相关矩阵。代码 3.10 从一个参数如下所示的三元正态分布中抽取 500 个实例。

均值向量	230.7	146.7	3.6
协方差阵	15360.8	6721.2	-47.1
协方差阵	6721.2	4700.9	-16.5
协方差阵	-47.1	-16.5	0.3

【代码 3.10】生成服从多元正态分布的数据

```
library(MASS)
options(digits = 3)
set.seed(1234)
mean <- c(230.7,146.7,3.6)
sigma <- matrix(c(15360.8,6721.2,47.1,6721.2,4700.9,16.5,47.1,16.5,0.3),nrow = 3,ncol = 3)
mydata <- mvrnorm(500,mean,sigma)
mydata <- as.data.frame(mydata)
names(mydata) <- c("y","x1","x2")
dim(mydata)
## [1] 500    3
head(mydata,n = 10)
##          y     x1    x2
## 1     98.8   41.3  2.85
## 2    244.5  205.2  3.63
## 3    375.7  186.7  3.51
## 4    -59.2   11.2  2.97
## 5    313.0  111.0  4.29
## 6    288.8  185.1  3.02
## 7    134.8  165.0  3.52
## 8    171.7   97.4  3.39
## 9    167.3  101.0  3.19
## 10   121.1   94.5  3.44
```

代码 3.10 设定一个随机数种子,这样就可以在之后重现结果。指定想要的均值向量和方差-协方差阵,并生成 500 个伪随机实例。为了方便,结果从矩阵转换为数据框,并为变量指定名称。最后,确认拥有 500 个实例和 3 个变量,并输出前 10 个实例。由于相关矩阵同时也是协方差阵,所以可以直接指定相关关系的结构。

R 的概率函数允许生成模拟数据,这些数据从服从已知特征的概率分布中抽样而得。近年来,依赖于模拟数据的统计方法呈指数级增长。

3.13.4 字符处理函数

数学和统计函数是用来处理数值型数据的,而字符处理函数可以从文本型数据中抽取信息,或者为打印输出和生成报告重设文本的格式。例如,希望将某人的英文姓和名连接在一起,并保证姓和名的首字母大写;或者统计可自由回答的调查反馈信息中含有秽语的实例数量。一些最有用的字符处理函数如表 3.11 所示。

表 3.11 字符处理函数

函　数	描　述
nchar(x)	计算 x 中的字符数量。例如:x <- c("ab","cde","fghij"),length(x)返回值为 3,nchar(x[3])返回值为 5
substr(x,start,stop)	提取或替换一个字符向量中的子串。例如:x <- "abcdef",substr(x,2,4)返回值为"bcd",substr(x,2,4) <- "22222"(x 将变成"a222ef")
grep(pattern,x,ignore. case = FALSE,fixed = FALSE)	在 x 中搜索某种模式。若 fixed = FALSE,则 pattern 为一个正则表达式。若 fixed = TRUE,则 pattern 为一个文本字符串。返回值为匹配的下标。例如:grep("A",c("b","A","c"),fixed = TRUE)返回值为 2
sub(pattern,replacement,x,ignore. case = FALSE,fixed = FALSE)	在 x 中搜索 pattern,并以文本 replacement 将其替换。若 fixed = FALSE,则 pattern 为一个正则表达式。若 fixed = TRUE,则 pattern 为一个文本字符串。sub("\s",".","Hello There")返回值为 Hello.There。使用"\s"而不用"\"的原因是,后者是 R 中的转义字符
strsplit(x,split,fixed = FALSE)	在 split 处分隔割字符向量 x 中的元素。若 fixed = FALSE,则 pattern 为一个正则表达式。若 fixed = TRUE,则 pattern 为一个文本字符串 y <- strsplit("abc","")将返回一个含有 1 个成分、3 个元素的列表,包含的内容为"a" "b" "c"
paste(…,sep = "")	连接字符串,分隔符为 sep。例如:paste("x",1:3,sep = "")返回值为 c("x1","x2","x3"),paste("x",1:3,sep = "M")返回值为 c("xM1","xM2","xM3"),paste("Today is",date())返回值为 Today is Thu Jun 25 16:17:32 2016
toupper(x)	大写转换。例如:toupper("abc")返回值为"ABC"
tolower(x)	小写转换。例如:tolower("ABC")返回值为"abc"

函数 grep()、sub()和 strsplit()能够搜索某个文本字符串(fixed = TRUE)或某个正则表达式(fixed = FALSE,默认值为 FALSE)。正则表达式为文本模式的匹配提供了一套清晰而简练的语法。例如,正则表达式:

^[hc]? at

可匹配任意以 0 个或 1 个 h 或 c 开头、后接 at 的字符串。因此,此表达式可以匹配 hat、cat 和 at,但不会匹配 bat。

3.13.5　其他实用函数

表 3.12 中的函数对于数据管理和处理同样非常实用,但是不能清晰地界定其函数类别。

表 3.12　其他实用函数

函　　数	描　　述
length(x)	对象 x 的长度。例如:x <- c(2,5,6,9) length(x) 返回值为 4
seq(from,to,by)	生成一个序列。例如:indices <- seq(1,10,2) indices 的值为 c(1,3,5,7,9)
rep(x,n)	将 x 重复 n 次。例如:y <- rep(1:3,2) y 的值为 c(1,2,3,1,2,3)
cut(x,n)	将连续型变量 x 分隔为有着 n 个水平的因子,使用选项 ordered_result = TRUE 以创建一个有序型因子
pretty(x,n)	创建美观的分隔点。通过选取 n + 1 个等间距的取整值,将一个连续型变量 x 分隔为 n 个区间。在绘图时常用到
cat (…, file = " myfile ", append = FALSE)	连接…中的对象,并将其输出到屏幕上或文件中(如果声明了一个)。例如: firstname <- c("Jane") cat("Hello",firstname," \n")

表中的最后一个例子演示在输出时转义字符的使用方法。\n 表示新行,\t 为制表符,\'为单引号,\b 为退格,等等。例如,代码:

```
name  <- "Bob"
cat( "Hello",name," \b. \n"," Isn\'t R "," \t "," GREAT? \n" )
    ## Hello Bob.
##  Isn't R        GREAT?
```

第二行缩进一个空格。当 cat 输出连接后的对象时,将每一个对象都用空格分开。这就是在句号之前使用退格转义字符(\b) 的原因。不然,生成的结果将是"Hello Bob.”。

3.13.6　将函数应用于矩阵和数据框

R 函数的重要特性之一就是可以应用到一系列的数据对象,包括标量、向量、矩阵、数组和数据框。代码 3.11 提供一个示例。

【代码 3.11】将函数应用于数据对象

```
a <- 5
sqrt( a)
## [1] 2.24
b <- c(1.243,5.654,2.99)
round( b)
## [1] 1 6 3
c <- matrix( runif(12),nrow = 3)
c
##        [,1] [,2] [,3] [,4]
## [1,] 0.9636 0.216 0.289 0.913
## [2,] 0.2068 0.240 0.804 0.353
## [3,] 0.0862 0.197 0.378 0.931
```

```
log( c)
##          [ ,1]   [ ,2]   [ ,3]    [ ,4]
## [ 1, ] -0.0371 -1.53 -1.241 -0.0912
## [ 2, ] -1.5762 -1.43 -0.218 -1.0402
## [ 3, ] -2.4511 -1.62 -0.972 -0.0710
mean( c)
## [1] 0.465
```

在代码 3.11 中,对矩阵 c 求均值的结果为一个标量(0.444)。函数 mean( )求得的是矩阵中全部 12 个元素的均值。但如果希望求的是各行的均值或各列的均值呢? R 提供了 apply( )函数,可将一个任意函数"应用"到矩阵、数组、数据框的任何维度上。apply( )函数的使用格式为:

```
apply( x, MARGIN, FUN,...)
```

其中, x 为数据对象, MARGIN 是维度的下标, FUN 是指定的函数,而…则包括任何想传递给 FUN 的参数。在矩阵或数据框中, MARGIN = 1 表示行, MARGIN = 2 表示列。如代码 3.12 所示。

【代码 3.12】将一个函数应用到矩阵的所有行(列)

```
mydata < - matrix( rnorm( 30), nrow = 6)
mydata
##          [ ,1]   [ ,2]   [ ,3]   [ ,4]   [ ,5]
## [ 1, ]  0.459  1.203  1.234  0.591 -0.281
## [ 2, ] -1.261  0.769 -1.891 -0.435  0.812
## [ 3, ] -0.527  0.238 -0.223 -0.251 -0.208
## [ 4, ] -0.557 -1.415  0.768 -0.926  1.451
## [ 5, ] -0.374  2.934  0.388  1.087  0.841
## [ 6, ] -0.604  0.935  0.609 -1.944 -0.866
apply( mydata, 1, mean)
## [1]  0.641 -0.401 -0.194 -0.136  0.975 -0.374
apply( mydata, 2, mean)
## [1] -0.478  0.777  0.148 -0.313  0.292
apply( mydata, 2, mean, trim = 0.2)
## [1] -0.516  0.786  0.386 -0.255  0.291
```

首先生成一个包含正态随机数的 6×5 矩阵;然后计算 6 行的均值,以及 5 列的均值。最后,计算每列的截尾均值(截尾均值基于中间 60% 的数据,最高和最低 20% 的值均被忽略)。

FUN 可为任意 R 函数,这也包括自行编写的函数,所以 apply( )具有一种强大的机制。apply( )函数可应用到数组的某个维度上,而 lapply( )和 sapply( )函数可应用到列表。

3.14　数据处理难题的一套解决方案

如何将学生的各科考试成绩组合为单一的成绩衡量指标,基于相对名次(前 20%、后 20%

等)给出从 A 到 F 的评分,根据学生姓氏和名字的首字母对花名册进行排序。代码 3.13 列出一种解决方案。

【代码 3.13】一种解决方案

```
options(digits = 2)
Student <- c("John Davis","Angela Williams","Bullwinkle Moose","David Jones","Janice Markhammer",
"Cheryl Cushing","Reuven Ytzrhak","Greg Knox","Joel England","Mary Rayburn")
Math <- c(502,600,412,358,495,512,410,625,573,522)
Science <- c(95,99,80,82,75,85,80,95,89,86)
English <- c(25,22,18,15,20,28,15,30,27,18)
roster <- data.frame(Student,Math,Science,English,stringsAsFactors = FALSE)
z <- scale(roster[,2:4])
score <- apply(z,1,mean)
roster <- cbind(roster,score)
y <- quantile(score,c(0.8,0.6,0.4,0.2))
roster$grade[score >= y[1]] <- "A"
roster$grade[score < y[1] & score >= y[2]] <- "B"
roster$grade[score < y[2] & score >= y[3]] <- "C"
roster$grade[score < y[3] & score >= y[4]] <- "D"
roster$grade[score < y[4]] <- "F"
name <- strsplit((roster$Student)," ")
Lastname <- sapply(name,"[",2)
Firstname <- sapply(name,"[",1)
roster <- cbind(Firstname,Lastname,roster[,-1])
roster <- roster[order(Lastname,Firstname),]
roster
```

##	Firstname	Lastname	Math	Science	English	score	grade
## 6	Cheryl	Cushing	512	85	28	0.35	C
## 1	John	Davis	502	95	25	0.56	B
## 9	Joel	England	573	89	27	0.70	B
## 4	David	Jones	358	82	15	-1.16	F
## 8	Greg	Knox	625	95	30	1.34	A
## 5	Janice	Markhammer	495	75	20	-0.63	D
## 3	Bullwinkle	Moose	412	80	18	-0.86	D
## 10	Mary	Rayburn	522	86	18	-0.18	C
## 2	Angela	Williams	600	99	22	0.92	A
## 7	Reuven	Ytzrhak	410	80	15	-1.05	F

以上代码写得比较紧凑,逐步分解如下。

步骤 1:原始的学生花名册已知,options(digits = 2)限定输出小数点后数字的位数,并且让输出更容易阅读:

```
options( digits = 2 )
roster
##                      Student  Math  Science  English
## 1            John Davis       502      95       25
## 2        Angela Williams      600      99       22
## 3        Bullwinkle Moose     412      80       18
## 4           David Jones       358      82       15
## 5      Janice Markhammer      495      75       20
## 6         Cheryl Cushing      512      85       28
## 7         Reuven Ytzrhak      410      80       15
## 8            Greg Knox        625      95       30
## 9          Joel England       573      89       27
## 10         Mary Rayburn       522      86       18
```

步骤2:由于数学、科学和英语考试的分值不同,在组合之前需要先让它们可以比较。一种方法是将变量进行标准化,这样每科考试的成绩就都是用单位标准差来表示,而不是以原始的尺度来表示。这个过程可以使用scale()函数实现:

```
z <- scale( roster[ ,2:4 ] )
z
##          Math   Science  English
## [1,]    0.013    1.078    0.587
## [2,]    1.143    1.591    0.037
## [3,]   -1.026   -0.847   -0.697
## [4,]   -1.649   -0.590   -1.247
## [5,]   -0.068   -1.489   -0.330
## [6,]    0.128   -0.205    1.137
## [7,]   -1.049   -0.847   -1.247
## [8,]    1.432    1.078    1.504
## [9,]    0.832    0.308    0.954
## [10,]   0.243   -0.077   -0.697
## attr( ,"scaled:center" )
##       Math   Science  English
##       501      87       22
## attr( ,"scaled:scale" )
##       Math   Science  English
##       86.7     7.8      5.5
```

步骤3:可以通过 mean( )函数计算各行的均值以获得综合得分,并使用 cbind( )函数将其添加到花名册中:

```
score  <- apply( z,1,mean )
roster  <- cbind( roster,score )
roster
```

##	Student	Math	Science	English	score
## 1	John Davis	502	95	25	0.56
## 2	Angela Williams	600	99	22	0.92
## 3	Bullwinkle Moose	412	80	18	-0.86
## 4	David Jones	358	82	15	-1.16
## 5	Janice Markhammer	495	75	20	-0.63
## 6	Cheryl Cushing	512	85	28	0.35
## 7	Reuven Ytzrhak	410	80	15	-1.05
## 8	Greg Knox	625	95	30	1.34
## 9	Joel England	573	89	27	0.70
## 10	Mary Rayburn	522	86	18	-0.18

步骤 4:quantile( )函数显示学生综合得分的百分位数。可以看到,成绩为 A 的分界点为 0.74,B 的分界点为 0.44,等等。

```
y <- quantile(roster$score,c(.8,.6,.4,.2))
y
##    80%   60%   40%   20%
##   0.74  0.44  -0.36  -0.89
```

步骤 5:通过使用逻辑运算符,可以将学生的百分位数排名重编码为一个新的分类型成绩变量。下面在数据框 roster 中创建变量 grade。

```
roster$grade[score >= y[1]] <- "A"
roster$grade[score < y[1] & score >= y[2]] <- "B"
roster$grade[score < y[2] & score >= y[3]] <- "C"
roster$grade[score < y[3] & score >= y[4]] <- "D"
roster$grade[score < y[4]] <- "F"
roster
```

##	Student	Math	Science	English	score	grade
## 1	John Davis	502	95	25	0.56	B
## 2	Angela Williams	600	99	22	0.92	A
## 3	Bullwinkle Moose	412	80	18	-0.86	D
## 4	David Jones	358	82	15	-1.16	F
## 5	Janice Markhammer	495	75	20	-0.63	D
## 6	Cheryl Cushing	512	85	28	0.35	C
## 7	Reuven Ytzrhak	410	80	15	-1.05	F
## 8	Greg Knox	625	95	30	1.34	A
## 9	Joel England	573	89	27	0.70	B
## 10	Mary Rayburn	522	86	18	-0.18	C

步骤 6:使用 strsplit( )函数以空格为界把学生姓名拆分为姓氏和名字。把 strsplit( )函数应用到一个字符串组成的向量上并返回一个列表:

```
name <- strsplit((roster$Student)," ")
name
## [[1]]
## [1] "John" "Davis"
##
## [[2]]
## [1] "Angela" "Williams"
##
## [[3]]
## [1] "Bullwinkle" "Moose"
##
## [[4]]
## [1] "David" "Jones"
##
## [[5]]
## [1] "Janice" "Markhammer"
##
## [[6]]
## [1] "Cheryl" "Cushing"
##
## [[7]]
## [1] "Reuven" "Ytzrhak"
##
## [[8]]
## [1] "Greg" "Knox"
##
## [[9]]
## [1] "Joel" "England"
##
## [[10]]
## [1] "Mary" "Rayburn"
```

步骤7：可以使用 sapply() 函数提取列表中每个成分的第一个元素，放入一个存储名字的向量 Firstname，并提取每个成分的第二个元素，放入一个存储姓氏的向量 Lastname。"["是一个可以提取某个对象的一部分的函数——在这里它用来提取列表 name 各成分中的第一个或第二个元素。使用 cbind() 函数将它们添加到花名册中。由于已经不再需要 student 变量，可以将其丢弃（在下标中使用 −1）。

```
Firstname <- sapply(name,"[",1)
Lastname <- sapply(name,"[",2)
roster <- cbind(Firstname,Lastname,roster[,-1])
roster
```

##	Firstname	Lastname	Math	Science	English	score	grade
## 1	John	Davis	502	95	25	0.56	B
## 2	Angela	Williams	600	99	22	0.92	A
## 3	Bullwinkle	Moose	412	80	18	-0.86	D
## 4	David	Jones	358	82	15	-1.16	F
## 5	Janice	Markhammer	495	75	20	-0.63	D
## 6	Cheryl	Cushing	512	85	28	0.35	C
## 7	Reuven	Ytzrhak	410	80	15	-1.05	F
## 8	Greg	Knox	625	95	30	1.34	A
## 9	Joel	England	573	89	27	0.70	B
## 10	Mary	Rayburn	522	86	18	-0.18	C

步骤 8：使用 order( ) 函数依姓氏和名字对数据集进行排序。

```
roster[order(Lastname,Firstname),]
```

##	Firstname	Lastname	Math	Science	English	score	grade
## 6	Cheryl	Cushing	512	85	28	0.35	C
## 1	John	Davis	502	95	25	0.56	B
## 9	Joel	England	573	89	27	0.70	B
## 4	David	Jones	358	82	15	-1.16	F
## 8	Greg	Knox	625	95	30	1.34	A
## 5	Janice	Markhammer	495	75	20	-0.63	D
## 3	Bullwinkle	Moose	412	80	18	-0.86	D
## 10	Mary	Rayburn	522	86	18	-0.18	C
## 2	Angela	Williams	600	99	22	0.92	A
## 7	Reuven	Ytzrhak	410	80	15	-1.05	F

完成这些功能的方法很多，只是以上代码更能反映相应函数的设计功能。因此，下一步就是要学习控制结构和自定义函数。

3.15 控 制 语 句

在正常情况下，R 程序中的语句是从上至下顺序执行的。但有时可能希望重复执行某些语句，仅在满足特定条件的情况下执行另外的语句。这就是控制结构发挥作用的地方。

R 拥有一般现代编程语言中都有的标准控制结构。首先将看到用于条件执行的结构，接下来是用于循环执行的结构。

为了理解贯穿本节的语法示例，理解以下概念：

语句（statement）是一条单独的 R 语句或一组复合语句（包含在花括号{ }中的一组 R 语句，使用分号分隔）。

条件（cond）是一条最终被解析为真（TRUE）或假（FALSE）的表达式。

表达式（expr）是一条数值或字符串的求值语句。

序列（seq）是一个数值或字符串序列。

在讨论过控制流的构造后，下面学习如何编写函数。

3.15.1 重复和循环

循环结构重复地执行一个或一系列语句,直到某个条件不为真为止。循环结构包括 for 和 while 结构。

1. for 结构

for 循环重复地执行一个语句,直到某个变量的值不再包含在序列 seq 中为止。语法如下:

```
for (var in seq) statement
```

在下例中:

```
for (i in 1:10) print("Hello")
```

单词 Hello 被输出 10 次。

2. while 结构

while 循环重复地执行一个语句,直到条件不为真为止。语法如下:

```
while (cond) statement
```

作为第二个例子,代码:

```
i <- 10
while (i > 0) {print("Hello");i <- i - 1}
```

又将单词 Hello 输出 10 次。确保括号内 while 的条件语句能够改变,即让它在某个时刻不再为真,否则循环将永不停止。在上例中,语句:

```
i <- i - 1
```

在每步循环中为对象 i 减去 1,这样在十次循环过后,它就不再大于 0。反之,如果在每步循环都加 1,则 R 将不停地执行。这也是 while 循环可能较其他循环结构更危险的原因。

在处理大数据集中的行和列时,R 中的循环可能比较低效费时。只要可能,最好联用 R 中的内建数值/字符处理函数和 apply 族函数。

3.15.2 条件执行

在条件执行结构中,一条或一组语句仅在满足一个指定条件时执行。条件执行结构包括 if-else、ifelse 和 switch。

1. if-else 结构

控制结构 if-else 在某个给定条件为真时执行语句。也可以同时在条件为假时执行另外的语句。语法为:

```
if (cond) statement
if (cond) statement1 else statement2
```

示例如下:

```
if (is.character(grade)) grade <- as.factor(grade)
if (!is.factor(grade)) grade <- as.factor(grade) else print("Grade already is a factor")
```

在第一个实例中,如果 grade 是一个字符向量,它就会被转换为一个因子。在第二个实例中,两个语句择其一执行。如果 grade 不是一个因子,就会被转换为一个因子;如果它是一个因子,就会输出一段信息。

2. ifelse 结构

ifelse 结构是 if-else 结构比较紧凑的向量化版本,其语法为:

```
ifelse(cond,statement1,statement2)
```

若 cond 为 TRUE,则执行第一个语句;若 cond 为 FALSE,则执行第二个语句。示例如下:

```
ifelse(score > 0.5,print("Passed"),print("Failed"))
outcome <- ifelse(score > 0.5,"Passed","Failed")
```

在程序的行为是二元时,或者希望结构的输入和输出均为向量时,可以使用 ifelse。

3. switch 结构

switch 根据一个表达式的值选择语句执行。语法为:

```
switch(expr,...)
```

其中,…表示与 expr 的各种可能输出值绑定的语句。通过观察代码 3.14 中的代码,可以轻松地理解 switch 的工作原理。

【代码 3.14】switch 示例

```
feelings <- c("sad","afraid")
for (i in feelings) print(switch(i,happy = "I am glad you are happy",afraid = "There is nothing to fear",
    sad = "Cheer up",angry = "Calm down now"))
## [1] "Cheer up"
## [1] "There is nothing to fear"
```

这个例子比较简单,仅展示了 switch 的主要功能,后面的内容将介绍如何使用 switch 编写自己的函数。

3.16 自定义函数

R 的最大优点之一就是用户可以自行定义函数。事实上,R 中的许多函数都是由已有函数构成。函数的结构大致如下:

```
myfunction <- function(arg1,arg2,...) {
    statements
    return(object)
}
```

其中,myfunction 为函数名;arg1,arg2,…为参数列表,大括号{}内的语句为函数体。函数参数是在函数体内部要处理的值,函数中的对象只在函数内部使用。函数体通常包括三部分:异常处理、运算过程、返回值。

(1)异常处理:输入的数据没有满足函数处理的要求,如数据类型不匹配等,此时需要设计相应的机制提示哪个地方出现错误。

（2）运算过程：由具体的运算步骤组成。运算过程和该函数要完成的功能相关。

（3）返回值：用 return( ) 函数实现返回函数值。返回对象的数据类型是任意的，从标量到列表都可以指定。在函数体内部处理过程中，一旦遇到 return( ) 函数，就会终止运行，将 return( ) 函数内的数据作为函数处理的结果返回。

假设编写一个函数，用来计算数据对象的集中趋势和散布情况。此函数应当可以选择性地给出参数统计量（均值和标准差）和非参数统计量（中位数和绝对中位差）。结果应当以一个含名称列表的形式给出。另外，用户应当可以选择是否自动输出结果。除非另外指定，否则此函数的默认行为应当是计算参数统计量并且不输出结果。代码 3.15 给出一种解答。

【代码 3.15】mystats( )：一个自定义的描述性统计分析函数

```
mystats <- function(x,parametric = TRUE,print = FALSE){
    if(parametric){
        center <- mean(x);spread <- sd(x)
    } else {
        center <- median(x);spread <- mad(x)
    }
    if(print & parametric){
        cat("Mean = ",center,"\n","SD = ",spread,"\n")
    } else if(print & ! parametric){
        cat("Median = ",center,"\n","MAD = ",spread,"\n")
    }
    result <- list(center = center,spread = spread)
    return(result)
}
```

了解函数的使用情况，首先需要生成一些数据（服从正态分布的，大小为 500 的随机样本）：

```
set. seed(1234)
x <- rnorm(500)
```

在执行语句：

```
y <- mystats(x)
```

之后，ycenter 将包含均值（0.00184），y $ spread 将包含标准差（1.03），并且没有输出结果。如果执行语句：

```
y <- mystats(x,parametric = FALSE,print = TRUE)
```

y $ center 将包含中位数（-0.0207），y $ spread 将包含绝对中位差（1.001）。另外，还会输出以下结果：

```
Median = -0.0207
MAD = 1
```

下面是使用 switch 结构的用户自编函数，此函数可让用户选择输出当天日期的格式。在函数声明中为参数指定的值将作为其默认值。在 mydate( ) 函数中，如果未指定 type，则 long

将为默认的日期格式：

```
mydate <- function( type = "long") {
    switch( type,long = format( Sys. time( ),"% A % B % d % Y"),short = format( Sys. time( ),
        "% m. % d. % y"),cat( type,"is not a recognized type\n"))
}
```

实际的函数如下：

```
mydate( "long")
## [1] "Sunday October 28 2018"
mydate( "short")
## [1] "10. 28. 18"
mydate( )
## [1] "Sunday October 28 2018"
mydate( "medium")
## medium is not a recognized type
```

cat( )函数仅会在输入的日期格式类型不匹配"long"或"short"时执行。使用一个表达式来捕获用户输入的错误参数值是一个好想法。

有若干函数可以用来为函数添加错误捕获和纠正功能。可以使用 warning( )函数生成一条错误提示信息,用 message( )函数生成一条诊断信息,或用 stop( )函数停止当前表达式的执行并提示错误。在创建自己的函数以后,希望在每个会话中都能直接使用它们。

3.17　重构与整合

R 提供了许多用来重构(Reshape)和整合(Aggregate)数据的强大方法。在整合数据时,往往将多组实例替换为根据这些实例计算的描述性统计量。在重构数据时,则会通过修改数据的结构(行和列)来决定数据的组织方式。

下面将使用已包含在 R 基本安装中的 mtcars 数据集。mtcars 数据集是从 *Motor Trend* 杂志提取的,描述 34 种车型的设计和性能特点(汽缸数、排量、马力、每加仑汽油行驶英里数等)。

3.17.1　重构数据

转置(反转行和列)是重构数据集的众多方法中最简单的一个。使用 t( )函数即可对一个矩阵或数据框进行转置。对于后者,行名将成为变量(列)名。代码 3.16 展示一个例子。

【代码 3.16】数据集的转置

```
cars <- mtcars[1:5,1:4]
cars
##                mpg    cyl    disp    hp
## Mazda RX4       21     6     160    110
## Mazda RX4 Wag   21     6     160    110
## Datsun 710      23     4     108    93
```

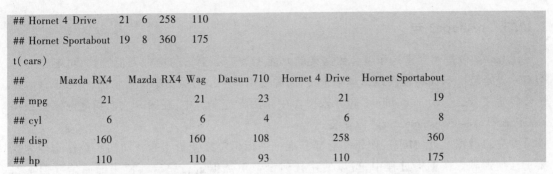

```
## Hornet 4 Drive       21   6   258    110
## Hornet Sportabout    19   8   360    175
t( cars)
##            Mazda RX4   Mazda RX4 Wag   Datsun 710   Hornet 4 Drive   Hornet Sportabout
## mpg             21              21           23               21                  19
## cyl              6               6            4                6                   8
## disp           160             160          108              258                 360
## hp             110             110           93              110                 175
```

为了节约空间,代码 3.16 仅使用 mtcars 数据集的一个子集。在后面介绍的 reshape2 包中将看到一种更为灵活的数据转置方式。

3.17.2　整合数据

R 使用一个或多个 by 变量和一个预先定义好的函数整合数据。调用格式为:

```
aggregate( x,by,FUN)
```

其中,x 是待整合的数据对象,by 是一个变量名组成的列表,这些变量将被去掉形成新的实例,FUN 是用来计算描述性统计量的标量函数,将被用来计算新实例中的值。作为一个示例,将根据汽缸数和挡位数整合 mtcars 数据,并返回各个数值型变量的均值,如代码 3.17 所示。

【代码 3.17】整合数据

```
options( digits = 3)
attach( mtcars)
aggdata <- aggregate( mtcars,by = list( cyl,gear),FUN = mean,na. rm = TRUE)
aggdata
##   Group. 1 Group. 2  mpg  cyl  disp  hp  drat   wt  qsec   vs   am gear carb
## 1       4       3  21.5   4   120   97 3.70 2.46 20.0 1.0 0.00    3 1.00
## 2       6       3  19.8   6   242  108 2.92 3.34 19.8 1.0 0.00    3 1.00
## 3       8       3  15.1   8   358  194 3.12 4.10 17.1 0.0 0.00    3 3.08
## 4       4       4  26.9   4   103   76 4.11 2.38 19.6 1.0 0.75    4 1.50
## 5       6       4  19.8   6   164  116 3.91 3.09 17.7 0.5 0.50    4 4.00
## 6       4       5  28.2   4   108  102 4.10 1.83 16.8 0.5 1.00    5 2.00
## 7       6       5  19.7   6   145  175 3.62 2.77 15.5 0.0 1.00    5 6.00
## 8       8       5  15.4   8   326  300 3.88 3.37 14.6 0.0 1.00    5 6.00
```

结果中 Group. 1 表示汽缸数量(4、6 或 8),Group. 2 代表挡位数(3、4 或 5)。例如,拥有 4 个汽缸和 3 个挡位车型的每加仑汽油行驶英里数(mpg)均值为 21.5。

使用 aggregate( )函数的时候,by 中的变量必须在一个列表中(即使只有一个变量)。可以在列表中为各组声明自定义的名称,例如 by = list(Group. cyl = cyl,Group. gears = gear)。指定的函数可为任意的内建或自编函数,这就为整合命令赋予强大的力量。目前为止,没有其他包可以比 reshape2 更强。

3.17.3　reshape2 包

reshape2 包是一套重构和整合数据集的万能工具。由于它的这种万能特性,可能学起来会有一点难度。下面将慢慢地梳理整个过程,并使用一个小型数据集作为示例,清晰地理解每一步发生了什么。由于 reshape2 包并未包含在 R 的标准安装中,在第一次使用之前需要使用 install. packages("reshape2") 进行安装。

首先将数据融合(Melt),使每一行都有唯一的标识符或变量组合。然后将数据重构为想要的任何形状。在重构过程中,可以使用任何函数对数据进行整合。使用的原始数据集如表 3.13 所示。

表 3.13　原始数据集(mydata)

ID	Time	X1	X2
1	1	5	6
1	2	3	5
2	1	6	1
2	2	2	4

在这个数据集中,测量(measurement)指最后两列中的值(5、6、3、5、6、1、2、4)。每个测量都能够被标识符变量(在本例中,标识符是指 ID、Time 以及实例属于 X1 还是 X2)唯一地确定。例如,ID 为 1、Time 为 1 以及属于变量 X1 之后,即可确定测量值为第一行中的 5。

1. 融合

数据集的融合是将它重构为这样一种格式:每个测量变量独占一行,行中带有唯一确定这个测量所需的标识符变量。要融合表 3.13 中的数据,可使用以下代码:

```
library(reshape2)
md <- melt(mydata,id = c("ID","Time"))
```

将得到如表 3.14 所示的结构。

表 3.14　融合后的数据集

ID	Time	变量	值
1	1	X1	5
1	2	X1	3
2	1	X1	6
2	2	X1	2
1	1	X2	6
1	2	X2	5
2	1	X2	1
2	2	X2	4

必须指定唯一确定每个测量所需的变量(ID 和 Time),而表示测量变量名的变量(X1 或 X2)将由程序自动创建。既然已经拥有融合后的数据,现在就可以使用 dcast() 函数将其重铸

为任意形状。

2. 重铸

dcast( )函数读取已融合的数据,并使用提供的公式和一个(可选的)用于整合数据的函数将其重铸。调用格式为:

```
newdata < - dcast( md , formula , fun. aggregate )
```

其中,md 为已融合的数据,formula 描述想要的最后结果,fun. aggregate 是数据整合函数。其接受的公式形如: rowvar1 + rowvar2 + ⋯colvar1 + colvar2 + ⋯

在这一公式中,rowvar1 + rowvar2 + ⋯定义要重铸的变量集合,以确定各行的内容,而 colvar1 + colvar2 + ⋯则定义要重铸的、确定各列内容的变量集合。

如上所见,melt( )和 dcast( )函数具有强大的灵活性。很多时候,不得不在进行分析之前重构或整合数据。例如,在分析重复测量数据时,为每个实例记录多个测量的数据,通常需要将数据转换为类似于表3.14 中的长格式。

小　　结

本章讲解大量的 R 语言基础知识。首先是存储缺失值和日期值的方式,并探索多种处理方法。接着,学习如何确定一个对象的数据类型,以及如何将它转换为其他类型,还使用简单的公式创建新变量并重编码现有变量。而且,学习如何对数据进行排序和对变量进行重命名,学习如何对数据和其他数据集进行横向合并(添加变量)和纵向合并(添加实例)。最后,讨论如何选择或剔除变量,以及如何基于一系列的准则选取实例。本章重点着眼于 R 中不计其数的用于创建和转换变量的算术函数、字符处理函数和统计函数。在探索控制程序流程的方式之后,了解到如何编写自己函数,同时探索如何使用这些函数来整合及概括数据。

本章总结数十种用于处理数据的数学、统计和概率函数,掌握如何将这些函数应用到范围广泛的数据对象上,其中包括向量、矩阵和数据框。学习控制流结构的使用方法:用循环重复执行某些语句,或用分支在满足某些条件时执行另外的语句。然后编写自定义函数,并将它们应用到数据上。最后,探索重构、整合以及融合、重铸数据的多种方法。

习　　题

1. 现有数据集 LifeCycleSavings,如表 3.15 所示。

表 3.15　LifeCycleSavings 数据集

Country	sr	pop15	pop75	dpi	ddpi
Australia	11. 43	29. 35	2. 87	2329. 68	2. 87
Austria	12. 07	23. 32	4. 41	1507. 99	3. 93
Belgium	13. 17	23. 80	4. 43	2108. 47	3. 82
…	…	…	…	…	…
Libya	8. 89	43. 69	2. 07	123. 58	16. 71
Malaysia	4. 71	47. 20	0. 66	242. 69	5. 08

（1）查看数据集 LifeCycleSavings 的所有变量名称，并将变量 pop75 改为 population。

（2）检验数据集 LifeCycleSavings 是否存在缺失值。如果存在，检测缺失值的位置并删除缺失值所在的行。

（3）对变量 sr、dpi 分别进行升序、降序排列，然后将数据集 LifeCycleSavings 按照变量 sr 升序、dpi 降序排列。

（4）运用 tapply( ) 函数计算各国家的 sr、dpi、ddpi 的平均值。

（5）运用 lapply( ) 函数计算 pop15、pop75 的平均值。

2. 编写 myfunction( ) 函数，要求该函数可以计算最大值、最小值、均值、标准差、峰度、偏度。

3. 自动生成服从自由度为 3 的 t 分布的随机数 100 个，并通过 myfunction( ) 函数计算这 100 个随机数的最大值、最小值、均值、标准差、峰度、偏度。

4. 将 1，2，3，…，19，20 构造成两个 4×5 阶的矩阵。其中，A 矩阵是按行输入，B 矩阵是按列输入，进行如下运算：

（1）C = A + B；

（2）D = AB；

（3）E = $(e_{ij})_{n \times n}$，其中 $e_{ij} = a_{ij} * b_{ij}$；

（4）取矩阵 A 的前三行、三列构成矩阵 F；

（5）删除矩阵 B 的第三列生成矩阵 G。

数据可视化 ≪

人类非常善于从视觉效果中洞察关系。一幅精心绘制的图形能够帮助在数以千计的零散信息中做出有意义的比较,提炼出使用其他方法时不那么容易发现的模式。这也是统计图形领域的进展能够对数据分析产生重大影响的原因之一。数据分析师需要观察他们的数据,而R语言在该领域表现出众。

在本章中,将讨论处理图形的一般方法。首先探讨如何创建和保存图形,然后关注如何修改那些存在于所有图形中的特征,包括图形的标题、坐标轴、标签、颜色、线条、符号和文本标注。重点是那些可以应用于所有图形的通用方法。最后,将研究组合多幅图形为单幅图形的各种方法。

无论在何时分析数据,第一件要做的事情就是观察它。对于每个变量,哪些值是最常见的?值域是大是小?是否有不寻常的实例?R语言提供了丰富的数据可视化函数。本章将关注那些可以帮助理解单个分类型或连续型变量的图形,主要包括:将变量的分布进行可视化展示;通过结果变量进行跨组比较。

在以上主题中,变量可为连续型(例如,以每加仑汽油行驶英里数表示的里程数)或分类型(例如,无改善、一定程度的改善或明显改善表示的治疗结果)。在后续各章中,将探索那些展示双变量和多变量间关系的图形。

在接下来的几节中,将探索条形图、饼图、扇形图、直方图、核密度图、箱线图、小提琴图和点图的用法。有些图形可能已经很熟悉,而有些图形(如扇形图或小提琴图)则可能比较陌生。本章的目标是更好地理解数据,并能够与他人沟通这些可视化方式。

4.1 创 建 图 形

通过逐条输入语句构建图形,逐渐完善图形特征,直至得到想要的效果。考虑以下五行代码:

```
attach(mtcars)
plot(wt,mpg)
abline(lm(mpg ~ wt))
title("Regression of MPG on Weight")
detach(mtcars)
```

第一条语句载入数据框 mtcars。第二条语句打开一个图形窗口并生成一幅散点图,横轴表示车身质量,纵轴为每加仑汽油行驶英里数。第三句向图形添加一条最优拟合曲线。第四句添加标题。最后一句释放数据框 mtcars。在 R 中,图形通常都是以这种交互式的风格绘制,如图 4.1 所示。

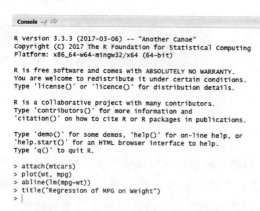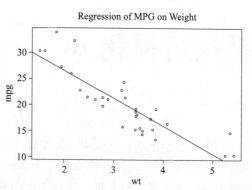

图 4.1　生成图形

可以通过代码或图形用户界面来保存图形。要通过代码保存图形,将绘图语句夹在开启目标图形设备的语句和关闭目标图形设备的语句之间即可。例如,以下代码会将图形保存到当前工作目录中名为 mygraph. pdf 的 PDF 文件中:

```
pdf("mygraph. pdf")
attach(mtcars)
plot(wt,mpg)
abline(lm(mpg ~ wt))
title("Regression of MPG on Weight")
detach(mtcars)
dev. off()
```

除了 pdf( )函数,还可以使用 win. metafile( )、png( )、jpeg( )、bmp( )、tiff( )、xfig( )和 postscript( )函数将图形保存为其他格式。

通过图形用户界面保存图形的方法因系统而异。对于 Windows,在图形窗口中选择"文件"→"另存为"命令,在弹出的对话框中选择想要的格式和保存位置即可。

通过执行如 plot( )、hist( )(绘制直方图)或 boxplot( )等高级绘图命令创建一幅新图形时,通常会覆盖掉先前的图形。如何创建多个图形并随时查看每一个呢?方法有许多种。

第一种方法,可以在创建一幅新图形之前打开一个新的图形窗口:

```
dev. new()  #statements to create graph 1
dev. new()  #statements to create a graph 2
# etc.
```

每一幅新图形将出现在最近一次打开的窗口中。

第二种方法,可以通过图形用户界面查看多个图形。在 Windows 上,这个过程分为两步。在打开第一个图形窗口以后,勾选"历史"(History)→"记录"(Recording)。然后使用菜单中的"上一个"(Previous)和"下一个"(Next)命令逐个查看已经绘制的图形。

第三种方法,可以使用 dev. new( )、dev. next( )、dev. prev( )、dev. set( )和 dev. off( )函数同时打开多个图形窗口,并选择将哪个输出发送到哪个窗口中。这种方法全平台适用。关于这种方法的更多细节,可以参考 help(dev. cur)。

R 将在保证用户输入最小化的前提下创建尽可能美观的图形,还可以使用图形参数指定字体、颜色、线条类型、坐标轴、参考线和标注,灵活性足以实现对图形的高度定制。

4.2 简 单 示 例

如表 4.1 中给出的数据集,描述某门课程对两个班的学生在五种课时水平上的反应情况。

表 4.1 五种课时水平对两个班的反应情况

课时	B01 班	B02 班
20	16	15
30	20	18
40	27	25
50	48	39
60	60	40

可以使用以下代码输入数据:

```
KS  <- c(20,30,40,45,60)
B01  <- c(16,20,27,48,60)
B02  <- c(15,18,25,39,40)
```

使用以下代码可以创建一幅描述 B01 班的课时和反应之间关系的图形:

```
plot(KS,B01,type = "b")
```

plot( )是 R 中为对象作图的一个泛型函数,输出将根据所绘制对象类型的不同而变化。本例中,plot(x,y,type = "b")将 x 置于横轴,将 y 置于纵轴,绘制点集(x,y),然后使用线段将其连接。选项 type = "b"表示同时绘制点和线。使用 help(plot)可以查看其他选项。结果如图 4.2 所示。

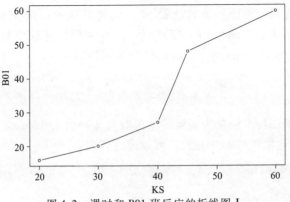

图 4.2 课时和 B01 班反应的折线图 I

4.3 图 形 参 数

R 可以通过修改图形参数的选项自定义一幅图形的多个特征(字体、颜色、坐标轴、标签)。一种方法是通过 par( )函数指定这些选项。以这种方式设定的参数值除非被再次修改,否则将在会话结束前一直有效。其调用格式为:

```
par( optionname = value , optionname = name , … )
```

不加参数地执行 par( )函数将生成一个含有当前图形参数设置的列表。添加参数 no. readonly = TRUE 可以生成一个可修改的当前图形参数列表。

假设使用实心三角而不是空心圆圈作为点的符号,并且用虚线代替实线连接这些点。可以使用以下代码:

```
opar <- par( no. readonly = TRUE)
par( lty = 2 , pch = 17)
plot (KS ,B01 ,type = "b" )
par( opar)
```

结果如图 4.3 所示。

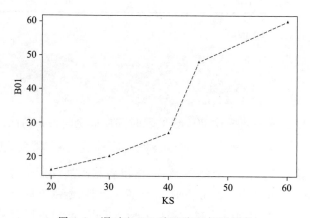

图 4.3 课时和 B01 班反应的折线图 Ⅱ

首条语句复制一份当前的图形参数设置,第二句将默认的线条类型修改为虚线(lty = 2)并将默认的点符号改为实心三角(pch = 17)。然后,绘制图形并还原初始设置。可以随心所欲地多次使用 par( )函数,即 par(lty = 2 , pch = 17)也可以写成:

```
par( lty = 2)
par( pch = 17)
```

指定图形参数的第二种方法是为高级绘图函数直接提供 optionname = value 的值。这种情况下,指定的选项仅对这幅图形本身有效。可以通过代码:

```
plot( KS ,B01 ,type = "b" ,lty = 2 ,pch = 17)
```

生成与图 4.3 相同的图形。

R 语言不是所有的高级绘图函数都允许指定全部可能的图形参数,需要参考每个特定绘图函数的帮助(如？plot、？hist 或？boxplot)以确定哪些参数能以这种方式设置。

4.3.1 符号和线条

如前所见,可以使用图形参数指定绘图时使用的符号和线条类型,相关参数如表 4.2 所示。

表 4.2 指定符号和线条类型的参数

参 数	描 述
pch	指定绘制点时使用的符号,如图 4.4 所示
cex	指定符号的大小。cex 是一个数值,表示绘图符号相对于默认大小的缩放倍数。默认大小为 1,1.5 表示放大为默认值的 1.5 倍,0.5 表示缩小为默认值的 50%,等等
lty	指定线条类型,如图 4.4 所示
lwd	指定线条宽度。lwd 是以默认值的相对大小来表示的(默认值为 1)。例如,lwd = 2 将生成一条两倍于默认宽度的线条

表中,选项 pch = 用于指定绘制点时使用的符号。对于符号 21 ~ 25,还可以指定边界颜色(col =)和填充色(bg =)。选项 lty = 用于指定想要的线条类型。综合以上选项,以下代码:

```
plot(KS,B01,type = "b",lty = 3,lwd = 3,pch = 15,cex = 2)
```

将绘制一幅图形,其线条类型为点线,宽度为默认宽度的 3 倍,点的符号为实心正方形,大小为默认符号大小的 2 倍。结果如图 4.4 所示。

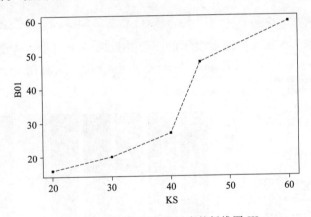

图 4.4 课时和 B01 班反应的折线图 III

4.3.2 颜色

R 中有若干和颜色相关的参数,表 4.3 列出一些常用参数。

表 4.3 用于指定颜色的参数

参 数	描 述
col	默认的绘图颜色。某些函数(如 lines 和 pie)可以接受一个含有颜色值的向量并自动循环使用。例如,如果设定 col = c("red","blue")并需要绘制三条线,则第一条线将为红色,第二条线为蓝色,第三条线又为红色
col.axis	坐标轴刻度文字的颜色

续表

参　数	描　　述
col. lab	坐标轴标签（名称）的颜色
col. main	标题颜色
col. sub	副标题颜色
fg	图形的前景色
bg	图形的背景色

　　在 R 中，可以通过颜色下标、颜色名称、十六进制的颜色值、RGB 值或 HSV 值来指定颜色。例如，col = 1、col = "white"、col = "#FFFFFF"、col = rgb(1,1,1) 和 col = hsv(0,0,1) 都是表示白色的等价方式。rgb( ) 函数可基于红 – 绿 – 蓝三色值生成颜色，而 hsv( ) 函数则基于色相 – 饱和度 – 亮度值生成颜色。

　　colors( ) 函数可以返回所有可用颜色的名称。R 也有多种用于创建连续型颜色向量的函数，包括 rainbow( )、heat. colors( )、terrain. colors( )、topo. colors( ) 以及 cm. colors( )。例如，rainbow(10) 可以生成 10 种连续的"彩虹型"颜色。

　　在第一次使用它之前先进行下载（install. packages("RColorBrewer")）。安装之后，使用函数 brewer. pal(n,name) 创建一个颜色值的向量。例如下面代码：

```
library(RColorBrewer)
n < - 7
mycolors < - brewer. pal(n,"Set1")
barplot(rep(1,n),col = mycolors)
```

从 Set1 调色板中抽取 7 种用十六进制表示的颜色并返回一个向量。若要得到所有可选调色板的列表，输入 brewer. pal. info 或者输入 display. brewer. all( ) 从而在一个显示输出中产生每个调色板的图形，如图 4.5 所示。

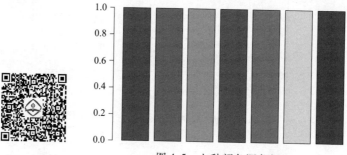

图 4.5　七种颜色调色板

　　最后，多阶灰度色可使用基础安装所自带的 gray( ) 函数生成。这时要通过一个元素值为 0 和 1 之间的向量指定各颜色的灰度。gray(0:10/10) 将生成 10 阶灰度色，如图 4.6 所示。使用以下代码：

```
n < - 10
mycolors < - rainbow(n)
pie(rep(1,n),labels = mycolors,col = mycolors)
```

```
mygrays <- gray(0:n/n)
pie(rep(1,n), labels = mygrays, col = mygrays)
```

观察这些函数的工作方式可以看到,R 提供多种创建颜色变量的方法,如图 4.7 所示。后续有许多使用颜色参数的示例。

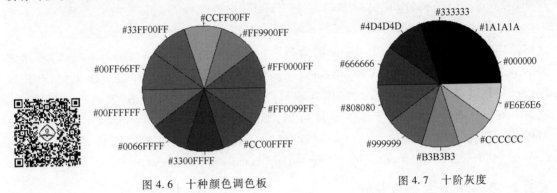

图 4.6 十种颜色调色板   图 4.7 十阶灰度

4.3.3 文本属性

图形参数同样可以用来指定字号、字体和字样。表 4.4 阐释用于控制文本大小的参数。字体族和字样可以通过字体选项进行控制。

表 4.4 用于指定文本大小的参数

参 数	描 述
cex	表示相对于默认大小缩放倍数的数值。默认大小为 1,1.5 表示放大为默认值的 1.5 倍,0.5 表示缩小为默认值的 50% ,等等
cex.axis	坐标轴刻度文字的缩放倍数,类似于 cex
cex.lab	坐标轴标签(名称)的缩放倍数,类似于 cex
cex.main	标题的缩放倍数,类似于 cex
cex.sub	副标题的缩放倍数,类似于 cex
font	整数,用于指定绘图使用的字体样式。1 = 常规,2 = 粗体,3 = 斜体,4 = 粗斜体,5 = 符号字体(以 Adobe 符号编码表示)
font.axis	坐标轴刻度文字的字体样式
font.lab	坐标轴标签(名称)的字体样式
font.main	标题的字体样式
font.sub	副标题的字体样式
ps	字体磅值(1 磅约为 1/72 英寸)。文本的最终大小为 ps × cex
family	绘制文本时使用的字体族。标准的取值为 serif(衬线)、sans(无衬线)和 mono(等宽)

例如,在执行语句:par(font.lab = 3, cex.lab = 1.5, font.main = 4, cex.main = 2)之后创建的所有图形都将拥有斜体、1.5 倍于默认文本大小的坐标轴标签(名称),以及粗斜体、2 倍于默认文本大小的标题。可以轻松设置字号和字体样式,然而字体族的设置却稍显复杂。这是因为衬线、无衬线和等宽字体的具体映射与图形设备相关。例如,在 Windows 操作系统中,等宽

字体映射为 TT Courier New, 衬线字体映射为 TT Times New Roman, 无衬线字体则映射为 TT Arial(TT 代表 TrueType)。如果对以上映射表示满意, 就可以使用类似于 family = " serif" 这样的参数获得想要的结果。如果不满意, 则需要创建新的映射。在 Windows 中, 可以通过 windowsFont( ) 函数创建这类映射。例如, 在执行语句:

```
windowsFonts( A = windowsFont( "Arial Black"), B = windowsFont( "Bookman Old Style"),
    C = windowsFont( "Comic Sans MS"))
```

之后, 即可使用 A、B 和 C 作为 family 的取值。在本例的情境下, par(family = " A") 将指定 Arial Black 作为绘图字体。windowsFont( ) 函数仅在 Windows 中有效。如果以 PDF 或 PostScript 格式输出图形, 则修改字体族相对简单一些。对于 PDF 格式, 可以使用 names (pdfFonts( )) 找出系统中有哪些字体可用, 然后使用 pdf(file = " myplot. pdf", family = " fontname") 生成图形。对于以 PostScript 格式输出的图形, 则可以对应地使用 names (postscriptFonts( )) 和 postscript(file = " myplot. ps", family = " fontname")。

4.3.4 图形尺寸与边界尺寸

可以使用表 4.5 列出的参数控制图形尺寸和边界大小。

表 4.5 图形参数及其描述

参　　　数	描　　　述
pin	以英寸表示的图形尺寸(宽和高)
mai	以数值向量表示的边界大小, 顺序为"下、左、上、右", 单位为英寸
mar	以数值向量表示的边界大小, 顺序为"下、左、上、右", 单位为英分。默认值为 c(5,4,4,2) + 0.1

代码 par(pin = c(4,3), mai = c(1,.5,1,.2)) 可生成一幅 4 英寸宽、3 英寸高、上下边界为 1 英寸、左边界为 0.5 英寸、右边界为 0.2 英寸的图形。代码 4.1 生成的图形如图 4.8 所示。

【代码 4.1】使用图形参数控制图形外观

```
KS  <- c(20,30,40,50,60)
B01  <- c(16,20,27,48,60)
B02  <- c(15,18,25,39,40)
opar  <- par( no. readonly = TRUE)
par( pin = c(2,3))
par( lwd = 2, cex = 1.5)
par( cex. axis = 0.75, font. axis = 3)
plot( KS, B01, type = 'b', pch = 19, lty = 2, col = 'red')
plot( KS, B02, type = 'b', pch = 23, lty = 6, col = 'blue', bg = 'green')
par( opar)
```

首先, 以向量的形式输入数据, 然后保存当前的图形参数设置(这样就可以在稍后恢复设置)。接着, 修改默认的图形参数, 得到的图形将为 2 英寸宽、3 英寸高。除此之外, 线条的宽度将为默认宽度的两倍, 符号将为默认大小的 1.5 倍。坐标轴刻度文本被设置为斜体、缩小为默认大小的 75% 。之后, 使用红色实心圆圈和虚线创建了第一幅图形, 并使用绿色填充的绿色菱形加蓝色边框和蓝色虚线创建第二幅图形。最后,还原初始的图形参数设置。

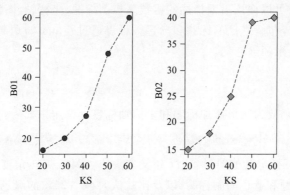

图 4.8　课时和 B01、B02 班反应的折线图

通过 par( )函数设定的参数对两幅图都有效,而在 plot( )函数中指定的参数仅对那个特定图形有效。观察图 4.8 可以发现,图形的呈现上还有一定缺陷。这两幅图都缺少标题,并且纵轴的刻度单位不同,这无疑限制直接比较两个班的反应水平。同时,坐标轴的标签(名称)也应当提供更多的信息。

4.4　添加文本、自定义坐标轴和图例

除了图形参数,许多高级绘图函数(例如 plot、hist、boxplot)也允许自行设定坐标轴和文本标注选项。例如,以下代码在图形上添加标题(main)、副标题(sub)、坐标轴标签(xlab、ylab)并指定坐标轴范围(xlim、ylim)。结果如图 4.9 所示。

```
plot(KS,B01,type = "b",col = "red",lty = 2,pch = 2,lwd = 2,main = "Class Time for B01",
    sub = "This is just assumption",xlab = "Time",ylab = "B01 Response",xlim = c(0,60),
        ylim = c(0,70))
```

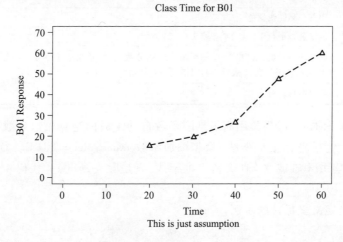

图 4.9　课时和 B01 反应的折线图

不是所有函数都支持这些选项,参考相应函数的帮助可以了解其接受哪些选项。从细节和模块化的角度考虑,可以使用后面描述的函数来控制标题、坐标轴、图例和文本标注的外观。某些高级绘图函数已经包含默认的标题和标签。可以通过在 plot( )语句或单独的 par( )语句中添加 ann = FALSE 来消除它们。

4.4.1 标题

可以使用 title( )函数为图形添加标题和坐标轴标签。调用格式为:

```
title(main = "main title",sub = "subtitle",xlab = "x. axis label",ylab = "y. axis label")
```

title( )函数中也可指定其他图形参数(如文本大小、字体、旋转角度和颜色)。例如,以下代码将生成红色的标题和蓝色的副标题,以及比默认大小小 25% 的绿色 X 轴、Y 轴标签:

```
title(main = "My Title",col. main = "red",sub = "My Subtitle",col. sub = "blue",
    xlab = "My X label",ylab = "My Y label",col. la = "green",cex. lab = 0.75)
```

title( )函数一般来说被用于添加信息到一个默认标题和坐标轴标签被 ann = FALSE 选项移除的图形中。

4.4.2 坐标轴

可以使用 axis( )函数创建自定义的坐标轴,而非使用 R 中的默认坐标轴。其格式为:axis(side,at = ,labels = ,pos = ,lty = ,col = ,las = ,tck = ,…),各参数如表 4.6 所示。

表 4.6　坐标轴选项及其描述

选　　项	描　　述
side	一个整数,表示在图形的哪边绘制坐标轴(1 = 下,2 = 左,3 = 上,4 = 右)
at	一个数值型向量,表示需要绘制刻度线的位置
labels	一个字符型向量,表示置于刻度线旁边的文字标签(如果为 NULL,则将直接使用 at 中的值)
pos	坐标轴线绘制位置的坐标(即与另一条坐标轴相交位置的值)
lty	线条类型
col	线条和刻度线颜色
las	标签是否平行于(=0)或垂直于(=2)坐标轴
tck	刻度线的长度,以相对于绘图区域大小的分数表示(负值表示在图形外侧,正值表示在图形内侧,0 表示禁用刻度,1 表示绘制网格线);默认值为 -0.01
(…)	其他图形参数

创建自定义坐标轴时,应当禁用高级绘图函数自动生成的坐标轴。参数 axes = FALSE 将禁用全部坐标轴(包括坐标轴框架线,除非添加参数 frame. plot = TRUE。参数 xaxt = "n" 和 yaxt = "n"将分别禁用 X 轴或 Y 轴(会留下框架线,只是除去刻度)。代码 4.2 演示各种图形特征,结果如图 4.10 所示。

【代码 4.2】自定义坐标轴的示例

```
x <- c(1:10)
y <- x
z <- 10/x
```

```
opar < - par(no. readonly = TRUE)
par(mar = c(5,4,4,8) + 0.1)
plot(x,y,type = "b",pch = 21,col = "red",yaxt = "n",lty = 3,ann = FALSE)
lines(x,z,type = "b",pch = 22,col = "blue",lty = 2)
axis(2,at = x,labels = x,col. axis = "red",las = 2)
axis(4,at = z,labels = round(z,digits = 2),col. axis = "blue",las = 2,cex. axis = 0.7,tck = 0.01)
mtext("y = 1/x",side = 4,line = 3,cex. lab = 1,las = 2,col = "blue")
title("An Example of New Axes",xlab = "X values",ylab = "Y = X")
par(opar)
```

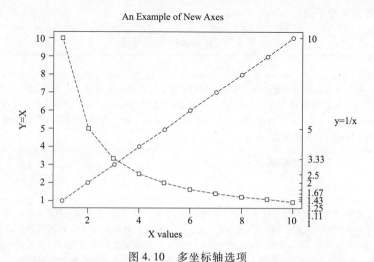

图 4.10　多坐标轴选项

使用 plot( ) 函数可以新建一幅图形。使用 lines( ) 函数可以为一幅现有图形添加新的图形元素。mtext( ) 函数用于在图形的边界添加文本。

创建的图形都只拥有主刻度线，没有次要刻度线。要创建次要刻度线，需要使用 Hmisc 包中的 minor. tick( ) 函数。可以使用代码：

```
library(Hmisc)
minor. tick(nx = n,ny = n,tick. ratio = n)
```

添加次要刻度线。其中 nx 和 ny 分别指定 X 轴和 Y 轴每两条主刻度线之间通过次要刻度线划分得到的区间个数。tick. ratio 表示次要刻度线相对于主刻度线的大小比例。当前的主刻度线长度可以使用 par("tck") 获取。例如，下列语句将在 X 轴的每两条主刻度线之间添加 1 条次要刻度线，并在 Y 轴的每两条主刻度线之间添加 2 条次要刻度线：

```
minor. tick(nx = 2,ny = 3,tick. ratio = 0.5)
```

次要刻度线的长度将是主刻度线的一半。

4.4.3　参考线

abline( ) 函数可为图形添加参考线。其使用格式为：

```
abline(h = yvalues,v = xvalues)
```

abline()函数可以指定其他图形参数(如线条类型、颜色和宽度)。例如,在 y 为 1、5、7 的位置添加了水平实线,而代码:

```
abline(v = seq(1,10,2),lty = 2,col = "blue")
```

则在 x 为 1、3、5、7、9 的位置添加垂直的蓝色虚线。

4.4.4　图例

当图形中包含的数据不止一组时,图例可以帮助辨别出每个条形、扇形区域或折线各代表哪一类数据。可以使用 legend()函数添加图例。其使用格式为:legend(location,title,legend,…),常用选项如表 4.7 所示。

表 4.7　图例选项及其描述

选　　项	描　　述
location	有许多方式可以指定图例的位置。可以直接给定图例左上角的 x、y 坐标,也可以执行 locator(1),然后通过鼠标单击给出图例的位置,还可以使用关键字 bottom、bottomleft、left、topleft、top、topright、right、bottomright 或 center 放置图例。如果使用了以上某个关键字,那么可以同时使用参数 inset = 指定图例向图形内侧移动的大小(以绘图区域大小的分数表示)
title	图例标题的字符串(可选)
legend	图例标签组成的字符型向量
…	其他选项。如果图例标示的是颜色不同的线条,需要指定 col = 加上颜色值组成的向量。如果图例标示的是符号不同的点,则需指定 pch = 加上符号的代码组成的向量。如果图例标示的是不同的线条宽度或线条类型,可以使用 lwd = 或 lty = 加上宽度值或类型值组成的向量。要为图例创建颜色填充的盒形(常见于条形图、箱线图或饼图),需要使用参数 fill = 加上颜色值组成的向量

其他常用的图例选项包括用于指定盒子样式的 bty、指定背景色的 bg、指定大小的 cex,以及指定文本颜色的 text. col。指定 horiz = TRUE 将会水平放置图例,而不是垂直放置。关于图例的更多细节,可以参考 help(legend),这份帮助文档中给出的示例都特别有用。

【代码 4.3】根据课时比较 B01 班和 B02 班的反映情况

```
KS <- c(20,30,40,50,60)
B01 <- c(16,20,27,48,60)
B02 <- c(15,18,25,39,40)
opar <- par(no. readonly = TRUE)
par(lwd = 2,cex = 1.5,font. lab = 2)
plot(KS,B01,type = "b",pch = 15,lty = 1,col = "red",ylim = c(0,60),main = "B01 vs. B02",
    xlab = "Class Time",ylab = "Response")
lines(KS,B02,type = "b",pch = 17,lty = 2,col = "blue")
abline(h = c(30),lwd = 1.5,lty = 2,col = "gray")
library(Hmisc)
minor. tick(nx = 3,ny = 3,tick. ratio = 0.5)
legend("topleft",inset = 0.05,title = "Class",c("B01","B02"),lty = c(1,2),pch = c(15,17),
    col = c("red","blue"))
```

```
plot(KS,B01,type = "b",col = "red",lty = 2,pch = 2,lwd = 2,main = "Class Time for B01",
    sub = "This is just assumption",xlab = "Time",ylab = "B01 Response",xlim = c(0,60),
ylim = c(0,70))
par(opar)
```

图 4.11 中的所有外观元素都可以使用本章中讨论过的选项进行修改。除此之外,还有很多其他方式可以指定想要的选项。

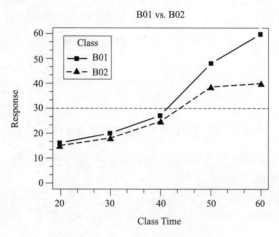

图 4.11 B01 班与 B02 班的对比

4.4.5 文本标注

可以通过 text( )和 mtext( )函数将文本添加到图形上。text( )函数可向绘图区域内部添加文本,而 mtext( )函数则向图形的四个边界之一添加文本。使用格式分别为:

```
text(location,"text to place",pos,...)
mtext("text to place",side,line = n,...)
```

常用选项列于表 4.8 中。

表 4.8 text( )和 mtext( )函数的选项及其描述

选 项	描 述
location	文本的位置参数。可为一对 x、y 坐标,也可通过指定 location 为 locator(1)使用鼠标交互式地确定摆放位置
pos	文本相对于位置参数的方位。1 = 下,2 = 左,3 = 上,4 = 右。如果指定了 pos,就可以同时指定参数 offset = 作为偏移量,以相对于单个字符宽度的比例表示
side	指定用来放置文本的边。1 = 下,2 = 左,3 = 上,4 = 右。可以指定参数 line = 来内移或外移文本,随着值的增加,文本将外移。也可使用 adj = 0 将文本向左下对齐,或使用 adj = 1 右上对齐

其他常用选项有 cex、col 和 font(分别用来调整字号、颜色和字体样式)。

除了添加文本标注以外,text( )函数也通常用来标示图形中的点。只需指定一系列的 x、y 坐标作为位置参数,同时以向量的形式指定要放置的文本。x、y 和文本标签向量的长度应当相同。下面显示一个示例,结果如图 4.12 所示。

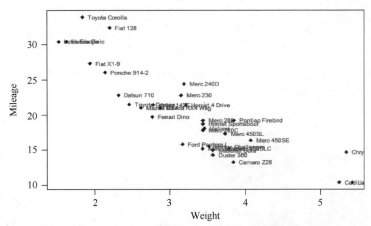

图 4.12　车重与每加仑汽油行驶英里数的散点图

```
attach(mtcars)
plot(wt,mpg,
main = "Mileage vs. Car Weight",
xlab = "Weight",ylab = "Mileage",
pch = 18,col = "blue")
text(wt,mpg,row. names(mtcars),cex = 0.6,pos = 4,col = "red")
detach(mtcars)
```

　　这个例子中,针对数据框 mtcars 提供的 32 种车型的车重和每加仑汽油行驶英里数绘制了散点图。利用 text()函数在各个数据点右侧添加车辆型号。各点的标签大小被缩小 40%,颜色为红色。

　　作为第二个示例,以下是一段展示不同字体族的代码:

```
opar <- par(no. readonly = TRUE)
par(cex = 1.5)
plot(1:7,1:7,type = "n")
text(3,3,"Example of default text")
text(4,4,family = "mono","Example of mono. spaced text")
text(5,5,family = "serif","Example of serif text")
text(6,6,font = 9,"Example of 9th font text")
par(opar)
```

　　在 Windows 操作系统中输出的结果如图 4.13 所示,为了获得更好的显示效果,使用 par()函数增大字号。

4.4.6　数学标注

　　R 语言可以使用类似于 TeX 中的写法为图形添加数学符号和公式,实现实际效果,可以执行 demo(plotmath)。plotmath()函数可以为图形主体或边界上的标题、坐标轴名称或文本标注添加数学符号。

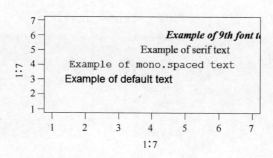

图 4.13　Windows 的不同字体

4.5　图形的组合

R 语言使用 par( ) 函数或 layout( ) 函数可以容易地组合多幅图形为一幅图形。此时不要担心所要组合图形的具体类型,这里只关注组合它们的一般方法。可以在 par( ) 函数中使用图形参数 mfrow = c(nrows, ncols) 创建按行填充的、行数为 nrows、列数为 ncols 的图形矩阵。另外,可以使用 mfcol = c(nrows, ncols) 按列填充矩阵。

例如,以下代码创建四幅图形并将其排布在两行两列中:

```
attach( mtcars)
opar  < - par( no. readonly = TRUE)
par( mfrow = c(2,2))
plot( wt, mpg, main = " Scatterplot of wt vs. mpg" )
plot( wt, disp, main = " Scatterplot of wt vs. disp" )
hist( wt, main = " Histogram of wt" )
boxplot( wt, main = " Boxplot of wt" )
par( opar)
detach( mtcars)
```

代码运行结果如图 4.14 所示。

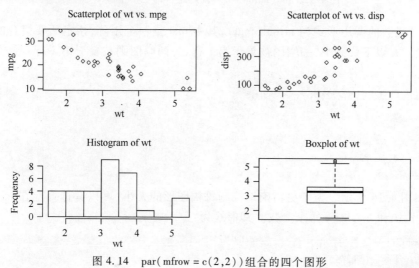

图 4.14　par(mfrow = c(2,2))组合的四个图形

作为第二个示例,输出三行一列排列的三幅图形。代码如下:

```
attach( mtcars)
opar  < - par( no. readonly = TRUE)
par( mfrow = c(3,1))
hist( wt)
hist( mpg)
hist( disp)
par( opar)
detach( mtcars)
```

所得图形如图 4.15 所示。高级绘图函数 hist( )包含默认的标题(使用 main = " "可以禁用它,或者使用 ann = FALSE 来禁用所有标题和标签)。

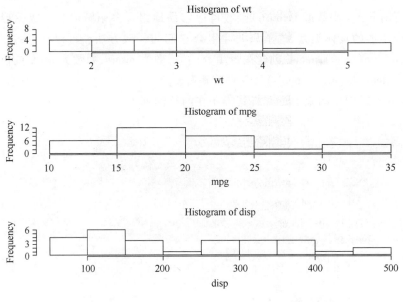

图 4.15   par(mfrow = c(3,1))组合的三个垂直图形

layout( )函数的调用形式为 layout(mat),其中 mat 是一个矩阵,指定所要组合的多个图形所在的位置。在以下代码中,一幅图被置于第 1 行,另两幅图则被置于第 2 行:

```
attach( mtcars)
layout( matrix( c(1,1,2,3),2,2,byrow = TRUE))
hist( wt)
hist( mpg)
hist( disp)
detach( mtcars)
```

结果如图 4.16 所示。为了更精确地控制每幅图形的大小,可以有选择地在 layout( )函数中使用 widths = 和 heights = 两个参数。其形式为:

```
widths  =各列宽度值组成的一个向量
heights  =各行高度值组成的一个向量
```

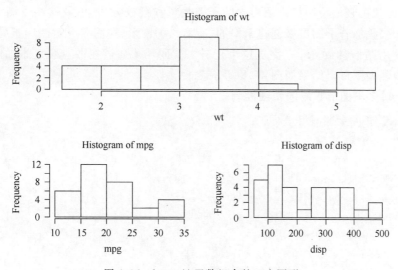

图 4.16　layout( )函数组合的三个图形

相对宽度可以直接通过数值指定,绝对宽度(以厘米为单位)可以通过 lcm( )函数指定。在以下代码中,再次将一幅图形置于第 1 行,两幅图形置于第 2 行。但第 1 行中图形的高度是第 2 行中图形高度的二分之一。除此之外,右下角图形的宽度是左下角图形宽度的三分之一:

```
attach( mtcars )
layout( matrix( c( 1,1,2,3 ),2,2,byrow = TRUE ),widths = c( 3,1 ),heights = c( 1,2 ))
hist( wt )
hist( mpg )
hist( disp )
detach( mtcars )
```

所得图形如图 4.17 所示。

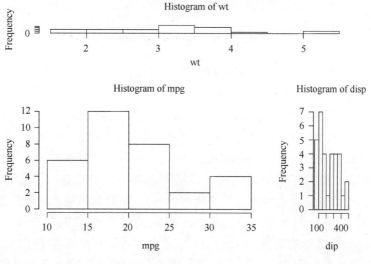

图 4.17　layout( )函数组合的三个图形(指定列宽)

layout( )函数可轻松控制最终图形中的子图数量和摆放方式,以及这些子图的相对大小。若想通过排布或叠加若干图形来创建单幅的、有意义的图形,这需要有对图形布局的精细控制能力。可以使用图形参数 fig = 完成这个任务。代码4.4通过在散点图上添加两幅箱线图,创建单幅的增强型图形。结果如图4.18所示。

【代码4.4】多幅图形布局的精细控制

```
opar  < - par( no. readonly = TRUE)
par( fig = c( 0,0.8,0,0.8) )
plot( mtcars $ wt, mtcars $ mpg, xlab = " Miles Per Gallon" , ylab = " Car Weight" )
par( fig = c( 0,0.8,0.55,1) , new = TRUE)
boxplot( mtcars $ wt, horizontal = TRUE, axes = FALSE)
par( fig = c( 0.65,1,0,0.8) , new = TRUE)
boxplot( mtcars $ mpg, axes = FALSE)
mtext( " Enhanced Scatterplot" , side = 3, outer = TRUE, line = . 3)
par( opar)
```

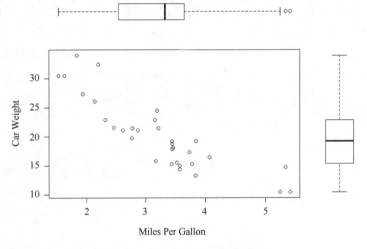

图 4.18　带 2 幅箱线图的散点图

理解这幅图的绘制原理,可以试想完整的绘图区域:左下角坐标为(0,0),而右上角坐标为 (1,1)。参数 fig = 的取值是一个形如 c(x1,x2,y1,y2) 的数值向量。

第一个 fig = 将散点图设定为占据横向范围 0 ~ 0.8,纵向范围 0 ~ 0.8。上方的箱线图横向占据 0 ~ 0.8,纵向 0.55 ~ 1。右侧的箱线图横向占据 0.65 ~ 1,纵向 0 ~ 0.8。fig = 默认会新建一幅图形,所以在添加一幅图到一幅现有图形上时,可以设定参数 new = TRUE。

将参数选择为 0.55 而不是 0.8,这样上方的图形就不会和散点图拉得太远。类似地,选择参数 0.65 以拉近右侧箱线图和散点图的距离,需要不断尝试找到合适的位置参数。

各独立子图所需空间的大小可能与设备相关。如果遇到" Error in plot. new ( ): figuremargins too large"这样的错误,可以尝试在整个图形范围内修改各个子图占据的区域位置和大小。可以使用图形参数 fig = 将若干图形以任意排布方式组合到单幅图形中。稍加练习,就可以通过这种方法极其灵活地创建复杂的视觉效果。

4.6 条 形 图

条形图通过垂直的或水平的条形表达分类型变量的分布(频数)。barplot( )函数的最简单用法是:

```
barplot(height)
```

其中,height 是一个向量或一个矩阵。

在接下来的示例中,将绘制一项类风湿性关节炎新疗法研究的结果。数据已包含在随 vcd 包发布的 Arthritis 数据框中。由于 vcd 包没有包括在 R 的标准安装中,因此在使用前需要先下载安装(install. packages("vcd"))。不需要使用 vcd 包来创建条形图,读入的原因是为了使用 Arthritis 数据集。

4.6.1 简单的条形图

若 height 是一个向量,则它的值就确定了各条形的高度,并将绘制一幅垂直的条形图。使用选项 horiz = TRUE 则会生成一幅水平条形图。也可以添加标注选项。选项 main 可添加一个图形标题,而选项 xlab 和 ylab 则会分别添加 x 轴和 y 轴标签。

在关节炎研究中,变量 Improved 记录了对每位接受了安慰剂或药物治疗的病人的治疗结果:

```
library(vcd)
## Loading required package:grid
counts <- table(Arthritis $ Improved)
counts
##
## None Some Marked
## 42 14 28
```

这里看到,28 位病人有明显改善,14 人有部分改善,而 42 人没有改善。可以使用一幅垂直或水平的条形图来绘制变量 counts。运行代码 4.5,结果如图 4.19 所示。

【代码 4.5】简单条形图

```
par(mfrow = c(1,2))
barplot(counts,main = "Simple Bar Plot",
xlab = "Improvement",ylab = "Frequency")
barplot(counts,main = "Horizontal Bar Plot",
xlab = "Frequency",ylab = "Improvement",horiz = TRUE)
```

若要绘制的分类型变量是一个因子或有序型因子,就可以使用 plot( )函数快速创建一幅垂直条形图。由于 Arthritis $ Improved 是一个因子,所以代码:

```
plot(Arthritisnot $ Improved,main = "Simple Bar Plot",xlab = "Improved",ylab = "Frequency")
plot(Arthritisnot $ Improved,horiz = TRUE,main = "Horizontal Bar Plot",xlab = "Frequency",
    ylab = "Improved")
```

将和代码 4.5 生成相同的条形图,而无须使用 table( )函数将其表格化。

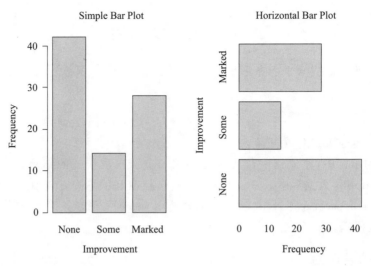

图 4.19　简单的垂直条形图和水平条形图

4.6.2　堆砌条形图和分组条形图

如果 height 是一个矩阵而不是一个向量,则绘图结果将是一幅堆砌条形图或分组条形图。若 beside = FALSE(默认值),则矩阵中的每一列都将生成图中的一个条形,各列中的值将给出堆砌的高度。若 beside = TRUE,则矩阵中的每一列都表示一个分组,各列中的值将并列而不是堆砌。考虑治疗类型和改善情况的列联表:

```
library(vcd)
counts <- table(Arthritis $ Improved, Arthritis $ Treatment)
counts
##
##          Placebo Treated
##   None       29      13
##   Some        7       7
##   Marked      7      21
```

可以将此结果绘制为一幅堆砌条形图或一幅分组条形图,如代码 4.6 所示,结果如图 4.20 所示。

【代码 4.6】堆砌条形图和分组条形图

```
barplot(counts, main = "Stacked Bar Plot",
xlab = "Treatment", ylab = "Frequency",
col = c("red", "yellow", "green"),
legend = rownames(counts), beside = FALSE)
barplot(counts, main = "Grouped Bar Plot",
xlab = "Treatment", ylab = "Frequency",
col = c("red", "yellow", "green"),
legend = rownames(counts), beside = TRUE)
```

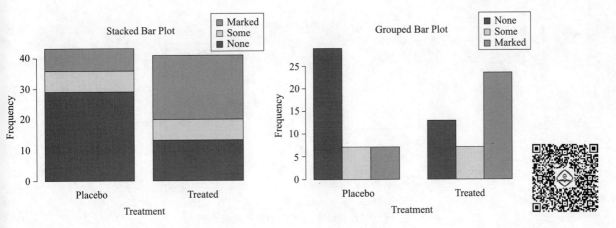

图 4.20　堆砌条形图和分组条形图

第一个 barplot( ) 函数绘制一幅堆砌条形图,而第二个绘制一幅分组条形图。同时使用 col 选项为绘制的条形添加了颜色。参数 legend. text 为图例提供各条形的标签,仅在 height 为一个矩阵时有用。

4.6.3　均值条形图

条形图并不一定要基于计数数据或频率数据。可以使用数据整合函数并将结果传递给 barplot( ) 函数,来创建表示均值、中位数、标准差等的条形图。代码 4.7 展示一个示例,结果如图 4.21 所示。

【代码 4.7】排序后均值的条形图

```
states < - data. frame( state. region, state. x77)
means < - aggregate( states $ Illiteracy, by = list( state. region) , FUN = mean)
means
##             Group. 1           x
## 1         Northeast  1. 000000
## 2             South  1. 737500
## 3     North Central  0. 700000
## 4              West  1. 023077
means < - means[ order( means $ x) , ]
means
##             Group. 1           x
## 3     North Central  0. 700000
## 1         Northeast  1. 000000
## 4              West  1. 023077
## 2             South  1. 737500
barplot( means $ x, names. arg = means $ Group. 1)
title( "Mean Illiteracy Rate")
```

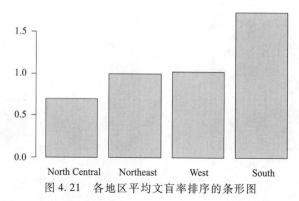

图 4.21　各地区平均文盲率排序的条形图

代码 4.7 将均值从小到大排序,同时使用 title()函数与调用 plot()函数时添加 main 选项是等价的。meansnot $ x 是包含各条形高度的向量,而添加选项 names. arg = meansnot $ Group. 1 是为了展示标签。

可以进一步完善这个示例。各个条形使用 lines()函数绘制的线段连接起来,也可以使用 gplots 包中的 barplot2()函数创建叠加有置信区间的均值条形图。

4.6.4　条形图的微调

有若干种方式可以微调条形图的外观。例如,随着条数的增多,条形的标签可能会开始重叠。可以使用参数 cex. names 减小字号。将其指定为小于 1 的值可以缩小标签的大小。可选的参数 names. arg 允许指定一个字符向量作为条形的标签名。同样可以使用图形参数辅助调整文本间隔。代码 4.8 显示一个示例,结果如图 4.22 所示。

【代码 4.8】为条形图搭配标签

```
par( mar = c( 5,8,4,2 ) )
par( las = 2 )
counts < - table( Arthritis $ Improved )
barplot( counts,main = "Treatment Outcome",horiz = TRUE,cex. names = 0. 8,
names. arg = c( "No Improvement","Some Improvement","Marked Improvement" ) )
```

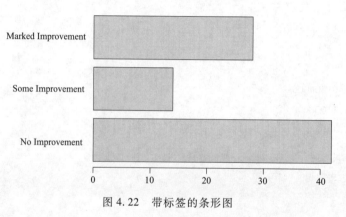

图 4.22　带标签的条形图

par( )函数能够对 R 的默认图形做出大量修改。

4.6.5 棘状图

一种特殊的条形图称为棘状图(spinogram)。棘状图对堆砌条形图进行重缩放,这样每个条形的高度均为 1,每一段的高度即表示比例。棘状图可由 vcd 包中的 spine( )函数绘制。以下代码可以生成一幅简单的棘状图:

```
library(vcd)
attach(Arthritis)
counts <- table(Treatment,Improved)
spine(counts,main = "Spinogram Example")
detach(Arthritis)
```

输出如图 4.23 所示。治疗组同安慰剂组相比,获得显著改善的患者比例明显更高。

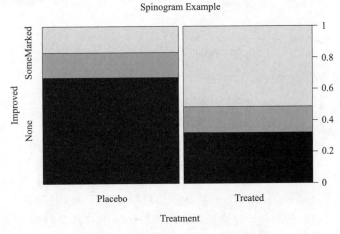

图 4.23　关节炎治疗结果的棘状图

4.7　饼　　图

饼图在商业世界中广泛存在,然而多数统计学家不看好饼图。相对于饼图,他们更喜欢使用条形图或点图,因为相对于面积,人们对长度的判断更精确。所以,R 中饼图的选项略少。

饼图可由以下函数创建:

```
pie(x,labels)
```

其中,x 是一个非负数值向量,表示每个扇形的面积,而 labels 则是表示各扇形标签的字符型向量。代码 4.9 显示四个示例,结果如图 4.24 所示。

【代码 4.9】饼图

```
par(mfrow = c(2,2))
slices <- c(10,12,4,16,8)
lbls <- c("US","UK","Australia","Germany","France")
```

```
pie(slices, labels = lbls, main = "Simple Pie Chart")
pct <- round(slices/sum(slices) * 100)
lbls2 <- paste(lbls, " ", pct, "%", sep = "")
pie(slices, labels = lbls2, col = rainbow(length(lbls2)), main = "Pie Chart with Percentages")
library(plotrix)
pie3D(slices, labels = lbls, explode = 0.1, main = "3D Pie Chart")
mytable <- table(state.region)
lbls3 <- paste(names(mytable), "\n", mytable, sep = "")
pie(mytable, labels = lbls3, main = "Pie Chart from a Table\n(with sample sizes)")
```

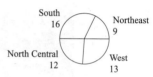

图 4.24　饼图

首先,设置图形布局,四幅图形被组合为一幅。然后,输入前三幅图形将会使用的数据。对于第二幅饼图,将样本数转换为比例值,并将这项信息添加到各扇形的标签上。第二幅饼图使用 rainbow( )函数定义各扇形的颜色。这里的 rainbow(length(lbls2))将被解析为 rainbow(5),即为图形提供五种颜色。

第三幅是使用 plotrix 包中的 pie3D( )函数创建的三维饼图。如果说统计学家们只是不喜欢饼图的话,那么他们对三维饼图的态度就一定是唾弃。这是因为三维效果无法增进对数据的理解,并且被认为是分散注意力的视觉花瓶。

第四幅图演示如何从表格创建饼图。在本例中,计算美国不同地区的州数,并在绘制图形之前将此信息附加到标签上。

饼图让比较各扇形的值变得困难(除非这些值被附加在标签上)。例如,观察(第一幅)最简单的饼图,能分辨出美国(US)和德国(Germany)的大小吗?(如果可以,说明洞察力比好。)为改善这种状况,创造一种称为扇形图(fan plot)的饼图变种。扇形图提供一种同时展示相对数量和相互差异的方法。在 R 中,扇形图通过 plotrix 包的 fan.plot( )函数实现。以下代码的运行结果如图 4.25 所示。

```
library(plotrix)
slices <- c(10, 12, 4, 16, 8)
lbls <- c("US", "UK", "Australia", "Germany", "France")
fan.plot(slices, labels = lbls, main = "Fan Plot")
```

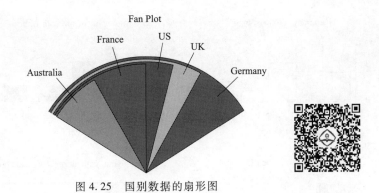

图 4.25　国别数据的扇形图

在一幅扇形图中,各个扇形相互叠加,并对半径做了修改,这样所有扇形就都是可见的。在这里可见德国对应的扇形最大,而美国的扇形大小约为其 60%。法国的扇形大小似乎是德国的一半,是澳大利亚的两倍。扇形的宽度(width)是重要的,而半径并不重要。确定扇形图中扇形的相对大小比饼图要简单得多。

4.8　直　方　图

直方图通过在 x 轴上将值域分割为一定数量的组,在 y 轴上显示相应值的频数,展示连续型变量的分布。可以使用如下函数创建直方图:

```
hist(x)
```

其中,x 是一个由数据值组成的数值向量。参数 freq = FALSE 表示根据概率密度而不是频数绘制图形。参数 breaks 用于控制组的数量。在定义直方图中的单元时,默认将生成等距切分。代码 4.10 提供绘制四种直方图的代码,绘制结果如图 4.26 所示。

【代码 4.10】直方图

```
par(mfrow = c(2,2))
hist(mtcars $ mpg)
hist(mtcars $ mpg,breaks = 12,col = "red",xlab = "Miles Per Gallon",
main = "Colored histogram with 12 bins")
hist(mtcars $ mpg,freq = FALSE,breaks = 12,col = "red",
xlab = "Miles Per Gallon",main = "Histogram,rug plot,density curve")
rug(jitter(mtcars $ mpg))
lines(density(mtcars $ mpg),col = "blue",lwd = 2)
x  < - mtcars $ mpg
h < -hist(x,breaks = 12,col = "red",xlab = "Miles Per Gallon",
main = "Histogram with normal curve and box")
xfit < -seq(min(x),max(x),length = 40)
yfit < -dnorm(xfit,mean = mean(x),sd = sd(x))
yfit  < - yfit * diff(h $ mids[1:2]) * length(x)
lines(xfit,yfit,col = "blue",lwd = 2)
box()
```

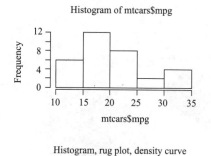
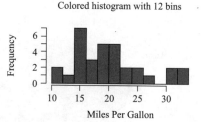
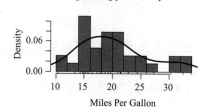
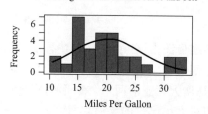

图4.26 直方图

第一幅直方图展示未指定任何选项时的默认图形。这个例子共创建五个组,并且显示默认的标题和坐标轴标签。对于第二幅直方图,将组数指定为12,使用红色填充条形,并添加更吸引人、更具信息量的标签和标题。

第三幅直方图保留上一幅图中的颜色、组数、标签和标题设置,又叠加一条密度曲线和轴须图(rug plot)。这条密度曲线是一个核密度估计,为数据的分布提供一种更加平滑的描述。使用 lines() 函数叠加这条蓝色、双倍默认线条宽度的曲线。最后,轴须图是实际数据值的一种一维呈现方式。如果数据中有许多结,可以使用如下代码将轴须图的数据打散:

```
rug(jitter(mtcars $ mpag, amount = 0.01))
```

这样将向每个数据点添加一个小的随机值(一个 ± amount 之间的均匀分布随机数),以避免重叠的点产生影响。

第四幅直方图与第二幅类似,只是拥有一条叠加在上面的正态曲线和一个将图形围绕起来的盒型。叠加正态曲线的代码来源于 R. help 邮件列表上由 Peter Dalgaard 发表的建议,使用 box() 函数生成盒型图。

4.9 核 密 度 图

核密度估计是用于估计随机变量概率密度函数的一种非参数方法。从总体上讲,核密度图是一种用来观察连续型变量分布的有效方法。绘制密度图的方法为:

```
plot(density(x))
```

其中,x 是一个数值型向量。由于 plot() 函数会创建一幅新的图形,所以要向一幅已经存在的图形上叠加一条密度曲线,可以使用 lines() 函数,如代码4.10所示。代码4.11显示两幅核密度图示例,结果如图4.27所示。

【代码4.11】核密度图

```
par( mfrow = c(2,1) )
d  < - density( mtcars $ mpg)
plot( d)
d  < - density( mtcars $ mpg)
plot( d,main = "Kernel Density of Miles Per Gallon" )
polygon( d,col = "red" ,border = "blue" )
rug( mtcars $ mpg,col = "brown" )
```

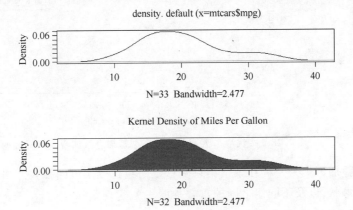

图 4.27　核密度图

polygon( )函数根据顶点的 x 和 y 坐标绘制多边形。核密度图可用于比较组间差异。可能是由于普遍缺乏方便好用的软件,这种方法其实完全没有被充分运用。sm 包可以填补这一缺口,使用 sm 包中的 sm. density. compare( )函数可向图形叠加两组或更多的核密度图。使用格式为:

```
sm. density. compare( x,factor)
```

其中,x 是一个数值型向量,factor 是一个分组变量。可以在第一次使用 sm 包之前安装它。代码 4. 12 中提供一个示例,比较拥有 4 个、6 个或 8 个汽缸车型的每加仑汽油行驶英里数。

【代码 4. 12】可比较的核密度图

```
library( sm)
attach( mtcars)
cyl. f  < - factor( cyl,levels =  c(4,6,8),labels =  c("4 cylinder" ,"6 cylinder" ,"8 cylinder" ) )
sm. density. compare( mpg,cyl,xlab =  "Miles Per Gallon" )
title( main =  "MPG Distribution by Car Cylinders" )
colfill  < - c(2:(1 + length( levels( cyl. f) ) ) )
legend( locator( 1) ,levels( cyl. f) ,fill =  colfill)
detach( mtcars)
```

首先载入 sm 包,并绑定数据框 mtcars。在数据框 mtcars 中,变量 cyl 是一个以 4、6 或 8 编码的数值型变量。为了向图形提供值的标签,这里 cyl 转换为名为 cyl. f 的因子。sm. density. compare( )函数创建了图形,title( )函数添加了主标题。

最后,添加一个图例以增加可解释性。首先创建的是一个颜色向量,这里的 colfill 值为

c(2,3,4)。然后通过 legend( )函数向图形上添加一个图例。第一个参数值 locator(1)表示单击想让图例出现的位置来交互式地放置这个图例。第二个参数值则是由标签组成的字符向量。第三个参数值使用向量 colfill 为 cyl. f 的每一个水平指定了一种颜色。结果如图 4.28 所示。

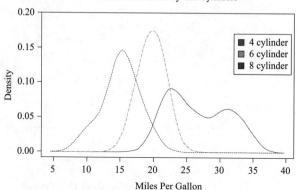

图 4.28 按汽缸个数划分的各车型每加仑汽油行驶英里数的核密度图

核密度图的叠加不失为一种在某个结果变量上跨组比较实例的强大方法。可以看到不同组所含值的分布形状,以及不同组之间的重叠程度。

4.9.1 箱线图

箱线图(又称盒须图)通过绘制连续型变量的五数总括,即最小值、下四分位数(第 25 百分位数)、中位数(第 50 百分位数)、上四分位数(第 75 百分位数)以及最大值,描述了连续型变量的分布。箱线图能够显示出可能为离群点(范围 ±1.5 * IQR 以外的值,IQR 表示四分位距,即上四分位数与下四分位数的差值)的实例。例如:

```
boxplot( mtcars $ mpg,main = "Box plot",ylab = "Miles per Gallon")
```

生成如图 4.29 所示的图形,并手工添加标注。

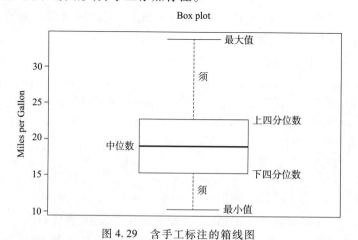

图 4.29 含手工标注的箱线图

默认情况下,两条须的延伸极限不会超过盒型各端加 1.5 倍四分位距的范围。此范围以外的值将以点来表示。

例如,在车型样本中,每加仑汽油行驶英里数的中位数是 19.2,50% 的值都落在了 15.3 和 22.8 之间,最小值为 10.4,最大值为 33.9。执行 boxplot. stats (mtcars $ mpg)即可输出用于构建图形的统计量。

4.9.2 并列箱线图

箱线图可以展示单个变量或分组变量。使用格式为:

```
boxplot(formula, data = dataframe)
```

其中,formula 是一个公式,dataframe 代表提供数据的数据框(或列表)。一个示例公式为 y ~ A,这将为分类型变量 A 的每个值并列地生成数值型变量 y 的箱线图。公式 y ~ A * B 则将为分类型变量 A 和 B 所有水平的两两组合生成数值型变量 y 的箱线图。

添加参数 varwidth = TRUE,使箱线图的宽度与其样本大小的平方根成正比。参数 horizontal = TRUE 可以反转坐标轴的方向。

在以下代码中,使用并列箱线图重新研究四缸、六缸、八缸发动机对每加仑汽油行驶英里数的影响。结果如图 4.30 所示。

```
boxplot(mpg  ~  cyl, data = mtcars, main = "Car Mileage Data",
xlab = "Number of Cylinders", ylab = "Miles Per Gallon")
```

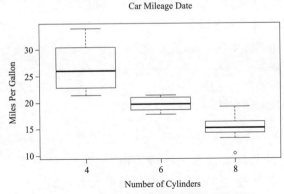

图 4.30 不同汽缸数量车型油耗的箱线图

在图 4.30 中可以看到不同组间油耗的区别非常明显。同时也可以发现,六缸车型的每加仑汽油行驶英里数分布较其他两类车型更为均匀。与六缸和八缸车型相比,四缸车型的每加仑汽油行驶英里数散布最广(且正偏)。在八缸组还有一个离群点。箱线图灵活多变,通过添加 notch = TRUE,可以得到含凹槽的箱线图。若两个箱的凹槽互不重叠,则表明它们的中位数有显著差异。以下代码将为不同汽缸数量车型油耗示例创建一幅含凹槽的箱线图。结果如图 4.31 所示。

```
boxplot(mpg  ~  cyl, data = mtcars,
notch = TRUE,
varwidth = TRUE,
col = "red",
main = "Car Mileage Data",
xlab = "Number of Cylinders",
ylab = "Miles Per Gallon")
```

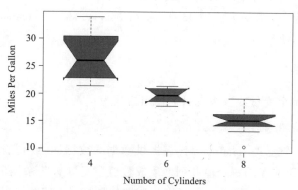

图 4.31　不同汽缸数量车型油耗的含凹槽箱线图

参数 col 以红色填充箱线图,而 varwidth = TRUE 则使箱线图的宽度与它们各自的样本大小成正比。

在图 4.31 中可以看到,四缸、六缸、八缸车型的油耗中位数是不同的。随着汽缸数的减少,油耗明显降低。

最后,可以为多个分组因子绘制箱线图。代码 4.13 为不同缸数和不同变速箱类型的车型绘制每加仑汽油行驶英里数的箱线图。同样地,使用参数 col 为箱线图进行着色。在本例中,共有六幅箱线图和两种指定的颜色,所以颜色将重复使用三次。

【代码 4.13】两个交叉因子的箱线图

```
mtcars $ cyl. f < - factor( mtcars $ cyl,levels = c( 4,6,8 ) ,labels = c( "4" ,"6" ,"8" ) )
mtcars $ am. f < - factor( mtcars $ am,levels = c( 0,1 ) ,labels = c( "auto" ,"standard" ) )
boxplot( mpg  ~  am. f ∗ cyl. f,data = mtcars,
varwidth = TRUE,col = c( "gold" ,"darkgreen" ) ,
main = "MPG Distribution by Auto Type",
xlab = "Auto Type" ,ylab = "Miles Per Gallon" )
```

图 4.32 清晰地显示油耗随着缸数的下降而减少。对于四缸和六缸车型,标准变速箱(standard)的油耗更高。但是对于八缸车型,油耗似乎没有差别。也可以从箱线图的宽度看出,四缸标准变速箱的车型和八缸自动变速箱的车型在数据集中最常见。

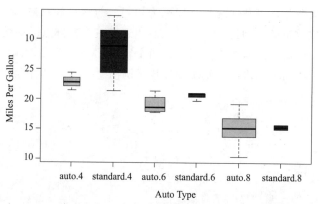

图 4.32　不同变速箱类型和汽缸数量车型的箱线图

4.9.3　小提琴图

小提琴图(violin plot)是箱线图的变种,或者说小提琴图是箱线图与核密度图的结合。可以使用 vioplot 包中的 vioplot()函数绘制,vioplot()函数的使用格式为:

```
vioplot( x1,x2,…,names = ,col = )
```

其中,x1,x2,…表示要绘制的一个或多个数值向量(将为每个向量绘制一幅小提琴图)。参数 names 是小提琴图中标签的字符向量,而 col 是一个为每幅小提琴图指定颜色的向量。代码 4.14 显示一个示例。

【代码 4.14】小提琴图

```
library( vioplot)
x1  < - mtcars $ mpg[ mtcars $ cyl = =4 ]
x2  < - mtcars $ mpg[ mtcars $ cyl = =6 ]
x3  < - mtcars $ mpg[ mtcars $ cyl = =8 ]
vioplot( x1,x2,x3,names = c( "4 cyl","6 cyl","8 cyl") ,col = "gold")
title( "Violin Plots of Miles Per Gallon",ylab = "Miles Per Gallon",xlab = "Number of Cylinders")
```

vioplot()函数要求将要绘制的不同组分离到不同的变量中,结果如图 4.33 所示。

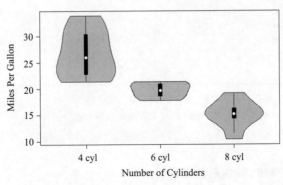

图 4.33　汽缸数量和每加仑汽油行驶英里数的小提琴图

小提琴图基本上是核密度图以镜像方式在箱线图上的叠加。在图中,白点是中位数,黑色盒型的范围是下四分位点到上四分位点,细黑线表示须,外部形状即为核密度估计。

4.10　点　　图

点图提供一种在简单水平刻度上绘制大量有标签值的方法。可以使用 dotchart()函数创建点图,格式为:

```
dotchart( x,labels)
```

其中,x 是一个数值向量,而 labels 则是由每个点的标签组成的向量。可以通过添加参数

groups 来选定一个因子,用以指定 x 中元素的分组方式。如果这样做,则参数 gcolor 可以控制不同组标签的颜色,cex 可以控制标签的大小。下面是 mtcars 数据集的一个示例:

```
dotchart( mtcars $ mpg, labels = row. names( mtcars) , cex = . 7,
main = " Gas Mileage for Car Models" , xlab = " Miles Per Gallon" )
```

图 4.34 可以让在同一个水平轴上观察每种车型的每加仑汽油行驶英里数。通常来说,点图在经过排序并且分组变量被不同的符号和颜色区分开的时候最有用。代码 4.15 显示一个示例,绘图的结果如图 4.35 所示。

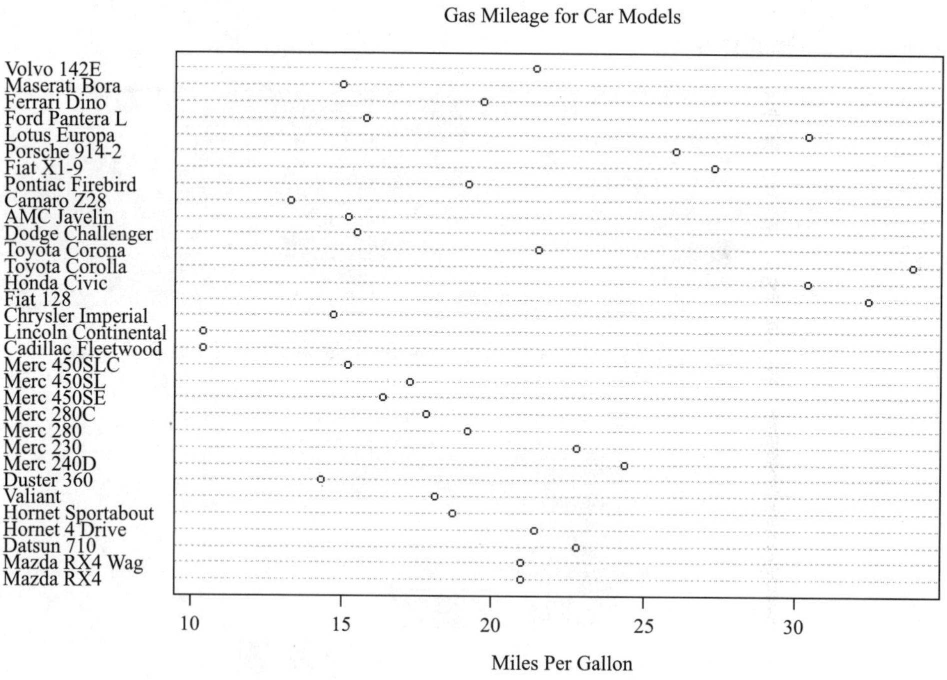

图 4.34　每种车型每加仑汽油行驶英里数的点图

【代码 4.15】分组、排序、着色后的点图

```
x  < - mtcars[ order( mtcars $ mpg) , ]
x $ cyl  < - factor( x $ cyl)
x $ color[ x $ cyl = =4] < - " red"
x $ color[ x $ cyl = =6] < - " blue"
x $ color[ x $ cyl = =8] < - " darkgreen"
dotchart( x $ mpg, labels = row. names( x) , cex = . 7,
groups = x $ cyl, gcolor = " black" , color = x $ color, pch =19,
main = " Gas Mileage for Car Models\ngrouped by cylinder" ,
xlab = " Miles Per Gallon" )
```

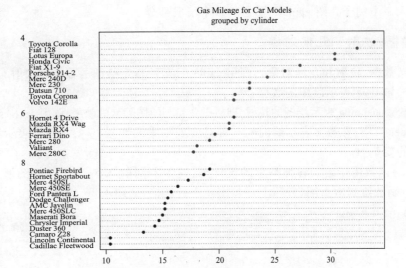

图 4.35　各车型依汽缸数量分组的每加仑汽油行驶英里数点图

在图 4.35 中,许多特征第一次表现显著。再次看到,随着汽缸数的减少,每加仑汽油行驶英里数增大。但也有例外,如 Pontiac Firebird 有 8 个汽缸,但较六缸的 Merc 280C 和 Valiant 的行驶英里数更多。六缸的 Hornet 4 Drive 与四缸的 Volvo 142E 的每加仑汽油行驶英里数相同。同样明显的是,Toyota Corolla 的油耗最低,而 Lincoln Continental 和 Cadillac Fleetwood 是英里数较低一端的离群点。

在本例中,可以从点图中获得显著的洞察力。因为每个点都有标签,每个点的值都有其内在含义,并且这些点是以一种能够促进比较的方式排布的。但是随着数据点的增多,点图的实用性随之下降。

点图有许多变种。Hmisc 包提供一个带有许多附加功能的点图函数,即 dotchart2( )。

4.11　ggplot2 包

ggplot2 包是 R 语言中应用最广泛的数据可视化程序包,功能强大,使用灵活,由 RStudio 的首席科学家以及 Rice University 统计系助理教授 Hadley Wickham 开发。

一个 ggplot2 图形由以下几部分组成,以 + 进行连接:

- 数据(data);
- 映射(mapping);
- 几何对象(geom);
- 统计变换(stats);
- 标度(scale);
- 坐标系(coord);
- 分面(facet);
- 主题(theme);
- 存储和输出。

以下引入一个例子介绍 ggplot2 图形的各个组成部分。

4.11.1　数据、映射和几何对象

首先定义数据、映射和几何对象。调用 ggplot( )函数指定绘图的数据和映射,其中:

第 1 个参数 data 表示绘图的数据;

第 2 个参数 mapping 表示绘图的映射,即数据变量与绘图元素的映射,调用 aes( )函数得到。

在函数 aes( )中,参数 x 表示绘图的 x 轴对应数据集的变量 hwy;参数 y 表示绘图的 y 轴对应数据集的变量 cty。

geom_X( )函数用于绘制各种类型的统计图,其中不同的 X 对应不同的图形类型。调用 geom_point( )函数绘制散点图,并与上一步用 + 进行连接,如图 4.36 所示。

```
library(ggplot2)
ggplot(mpg,aes(x = hwy,y = cty)) + geom_point()
```

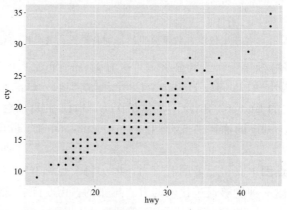

图 4.36　变量 hwy 和 cty 的散点图

ggplot2 包与之前的区别仅在于绘图的映射。进一步丰富绘图的颜色,在 aes( )函数中,参数 color 表示绘图的颜色对应数据集的变量 drv,如图 4.37 所示。

```
ggplot(mpg,aes(x = hwy,y = cty,color = drv)) + geom_point()
```

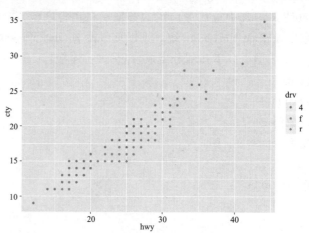

图 4.37　颜色表示变量 drv 的散点图

进一步丰富绘图的符号文字大小,在 aes( )函数中,参数 size 表示绘图的符号文字大小对应数据集的变量 cyl,如图 4.38 所示。

```
ggplot( mpg, aes( x = hwy, y = cty, color = drv, size = cyl) ) + geom_point( )
```

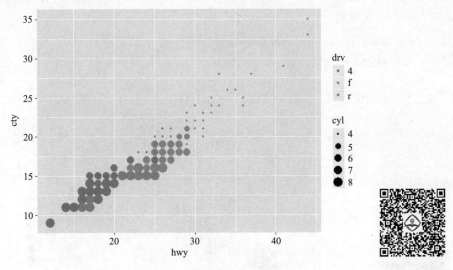

图 4.38 符号大小表示变量 cyl 的散点图

也可以在几何对象的 geom_X( )函数中定义绘图的映射,区别是在 ggplot( )函数中定义的绘图映射会传递给后续的所有函数。在 geom_point( )函数中,做绘图颜色(参数 color)和符号文字大小(参数 size)的映射,如图 4.39 所示。

```
ggplot( mpg, aes( x = hwy, y = cty) ) + geom_point( aes( color = drv, size = cyl) )
```

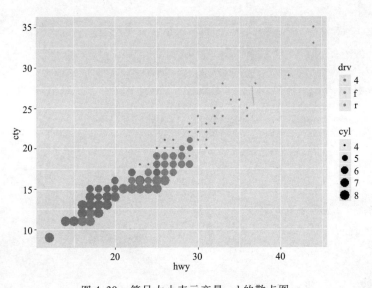

图 4.39 符号大小表示变量 cyl 的散点图

4.11.2 统计变换

stat_X()函数用于添加各种统计变换线,其中不同的 X 对应不同的变换类型。调用 stat_smooth()函数绘制平滑曲线,并与上一步用 + 连接,其中:参数 method 表示平滑曲线为线性回归线("lm"),如图 4.40 所示。

```
ggplot(mpg,aes(x = hwy,y = cty)) + geom_point(aes(color = drv,size = cyl)) +
    stat_smooth(method = "lm")
```

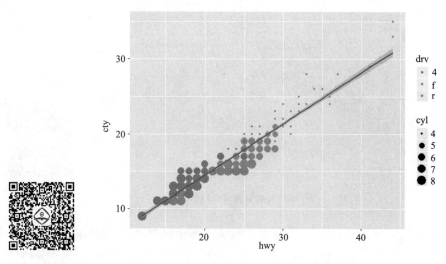

图 4.40　加入线性回归线的散点图

比较以下两种绘图映射方法的区别,如图 4.41 所示。

```
par(mfrow = c(1,2))
ggplot(mpg,aes(x = hwy,y = cty)) + geom_point(aes(color = drv,size = cyl)) +
    stat_smooth(method = "lm")
ggplot(mpg,aes(x = hwy,y = cty,color = drv,size = cyl)) + geom_point() +
    stat_smooth(method = "lm")
```

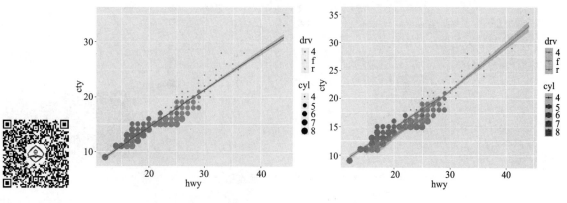

图 4.41　不同线性回归线的散点图

4.11.3 标度

scale_X()函数用于指定坐标轴、颜色、符号文字大小等的标度,其中不同的 X 对应不同的标度类型。调用 scale_x_sqrt()函数和 scale_y_sqrt()函数调整坐标轴的标度为平方根标度,并与上一步用 + 连接,如图 4.42 所示。

```
ggplot(mpg,aes(x = hwy,y = cty)) + geom_point(aes(color = drv,size = cyl)) +
    stat_smooth(method = "lm") + scale_x_sqrt() + scale_y_sqrt()
```

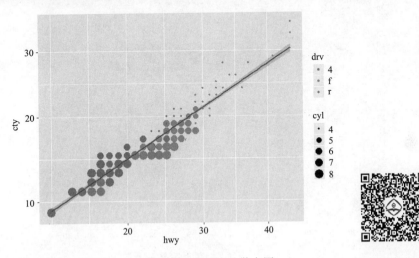

图 4.42 坐标轴为平方根标度的散点图

4.11.4 坐标系

coord_X()函数用于指定坐标系,其中不同的 X 对应不同的坐标系。调用 coord_polar()函数调整坐标系为极坐标系,并与上一步用 + 连接,如图 4.43 所示。

```
ggplot(mpg,aes(x = hwy,y = cty)) + geom_point(aes(color = drv,size = cyl)) +
    stat_smooth(method = "lm") + coord_polar()
```

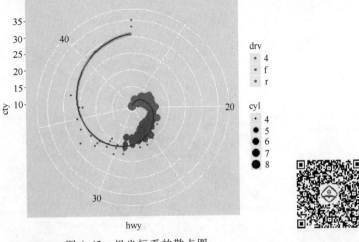

图 4.43 极坐标系的散点图

4.11.5 分面

调用 facet_grid()函数实现分面网格,即在一个页面绘制多个图形,并与上一步用 + 连接,其中第 1 个参数 facets 以公式形式表示绘图网格的行("~"左边项)为变量 drv,列("~"右边项)为变量 cyl,如图 4.44 所示。

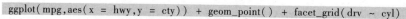

ggplot(mpg, aes(x = hwy, y = cty)) + geom_point() + facet_grid(drv ~ cyl)

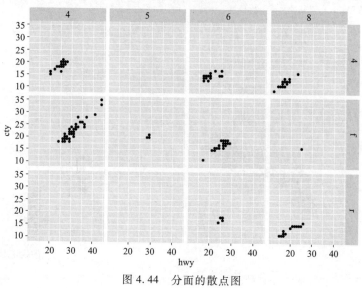

图 4.44 分面的散点图

4.11.6 主题

theme_X()函数用于指定主题,其中不同的 X 对应不同的主题。调用 theme_classic()函数调整主题为经典主题,即没有网格线和阴影,并与上一步用 + 连接,如图 4.45 所示。

ggplot(mpg, aes(x = hwy, y = cty)) + geom_point(aes(color = drv, size = cyl)) +
    stat_smooth(method = "lm") + theme_classic()

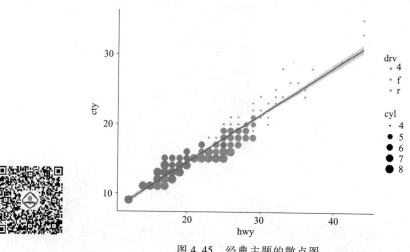

图 4.45 经典主题的散点图

4.11.7 绘制各种统计图

在 aes( )函数中,指定绘图的 x 轴对应数据集的变量 cyl。调用 geom_bar( )函数绘制变量不同数值频次的条形图,如图 4.46 所示。

```
ggplot(mpg,aes(x = cyl)) + geom_bar()
```

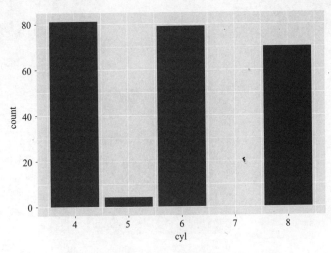

图 4.46 变量 cyl 不同数值频次的条形图

在 aes( )函数中,指定绘图的 x 轴对应数据集的变量 hwy。调用 geom_histogram( )函数绘制变量的直方图,其中:参数 bins 表示直方图的列数,如图 4.47 所示。

```
ggplot(mpg,aes(x = hwy)) + geom_histogram(bins = 10)
```

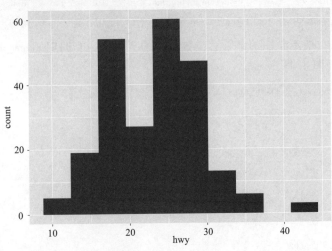

图 4.47 变量 hwy 的直方图

在 aes( )函数中,指定绘图的填充颜色对应数据集的变量 drv。调用 geom_histogram( )函数绘制变量的直方图,如图 4.48 所示。

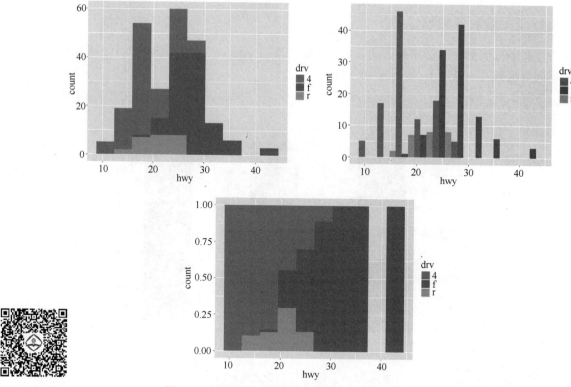

图 4.48　变量 drv 表示颜色的堆叠、并排和按比例填充直方图

参数 position 表示排列方式。"stack":堆叠;"dodge":并排;"fill":按比例填充。

```
ggplot(mpg,aes(x = hwy,fill = drv)) + geom_histogram(bins = 10,position = "stack")
ggplot(mpg,aes(x = hwy,fill = drv)) + geom_histogram(bins = 10,position = "dodge")
ggplot(mpg,aes(x = hwy,fill = drv)) + geom_histogram(bins = 10,position = "fill")
```

在 aes() 函数中,指定绘图的 x 轴对应数据集的变量 hwy。调用 geom_density() 函数绘制变量的核密度图,如图 4.49 所示。

```
ggplot(mpg,aes(x = hwy)) + geom_density()
```

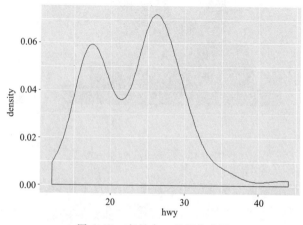

图 4.49　变量 hwy 的核密度图

在 aes( )函数中,指定绘图的符号文字颜色对应数据集的变量 drv。调用 geom_density( )
函数绘制变量的核密度图,如图 4.50 所示。

```
ggplot(mpg,aes(x = hwy,color = drv)) + geom_density()
```

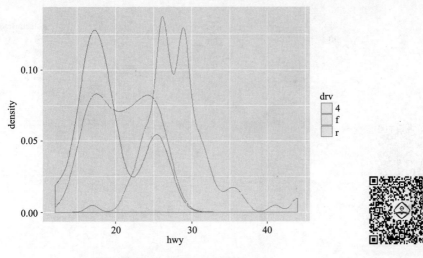

图 4.50 变量 drv 表示颜色的核密度图

在 aes( )函数中,指定绘图的 x 轴和 y 轴对应数据集的变量 drv 和 hwy。调用 geom_boxplot( )
函数绘制变量的箱线图,如图 4.51 所示。

```
ggplot(mpg,aes(x = drv,y = hwy)) + geom_boxplot()
```

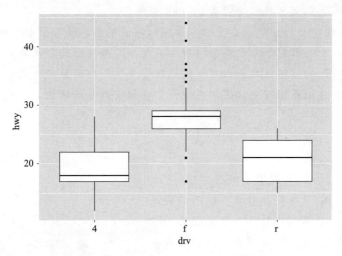

图 4.51 变量 hwy 按变量 drv 分组的箱线图

在 aes( )函数中,指定绘图的填充颜色对应数据集的变量 cyl,并将其转换为因子型。调用
geom_density( )函数绘制变量的箱线图,如图 4.52 所示。

```
ggplot(mpg,aes(x = drv,y = hwy,fill = as.factor(cyl))) + geom_boxplot()
```

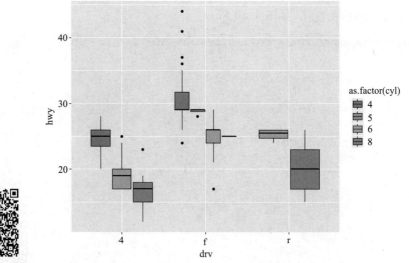

图 4.52　变量 cyl 表示颜色的箱线图

小　结

本章的主要内容是如何修改 R 绘制的默认图形,以得到更加漂亮或更吸引人的图形。首先了解如何修改一幅图形的坐标轴、字体、绘图符号、线条和颜色,以及如何添加标题、副标题、标签、文本、图例和参考线,看到如何指定图形和边界的大小,以及将多幅图形组合为实用的单幅图形。最后,介绍了强大可视化功能的 ggplot2 程序包。

本章介绍描述连续型和分类型变量的方法。如何运用条形图和饼图了解分类型变量的分布,以及如何通过堆砌条形图和分组条形图理解不同分类型输出的组间差异。同时,探索直方图、核密度图、箱线图、轴须图以及点图可视化连续型变量分布的方式。最后,使用叠加的核密度图、并列箱线图和分组点图可视化连续型输出变量组间差异的方法。

习　题

1. R 语言中的 plot( ) 函数具有哪些功能?
2. 什么是条形图,具有哪些特点? 举例说明。
3. 什么是饼图,具有哪些特点? 举例说明。
4. 什么是直方图,具有哪些特点? 举例说明。
5. 什么是核密度图,具有哪些特点? 举例说明。
6. 什么是箱线图,具有哪些特点? 举例说明。
7. 什么是点图,具有哪些特点? 举例说明。
8. ggplot2 包具有哪些与众不同的特点? 举例说明。

## 第 5 章

概率与分布 《《《

R 最早是作为统计工具应运而生,茁壮成长到现在,不仅仅作为一个统计软件,也是一个数学计算的平台。它提供灵活、弹性的交互式运行环境分析、演示、计算数据,同时集成众多的统计功能和各种数学、统计的函数。用户根据统计模型,导入相应的数据和设定有关的参数,就可以开展数据分析等工作,而其中概率及概率分布的分析是一项基础性工作之一。

5.1 随 机 抽 样

概率论早期研究的是游戏或赌博等随机现象中有关的概率问题,这些现象在 R 语言中可以通过 sample( )函数实现。

1. 等可能的不放回的随机抽样

```
sample(x,n)
```

其中,x 为要抽取的向量,n 为样本容量。例如,从 52 张扑克牌中抽取 5 张对应的 R 命令为:

```
sample(1:52,5)
## [1] 31 23 44 24 40
```

2. 等可能的有放回的随机抽样

```
sample(x,n,replace = TRUE)
```

其中,选项 replace = TRUE 表示抽样是有放回的,此选项省略或为 replace = FALSE 表示抽样是不放回的。例如,抛一枚均匀的硬币 5 次的 R 语言代码为:

```
sample(c("H","T"),5,replace = T)
## [1] "H" "H" "H" "T" "H"
```

掷一颗骰子 5 次可表示为:

```
sample(1:6,5,replace = T)
## [1] 5 6 6 3 1
```

3. 不等可能的随机抽样

```
sample(x,n,replace = TRUE,prob = y)
```

其中,选项 prob = y 用于指定 x 中元素出现的概率,向量 y 与 x 等长度。例如,一名外科医生做手术成功的概率为 0.80,那么他做 5 次手术的 R 语言代码为:

```
sample(c("成功","失败"),5,replace = T,prob = c(0.8,0.2))
## [1] "成功" "成功" "成功" "成功" "成功"
```

如果用 1 表示成功,0 表示失败,则上述命令可变为:

```
sample(c(1,0),5,replace = T,prob = c(0.8,0.2))
## [1] 1 1 0 0 1
```

5.2　概　率　分　布

对于一个具体的问题,通常归结为对一个随机变量或随机向量(X)的取值及其取值概率的研究,即对于事件 $P(X < x)$ 的研究。这就是随机变量的累积分布函数(CDF),记为 $F(x)$。因此,随机变量统计规律可以用累积分布函数来描述。对于离散型随机变量(取值为有限或可列无限),其统计规律通常转化为对分布律 $f(x) = P(X = x)$ 的研究,它与分布函数的关系为 $F(x) = \sum_{t \leqslant x} P = (X = t)$。而对于连续型随机变量(取值充满整个区间),其统计规律通常转换

为对概率密度函数 $f(x)$ 的研究,它与分布函数的关系为 $F(x) = \int_{-x}^{x} f(x) \mathrm{d}x$。分别从离散与连续两种分类介绍对应的分布律或密度函数。

5.2.1　离散分布的分布律

1. Bernoulli 分布:binom(1, p)

定义:一次试验中可能出现两个事件,即成功(记为 1)或失败(记为 0),出现的概率分别为 p 和 $1-p$,则一次试验(称为 Bernoulli 试验)成功的次数服从一个参数为 p 的 Bernoulli 分布。

分布律:

$$f(x|p) = p^x(1-p)^{(1-x)}, x = 0,1 \quad 0 < p < 1$$

数字特征:

$$E(x) = p, \mathrm{Var}(x) = p(1-p)$$

2. 二项分布:binom(n,p)

定义:Bernoulli 试验独立地重复 n 次,则试验成功的次数服从一个参数为(n,p)的二项分布。

分布律:

$$f(x|p) = \binom{n}{p} p^x(1-p)^{n-x}, x = 0,1,\cdots,n \quad 0 < p < 1$$

数字特征:

$$E(x) = np, \mathrm{Var}(x) = np(1-p)$$

特殊情况:当 $n = 1$ 时即为 Bernoulli 分布。

3. 负二项分布：nbinom(k, p)

定义：Bernoulli 试验独立地重复进行，一直到出现 k 次成功时停止试验，则试验失败的次数服从一个参数为 (k, p) 的负二项分布。

分布律：

$$f(x \mid k, p) = \frac{\Gamma(k+x)}{\Gamma(k) \Gamma(x)} p^k (1-p)^x, x = 0, 1, \cdots \quad 0 < p < 1$$

数字特征：

$$E(x) = \frac{k(1-p)}{p}, \operatorname{Var}(X) = \frac{k(1-p)}{p^2}$$

特殊情况：当 $n = 1$ 时即为几何分布。

4. 几何分布：geom(p)

定义：Bernoulli 试验独立地重复进行，一直到有成功出现时停止试验，则试验失败的次数服从一个参数为 p 的几何分布。

分布律：

$$f(x \mid p) = p(1-p)^x, \quad x = 0, 1, \cdots \quad 0 < p < 1$$

数字特征：

$$E(x) = \frac{(1-p)}{p}, \operatorname{Var}(x) = \frac{(1-p)}{p^2}$$

5. 超几何分布：hyper(N, M, k)

定义：从装有 N 个白球和 M 个黑球的罐子中不放回地取出 k 个白球，则其中的白球数服从超几何分布。

分布律：

$$f(x \mid N, M, k) = \frac{\binom{N}{x}\binom{M}{k-x}}{\binom{N+M}{x}} \quad x = 0, 1, \cdots, \min(N, K)$$

数字特征：

$$E(x) = \frac{kN}{N+M}, \operatorname{Var}(x) = \frac{(N+M-K)}{N+M-1} \frac{kN}{N+M}\left(1 - \frac{N}{N+M}\right)$$

6. Poisson 分布：pois(λ)

定义：单位时间（或单位长度、单位面积、单位体积等）内发生某一事件的次数常可以用泊松（Poisson）分布描述。例如：一天内接到报警电话 110 的数量或者某城市一年内发生的交通事故数等可以认为近似服从泊松分布。

分布律：

$$f(x \mid \lambda) = \frac{\lambda^x}{x!} e^{-\lambda}, x = 1, 2, \cdots$$

数字特征：

$$E(x) = \lambda, \operatorname{Var}(x) = \lambda$$

5.2.2 连续分布的密度函数

1. 均匀分布:unif(a,b)

定义:在区间[a,b]内取值的随机变量 x 取不同值的可能性相同时,可以假定 X 服从 [a,b] 上的均匀分布。

密度函数:

$$f(x|a,b) = \frac{1}{b-a}, \quad a \leqslant x \leqslant b$$

数字特征:

$$E(x) = \frac{a+b}{2}, \mathrm{Var}(x) = \frac{b^2 - a^2}{12}$$

2. Beta 分布:beta(a,b)

定义:Beta(贝塔)分布是一个作为伯努利分布和二项式分布的共轭先验分布的密度函数,在机器学习和数理统计学中有重要应用。

密度函数:

$$f(x|a,b) = \frac{1}{B(a,b)} x^{a-1}(1-x)^{b-1}, 0 < x < 1, a > 0, b > 0$$

数字特征:

$$E(x) = \frac{a}{a+b}, \mathrm{Var}(x) = \frac{ab}{(a+b)^2(a+b+1)}$$

特殊情况:当 $a=1$, $b=1$ 时即为[0,1]上的均匀分布。

3. Cauchy 分布:cauchy(a,b)

定义:Cauchy 分布是一个数学期望不存在的连续型分布函数,仍然具有自己的分布密度,用于描述共振行为。

密度函数:

$$f(x|a,b) = \frac{1}{\pi b \left[1 + \left(\frac{x-a}{b}\right)\right]}, 0 < x < 1, a > 0, b > 0$$

数字特征:均值与方差不存在。

4. 指数分布:exp(λ)

定义:指数分布(又称负指数分布)是描述泊松过程中的事件之间的时间的概率分布,即事件以恒定平均速率连续且独立地发生的过程。这是伽马分布的一个特殊情况。

密度函数:

$$f(x|\lambda) = \lambda e^{-\lambda x} \quad x > 0, \lambda > 0$$

数字特征:

$$E(x) = \frac{1}{\lambda}, \mathrm{Var}(x) = \frac{1}{\lambda^2}$$

5. Weibull 分布:weibull(a,b)

定义:Weibull(威布尔)分布常用来描述寿命的分布,例如刻划滚珠轴承、电子元器件等产品的寿命。

密度函数：

$$f(x \mid a, b) = ab\, x^{b-1} e^{ax^b}, x > 0, a > 0, b > 0$$

数字特征：

$$E(x) = \frac{\Gamma(1 + 1/b)}{a^{1/b}}, \mathrm{Var}(x) = \frac{\Gamma(1 + 2/b)}{a^{2/b}} - \frac{\left[\Gamma(1 + 1/b)\right]^2}{a^{2/b}}$$

特殊情况：当 $b = 1$ 时即为指数分布。

6. 正态（高斯）分布：norm(μ, σ^2)

定义：正态（高斯）分布是概率论与数理统计中最重要的一个分布。中心极限定理表明，一个变量如果是由大量微小的、独立的随机因素的叠加产生，那么这个变量是正态变量。因此许多随机变量可以用正态（高斯）分布表述或近似描述。

密度函数：

$$f(x \mid \mu, \sigma^2) = \frac{1}{\sqrt{2\pi}\,\sigma} e^{-\frac{-(x-\mu)^2}{2\sigma^2}}, \quad -\infty < x < \infty, -\infty < \mu < \infty, \sigma > 0$$

数字特征：

$$E(x) = \mu, \mathrm{Var}(x) = \sigma^2$$

7. 对数正态分布：lnorm(μ, σ^2)

定义：$\ln(X)$ 服从参数为 (μ, σ^2) 的正态分布，则 X 服从参数为 (μ, σ^2) 的对数正态分布。

密度函数：

$$f(x \mid \mu, \sigma^2) = \frac{1}{\sqrt{2\pi}\,\sigma x} e^{-\frac{(\ln(x) - \mu)^2}{2\sigma^2}} \quad -\infty < x < \infty, -\infty < \mu < \infty, \sigma > 0$$

数字特征：

$$E(x) = \exp\left(\mu + \frac{1}{2}\sigma^2\right), \mathrm{Var}(x) = e^{\sigma^2}(e^{\sigma^2} - 1) e^{2\mu}$$

8. Gamma 分布：gamma(a, b)

定义：k 个相互独立的参数为 $1/b$ 的指数分布的和服从参数为 (k, b) 的 Gamma（伽马）分布。

密度函数：

$$f(x \mid a, b) = \frac{1}{\Gamma(a)\, b^a} x^{a-1} e^{-x/b}, x > 0, a > 0, b > 0$$

数字特征：

$$E(x) = ab, \mathrm{Var}(x) = ab^2$$

特别情况：$a = 1$ 时即为指数分布；$a = n/2, b = 2$ 时为卡方分布。

9. 卡方(x^2)分布：chisq(n)

定义：n 个独立正态随机变量的平方和服从自由度为 n 的卡方分布。

密度函数：

$$f(x \mid n) = \frac{x^{n/2 - 1} e^{-x/2}}{2^{n/2}\Gamma(n/2)}, x > 0, n > 0$$

数字特征：

$$E(x) = n, \mathrm{Var}(x) = 2n \quad (n > 2)$$

10. t 分布:t(n)

定义:随机变量 x 与 y 独立,x 服从标准正态分布,y 服从自由度为 n 的卡方分布,则 $T = \dfrac{x}{\sqrt{y/n}}$ 服从自由度为 n 的 t 分布。

密度函数:

$$f(x \mid n) = \frac{(1 + x^2/n)^{-(n+1/2)}}{\sqrt{n}\, B\left(\dfrac{1}{2}, \dfrac{1}{2}\right)}$$

数字特征:

$$E(x) = 0,\ \mathrm{Var}(x) = \frac{n}{n-2} \quad n > 2$$

11. F 分布:f(n,m)

定义:随机变量 x 与 y 独立,x 服从自由度为 n 的卡方分布,y 服从自由度为 m 的卡方分布,则服从自由度为 (n,m) 的 F 分布。

密度函数:

$$f(x \mid n, m) = \frac{\left(\dfrac{n}{m}\right)^{n/2} x^{\frac{n}{2}-1}}{B\left(\dfrac{n}{2}, \dfrac{m}{2}\right)} \left(1 + \frac{n}{m} x\right)^{-(n+m)/2}$$

数字特征:

$$E(x) = \frac{m}{m-2} \quad m > 2, \quad \mathrm{Var}(x) = \frac{2m^2(n+m-2)}{n(m+2)} \quad n > 2$$

12. logistic 分布:logis(a,b)

定义:logistic 分布常用来刻画生态学中的增长模型,也常用于 logistic 回归。

密度函数:

$$f(x \mid a, b) = \left[1 + e^{-(x-a)/b}\right]^{-1}, x > 0, a > 0, b > 0$$

数字特征:

$$E(x) = a,\ \mathrm{Var}(x) = \frac{\pi^2}{3} b^2$$

5.3　R 的概率分布

R 语言提供四类有关统计分布的函数,主要有密度函数、累积分布函数、分位数函数、随机数函数,均与分布的名称(或缩写)相对应。表 5.1 根据英文字母顺序列出 R 语言中提供的 19 个分布的英文名称、R 中的名称和函数中的选项。

表 5.1　概率分布函数

分布名称	R 名称	参　　数
beta	beta	shape1_shape2
binomial	binom	size_prob
Cauchy	cauchy	location = 0_scale = 1

续表

分布名称	R 名称	参　　数
chi. sqaured	chisq	df_ncp
exponential	exp	rate
Fisher. Snedecor（F）	f	df1_df2_ncp
gamma	gamma	shape_scale = 1
geometric	geom	prob
hypergeometric	hyper	m_n_k
lognormal	lnorm	meanlog = 0_sdlog = 1
logistic	logis	location = 0_scale = 1
multinomial	multinom	size_prob
normal	norm	mean = 0_sd = 1
negative	binomial	nbinom_size_prob
Poisson	pois	lambda
Students（t）	t	df
uniform	unif	min = 0_max = 1
Weib ull	weibull	shape_scale = 1
Wilcoxons statistics	wilcox	m_n
	signrank	n

对于所给的分布名称,加前缀"d"(代表密度函数,density)就得到 R 的密度函数(对离散分布指分布律)。加前缀"p"(代表分布函数或概率,即 CDF)就得到 R 的分布函数。加前缀"q"(代表分位函数,quantile)就得到 R 的分位数函数。加前缀"r"(代表随机模拟,random)就得到 R 的随机数发生函数。而且,这四类函数的第一个参数有规律可循。形为 dfunc 的函数为 x,pfunc 的函数为 q,qfunc 的函数为 p,rfunc 的函数为 n(但 rhyper 和 rwilcox 是特例,它们的第一个参数为 nn)。目前为止,非中心参数(noncentrality parameter)仅对 CDF 和少数其他几个函数有效,详细内容可以参考在线帮助。若 R 中分布的函数名为 func,则四类函数的调用格式为:

- 概率密度函数:dfunc(x,p1,p2,…),x 为数值向量 0;
- （累积）分布函数:pfunc(q,p1,p2,…),q 为数值向量;
- 分位数函数:qfunc(p,p1,p2,…),p 为由概率构成的向量;
- 随机数函数:rfunc(n,p1,p2,…),n 为生成数据的个数,其中 p1,p2,… 是分布的参数值。

上面表格中有具体数值的参数在空缺时对应的是默认值。所有 pfunc 和 qfunc 函数都具有逻辑参数 lower. tail 和 log. p,而所有的 dfunc 函数都有参数 log。此外,对于来自正态分布,具有学生化样本区间的分布还有 ptukey 和 qtukey 等函数。

最后通过两个例子简单说明一下它们的作用:

(1)查找分布的分位数,用于计算假设检验中分布的临界值或置信区间的置信限。例如,显著性水平为 5% 的正态分布的双侧临界值是:

```
qnorm(0.025)
## [1] -1.959964
qnorm(0.975)
## [1] 1.959964
```

（2）计算假设检验的 p 值。例如，自由度 df = 1 的 x^2 = 2.8 时的 x^2 检验的 p 值为：

```
1 - pchisq(2.8,1)
## [1] 0.09426431
```

而容量为 10 的双边 t 检验的 p 值为：

```
2 * pt(-2.43,df = 9)
## [1] 0.03798256
```

5.4　常用分布的概率函数图

理解总体分布的形态，有助于把握样本的基本特征。通过具体的示例展现一些常用分布的概率函数的图形。其中，对于离散分布指分布律，对于连续分布指其密度函数。

5.4.1　二项分布

【代码5.1】二项分布图

```
n <- 20
p <- 0.2
k <- seq(0,n)
plot(k,dbinom(k,n,p),type = "h",main = "Binomial distribution,n = 20,p = 0.2",xlab = "k")
```

5.4.2　泊松分布

【代码5.2】泊松分布图

```
lambda <- 4
k <- seq(0,20)
plot(k,dpois(k,lambda),type = "h",main = "Poisson distribution,lambda = 5.5",xlab = "k")
```

5.4.3　几何分布

【代码5.3】几何分布图

```
p <- 0.5
k <- seq(0,10)
plot(k,dgeom(k,p),type = "h",main = "Geometric distribution,p = 0.5",xlab = "k")
```

5.4.4　超几何分布

【代码5.4】超几何分布图

```
N <- 30
M <- 10
n <- 10
k <- seq(0,10)
plot(k,dhyper(k,N,M,n),type = "h",main = "Hypergeometric distribution,N = 30,M = 10,n = 10",xlab = "k")
```

5.4.5　负二项分布

【代码5.5】负二项分布图

```
n <- 10
p <- 0.5
k <- seq(0,40)
plot(k,dnbinom(k,n,p),type = "h",main = "Negative Binomial distribution,n = 10,p = 0.5",xlab = "k")
```

5.4.6　正态分布

【代码5.6】正态分布图

```
curve(dnorm(x,0,1),xlim = c(-5,5),ylim = c(0,0.8),col = "red",lwd = 2,lty = 3)
curve(dnorm(x,0,2),add = T,col = "blue",lwd = 2,lty = 2)
curve(dnorm(x,0,1/2),add = T,lwd = 2,lty = 1)
title(main = "Gaussian distributions")
legend(par("usr")[2],par("usr")[4],xjust = 1,c("sigma = 1","sigma = 2","sigma = 1/2"),
lwd = c(2,2,2),lty = c(3,2,1),col = c("red","blue",par("fg")))
```

5.4.7　t 分布

【代码5.7】t 分布图

```
curve(dt(x,1),xlim = c(-3,3),ylim = c(0,0.4),col = "red",lwd = 2,lty = 1)
curve(dt(x,2),add = T,col = "green",lwd = 2,lty = 2)
curve(dt(x,10),add = T,col = "orange",lwd = 2,lty = 3)
curve(dnorm(x),add = T,lwd = 3,lty = 4)
title(main = "Student T distributions")
legend(par("usr")[2],par("usr")[4],xjust = 1,c("df = 1","df = 2","df = 10","Gaussian distribution"),
lwd = c(2,2,2,2),lty = c(1,2,3,4),col = c("red","blue","green",par("fg")))
```

5.4.8　x^2 分布

【代码5.8】x^2 分布图

```
curve(dchisq(x,1),xlim = c(0,10),ylim = c(0,0.6),col = "red",lwd = 2)
curve(dchisq(x,2),add = T,col = "green",lwd = 2)
curve(dchisq(x,3),add = T,col = "blue",lwd = 2)
curve(dchisq(x,5),add = T,col = "orange",lwd = 2)
```

```
abline( h = 0 ,lty = 3)
abline( v = 0 ,lty = 3)
title( main = " Chi square Distributions" )
legend( par( "usr" )[2] ,par( "usr" )[4] ,xjust = 1 ,c( "df = 1" ," df = 2" ," df = 3" ," df = 5" ) , lwd = 3 ,
lty = 1 ,col = c( "red" ," green" ," blue" ," orange" ) )
```

5.4.9　F 分布

【代码 5.9】F 分布图

```
curve( df( x ,1 ,1) ,xlim = c( 0 ,2) ,ylim = c( 0 ,0.8) ,lty = 1)
curve( df( x ,3 ,1) ,add = T ,lwd = 2 ,lty = 2)
curve( df( x ,6 ,1) ,add = T ,lwd = 2 ,lty = 3)
curve( df( x ,3 ,3) ,add = T ,col = " red" ,lwd = 3 ,lty = 4)
curve( df( x ,3 ,6) ,add = T ,col = " blue" ,lwd = 3 ,lty = 5)
title( main = " Fisher's F" )
legend( par( "usr" )[2] ,par( "usr" )[4] ,xjust = 1 ,c( "df = ( 1 ,1)" ," df = ( 3 ,1)" ," df = ( 6 ,1)" ,
" df = ( 3 ,3)" ," df = ( 3 ,6)" ) ,lwd = c( 1 ,2 ,2 ,3 ,3) ,lty = c( 1 ,2 ,3 ,4 ,5) ,
    col = c( par( "fg" ) ,par( "fg" ) ,par( "fg" ) ," red" ," blue" ) )
```

5.4.10　对数正态分布

【代码 5.10】对数正态分布图

```
curve( dlnorm( x ) ,xlim = c( -0.2 ,5) ,ylim = c( 0 ,1) ,lwd = 2)
curve( dlnorm( x ,0 ,3/2) ,add = T ,col = " blue" ,lwd = 2 ,lty = 2)
curve( dlnorm( x ,0 ,1/2) ,add = T ,col = " orange" ,lwd = 2 ,lty = 3)
title( main = " Log normal distributions" )
legend( par( "usr" )[2] ,par( "usr" )[4] ,xjust = 1 ,c( "sigma = 1" ," sigma = 2" ," sigma = 1/2" ) ,
lwd = c( 2 ,2 ,2) ,lty = c( 1 ,2 ,3) ,col = c( par( "fg" ) ," blue" ," orange" ) )
```

5.4.11　柯西分布

【代码 5.11】柯西分布图

```
curve( dcauchy( x ) ,xlim = c( 0.5 ,5) ,ylim = c( 0 ,0.5) ,lwd = 3)
curve( dnorm( x ) ,add = T ,col = " red" ,lty = 2)
legend( par( "usr" )[2] ,par( "usr" )[4] ,xjust = 1 ,c( "Cauchy distribution" ," Gaussian distribution" ) ,
lwd = c( 3 ,1) ,lty = c( 1 ,2) ,col = c( par( "fg" ) ," red" ) )
```

5.4.12　威布尔分布

【代码 5.12】威布尔分布图

```
curve( dexp( x ) ,xlim = c( 0 ,3) ,ylim = c( 0 ,2) )
curve( dweibull( x ,1) ,lty = 3 ,lwd = 3 ,add = T)
```

```
curve( dweibull( x,2) ,col = "red" ,add = T)
curve( dweibull( x,0.8) ,col = "blue" ,add = T)
title( main = "Weibull Probability Distribution Function")
legend( par( "usr")[2] ,par( "usr")[4] ,xjust = 1,c( "Exponential" ,"Weibull, shape = 1" ,
    "Weibull, shape = 2" ,"Weibull, shape = .8") ,lwd = c(1,3,1,1) ,lty = c(1,3,1,1) ,
    col = c( par( "fg") ,par( "fg") ,"red" ,"blue") )
```

5.4.13 伽码分布

【代码 5.13】伽码分布图

```
curve( dgamma( x,1,1) ,xlim = c(0,5) ,lwd = 2,lty = 1)
curve( dgamma( x,2,1) ,add = T,col = "red" ,lwd = 2,lty = 2)
curve( dgamma( x,3,1) ,add = T,col = "green" ,lwd = 2,lty = 3)
curve( dgamma( x,4,1) ,add = T,col = "blue" ,lwd = 2,lty = 4)
curve( dgamma( x,5,1) ,add = T,col = "orange" ,lwd = 2,lty = 5)
title( main = "Gamma distributions")
legend( par( "usr")[2] ,par( "usr")[4] ,xjust = 1,c( "k = 1 (Exponential distribution)" ,
    "k = 2" ,"k = 3" ,"k = 4" ,"k = 5") ,lwd = c(2,2,2,2,2) ,lty = c(1,2,3,4,5) ,
    col = c( par( "fg") ,"red" ,"green" ,"blue" ,"orange") )
```

5.4.14 贝塔分布

【代码 5.14】贝塔分布图

```
curve( dbeta( x,1,1) ,xlim = c(0,1) ,ylim = c(0,4) )
curve( dbeta( x,3,1) ,add = T,col = "green")
curve( dbeta( x,3,2) ,add = T,lty = 2,lwd = 2)
curve( dbeta( x,4,2) ,add = T,lty = 2,lwd = 2,col = "blue")
curve( dbeta( x,2,3) ,add = T,lty = 3,lwd = 3,col = "red")
curve( dbeta( x,4,3) ,add = T,lty = 3,lwd = 3,col = "orange")
title( main = "Beta distributions")
legend( par( "usr")[1] ,par( "usr")[4] ,xjust = 0,c( "(1,1)" ,"(3,1)" ,"(3,2)" ,
    "(4,2)" ,"(2,3)" ,"(4,3)") ,lwd = c(1,1,2,2,3,3) ,lty = c(1,1,2,2,3,3) ,
    col = c( par( "fg") ,"green" ,par( "fg") ,"blue" ,"red" ,"orange") )
```

5.5 中心极限定理及应用

5.5.1 中心极限定理

正态分布在统计分析中具有至关重要的作用,其中的原因之一是中心极限定理。当独立观察(试验)的样本容量 n 足够大时,那么所观察的随机变量 $X_1, X_2, \cdots, X_n$ 的和近似服从正态分布。假设存在 $E(X_i) = \mu$, $\mathrm{Var}(X_i) = \sigma^2$,则

$$\frac{\sum_{i=1}^{n} X_i - n\mu}{\sqrt{n}\,\sigma} \sim N(0,1) \quad (n \to \infty)$$

或

$$\overline{\overline{X}} = \frac{\sum_{i=1}^{n} X_i}{n} \sim N\left(\mu, \frac{\sigma^2}{n}\right) \quad (n \to \infty)$$

5.5.2 渐近正态性的图形检验

自定义函数 center. limit 根据已知分布(R 中提供的或自己定义的)产生容量为 n 的样本,生成相关图形。然后,从图形的视角检验经标准化变换后趋于标准正态分布的近似程度,即图形检验这 n 个样本的渐近正态性。

```
center. limit <- function( r = runif, distpar = c(0,1), m = 0.5, s = 1/sqrt(12),
    n = c(1,3,10,30), N = 1000) {
    for (i in n) {
        if (length(distpar) == 2) {
            x <- matrix( r( i * N, distpar[1], distpar[2]), nc = i)
        } else {
            x <- matrix( r( i * N, distpar), nc = i)
        }
        x <- (apply(x,1,sum) - i * m)/(sqrt(i) * s)
        hist( x, col = "light blue", probability = T, main = paste("n = ", i),
            ylim = c(0, max(0.4, density(x)$y)))
        lines( density(x), col = "red", lwd = 3)
        curve( dnorm(x), col = "blue", lwd = 3, lty = 3, add = T)
        if (N > 100) {
            rug( sample(x,100))
        } else {
            rug(x)
        }
    }
}
```

此函数的默认值为:①分布为[0,1]的均匀分布,否则用选项 r = 声明;②分布的均值为 0.5,否则用选项 m = 声明;③分布的标准差为 $1/\sqrt{12}$,否则用选项 s = 声明;④样本容量有 4 类:1、3、10、30,否则用选项 n = 声明;⑤重复次数为 1000,否则用选项 N = 声明。

进一步说明:①hist(x, …)用于绘制 x 的直方图;②lines(density(x), …)计算 x 的核密度估计值[边界宽度为 bw = 1],并连接成线;③curve(dnorm(x), …)计算 x 处标准正态分布的密度函数值,并连接成线;④rug(x)在横坐标处用小的竖线绘制 x 出现的位置。

5.5.3 center. limit( )函数的应用

1. 二项分布:b(10,0.1)

```
op <- par(mfrow = c(2,2))
center. limit(rbinom,distpar = c(10,0.1),m = 1,s = 0.9)
par(op)
```

结果如图5.1所示。

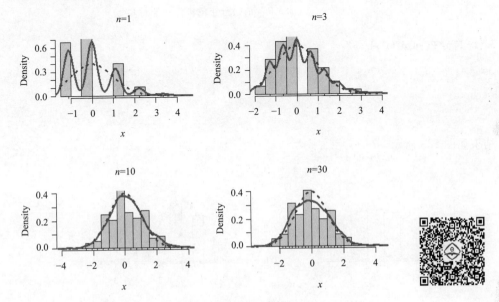

图5.1 二项分布的渐近正态性

2. 泊松分布:pios(1)

```
op <- par(mfrow = c(2,2))
center. limit(rpois,distpar = 1,m = 1,s = 1,n = c(3,10,30,50))
par(op)
```

结果如图5.2所示。

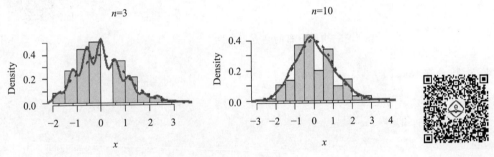

图5.2 泊松分布的渐近正态性

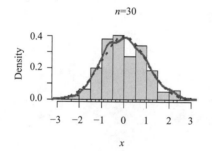
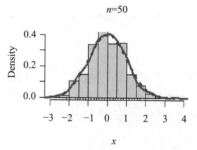

图 5.2　泊松分布的渐近正态性(续)

3. 均匀分布:unif(0,1)

```
op <- par(mfrow = c(2,2))
center. limit( )
par(op)
```

结果如图 5.3 所示。

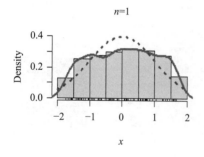
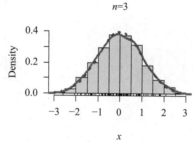

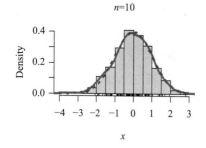
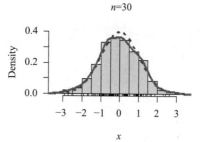

图 5.3　均匀分布的渐近正态性

4. 指数分布:exp(1)

```
op <- par(mfrow = c(2,2))
center. limit( rexp,distpar = 1,m = 1,s = 1)
par(op)
```

结果如图 5.4 所示。

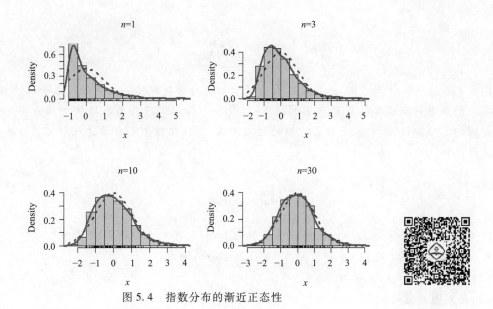

图 5.4　指数分布的渐近正态性

5. 组合正态分布：$(\mathbf{norm}(-3,1) + \mathbf{norm}(3,1))/2$

```
op <- par(mfrow = c(2,2))
mixn <- function(n,a = -1,b = 1) {
    rnorm(n,sample(c(a,b),n,replace = T))
}
center.limit(r = mixn,distpar = c(-3,3),m = 0,s = sqrt(10),n = c(1,2,3,10))
par(op)
```

结果如图 5.5 所示。

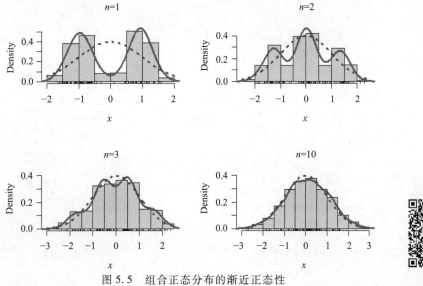

图 5.5　组合正态分布的渐近正态性

小　　结

R 语言因概率统计而产生,并发展成长为强大的统计分析软件。本章内容主要有两方面:一是常用的概率分布及其在 R 语言中的实现;二是中心极限定理及其在现实中的应用。作为统计分析的基础知识,本章不是数据挖掘的核心内容,因此在教学或自学过程中可以选择性略过或跳过。

习　　题

1. 从 1 到 100 个自然数中不放回地随机抽取 6 个数,并求它们的和。

2. 从一副扑克牌(52 张)中随机抽 5 张,计算下面的概率:

(1)抽到 10、J、Q、K、A 的概率;

(2)抽到同花顺的概率。

3. 从正态分布 N(100,100) 中随机产生 500 个随机数,然后

(1)绘制这 500 个正态随机数的直方图;

(2)从 500 个随机数中随机有放回地抽取 200 个,绘制相应的直方图;

(3)对比两次的样本均值与样本方差。

4. 随机游走的模拟。从标准正态分布中产生 1000 个随机数,并用 cumsum( ) 函数计算累积和,最后使用 plot( ) 函数绘制随机游走的模拟图。

5. 采用标准正态分布中产生 100 个随机数,从这 100 个数据中求总体均值的 95% 置信区间,并与理论值进行比较。

6. 运用 center. limit( ) 函数从图形方面验证,当样本量足够大时,从贝塔分布 Beta(1/2,1/2) 随机生成样本的样本均值近似服从正态分布。

第6章 基本统计分析 《《《

本章将学习用于生成基本的描述性统计量和推断统计量的 R 函数。首先着眼于定量变量的位置和尺度的衡量方式。然后,学习生成分类型变量的频数表和列联表的方法以及关联的卡方检验。接下来,考察连续型和有序型变量相关系数的多种形式。最后,将转而通过参数检验(t 检验)和非参数检验(Mann-Whitney U 检验、Kruskal-Wallis 检验)方法研究组间差异。结果是数值类型,同时介绍用于可视化结果的图形方法。

6.1　描述性统计分析

使用 Motor Trend 杂志的车辆测试数据集(mtcars),将关注分析连续型变量的中心趋势、变化性和分布形状的方法,关注焦点是每加仑汽油行驶英里数(mpg)、马力(hp)和车重(wt)。

```
myvars <- c("mpg","hp","wt")
head(mtcars[myvars])
##                       mpg    hp     wt
## Mazda RX4            21.0   110   2.620
## Mazda RX4 Wag        21.0   110   2.875
## Datsun 710           22.8    93   2.320
## Hornet 4 Drive       21.4   110   3.215
## Hornet Sportabout    18.7   175   3.440
## Valiant              18.1   105   3.460
```

首先查看所有 32 种车型的描述性统计量,然后按照变速箱类型(am)和汽缸数(cyl)考察描述性统计量。变速箱类型是一个以 0 表示自动挡、1 表示手动挡来编码的二分变量,而汽缸数可为 4、5 或 6。

6.1.1　基本方法

在描述性统计量的计算方面,R 中的选择非常多。从基础安装中包含的函数开始,然后查看那些用户贡献包中的扩展函数。对于基础安装,可以使用 summary() 函数获取描述性统计量,如代码 6.1 所示。

【代码 6.1】运用 summary( ) 函数计算描述性统计量

```
myvars <- c("mpg","hp","wt")
summary(mtcars[myvars])
##      mpg             hp              wt
## Min.   :10.40   Min.   : 52.0   Min.   :1.513
## 1st Qu.:15.43   1st Qu.: 96.5   1st Qu.:2.581
## Median :19.20   Median :123.0   Median :3.325
## Mean   :20.09   Mean   :146.7   Mean   :3.217
## 3rd Qu.:22.80   3rd Qu.:180.0   3rd Qu.:3.610
## Max.   :33.90   Max.   :335.0   Max.   :5.424
```

summary( ) 函数提供最小值、最大值、四分位数和数值型变量的均值,以及因子向量和逻辑型向量的频数统计。可以使用 apply( ) 函数或 sapply( ) 函数计算所选择的任意描述性统计量。对于 sapply( ) 函数,其使用格式为:

```
sapply(x,FUN,options)
```

其中,x 是数据框或矩阵,FUN 为一个任意的函数。如果指定 options,将被传递给 FUN。可以在这里插入的典型函数有 mean( )、sd( )、var( )、min( )、max( )、median( )、length( )、range( ) 和 quantile( )。fivenum( ) 函数可返回基本五数总体描述(Tukey's five-number summary,即最小值、下四分位数、中位数、上四分位数和最大值)。

标准安装没有覆盖偏度和峰度的计算函数,需要自行添加。代码 6.2 中的示例计算若干描述性统计量,其中包括偏度和峰度。

【代码 6.2】运用 sapply( ) 函数计算描述性统计量

```
mystats <- function(x,na.omit = FALSE){
    if (na.omit)
        x <- x[!is.na(x)]
    m <- mean(x)
    n <- length(x)
    s <- sd(x)
    skew <- sum((x - m)^3/s^3)/n
    kurt <- sum((x - m)^4/s^4)/n - 3
    return(c(n = n,mean = m,stdev = s,skew = skew,kurtosis = kurt))
}
myvars <- c("mpg","hp","wt")
sapply(mtcars[myvars],mystats)
##                 mpg          hp            wt
## n          32.000000  32.0000000  32.00000000
## mean       20.090625 146.6875000   3.21725000
## stdev       6.026948  68.5628685   0.97845744
## skew        0.610655   0.7260237   0.42314646
## kurtosis -  0.372766  -0.1355511  -0.02271075
```

对于样本中的车型,每加仑汽油行驶英里数的平均值为 20.1,标准差为 6.0。分布呈现右偏(偏度 +0.61),并且较正态分布稍平(峰度 −0.37)。如果单纯地忽略缺失值,应当使用 sapply(mtcars[myvars],mystats,na.omit = TRUE)。

6.1.2 增强方法

若干用户贡献包提供计算描述性统计量的函数,其中包括 Hmisc、pastecs 和 psych 包。由于这些包并未包括在基础安装中,所以需要在首次使用之前先进行安装。Hmisc 包中的 describe() 函数可返回变量和实例的数量、缺失值和唯一值的数目、平均值、分位数,以及五个最大的值和五个最小的值。代码 6.3 提供一个示例。

【代码 6.3】运用 Hmisc 包中的 describe() 函数计算描述性统计量

```
library(Hmisc)
myvars <- c("mpg","hp","wt")
describe(mtcars[myvars])
## mtcars[myvars]
##
##  3  Variables     32  Observations
#
#---------------------------------------------------------------------
## mpg
##          n     missing    distinct      Info       Mean       Gmd       .05       .10
##         32           0          25     0.999      20.09     6.796     12.00     14.34
##        .25         .50         .75       .90        .95
##      15.43       19.20       22.80     30.09     31.30
##
## lowest:10.4 13.3 14.3 14.7 15.0,highest:26.0 27.3 30.4 32.4 33.9
#
#---------------------------------------------------------------------
## hp
##          n     missing    distinct      Info       Mean       Gmd       .05       .10
##         32           0          22     0.997      146.7     77.04     63.65     66.00
##        .25         .50         .75       .90        .95
##      96.50      123.00      180.00    243.50    253.55
##
## lowest:  52   62   65   66   91,highest:215 230 245 264 335
#
#---------------------------------------------------------------------
## wt
##          n     missing    distinct      Info       Mean       Gmd       .05       .10
##         32           0          29     0.999      3.217     1.089     1.736     1.956
##        .25         .50         .75       .90        .95
##      2.581       3.325       3.610     4.048     5.293
##
## lowest:1.513 1.615 1.835 1.935 2.140,highest:3.845 4.070 5.250 5.345 5.424
#
#---------------------------------------------------------------------
```

pastecs 包中的 stat. desc( )函数可以计算种类繁多的描述性统计量。使用格式为：

```
stat. desc(x,basic = TRUE,desc = TRUE,norm = FALSE,p = 0.95)
```

其中,x 是一个数据框或时间序列。若 basic = TRUE(默认值),则计算其中所有值、空值、缺失值的数量,以及最小值、最大值、值域,还有总和。若 desc = TRUE(默认值),则计算中位数、平均数、平均数的标准误、平均数置信度为 95% 的置信区间、方差、标准差以及变异系数。最后,若 norm = TRUE(不是默认值),则返回正态分布统计量,包括偏度和峰度(以及它们的统计显著程度)和 Shapiro. Wilk 正态检验结果。这里使用 p 值来计算平均数的置信区间(默认置信度为 0.95),如代码 6.4 所示。

【代码 6.4】运用 pastecs 包中的 stat. desc( )函数计算描述性统计量

```
library( pastecs)
myvars < - c("mpg","hp","wt")
stat. desc( mtcars[ myvars])
##                      mpg            hp           wt
## nbr. val        32.0000000    32.0000000    32.0000000
## nbr. null        0.0000000     0.0000000     0.0000000
## nbr. na          0.0000000     0.0000000     0.0000000
## min             10.4000000    52.0000000     1.5130000
## max             33.9000000   335.0000000     5.4240000
## range           23.5000000   283.0000000     3.9110000
## sum            642.9000000  4694.0000000   102.9520000
## median          19.2000000   123.0000000     3.3250000
## mean            20.0906250   146.6875000     3.2172500
## SE. mean         1.0654240    12.1203173     0.1729685
## CI. mean. 0. 95  2.1729465    24.7195501     0.3527715
## var             36.3241028  4700.8669355     0.9573790
## std. dev         6.0269481    68.5628685     0.9784574
## coef. var        0.2999881     0.4674077     0.3041285
```

psych 包中的 describe( )函数可以计算非缺失值的数量、平均数、标准差、中位数、截尾均值、绝对中位差、最小值、最大值、值域、偏度、峰度和平均值的标准误。如代码 6.5 所示。

【代码 6.5】运用 psych 包中的 describe( )函数计算描述性统计量

```
library( psych)
myvars < - c("mpg","hp","wt")
describe( mtcars[ myvars])
```

##	vars	n	mean	sd	median	trimmed	mad	min	max	range	skew	kurtosis	se
## mpg	1	32	20.09	6.03	19.20	19.70	5.41	10.40	33.90	23.50	0.61	-0.37	1.07
## hp	2	32	146.69	68.56	123.00	141.19	77.10	52.00	335.00	283.00	0.73	-0.14	12.12
## wt	3	32	3.22	0.98	3.33	3.15	0.77	1.51	5.42	3.91	0.42	-0.02	0.17

在前面的示例中,psych 包和 Hmisc 包都提供 describe( )函数。R 如何知道该使用哪个呢?

如代码所示,最后载入的程序包优先。输入 describe( )后,R 在搜索这个函数时将首先找到 psych 包中的函数并执行它。如果想改而使用 Hmisc 包中的版本,可以输入 Hmisc:describe(mt)。

6.1.3 分组计算描述性统计量

在比较多组个体或实例时,关注的焦点经常是各组的描述性统计信息,而不是样本整体的描述性统计信息。同样地,在 R 中完成这个任务有若干种方法。将以获取变速箱类型各水平的描述性统计量开始,可以使用 aggregate( )函数来分组获取描述性统计量,如代码 6.6 所示。

【代码 6.6】运用 **aggregate( )** 函数分组获取描述性统计量

```
myvars <- c( "mpg","hp","wt")
aggregate( mtcars[myvars],by = list( am = mtcars $ am),mean)
##   am      mpg        hp       wt
## 1  0 17.14737 160.2632 3.768895
## 2  1 24.39231 126.8462 2.411000
aggregate( mtcars[myvars],by = list( am = mtcars $ am),sd)
##   am     mpg        hp        wt
## 1  0 3.833966 53.90820 0.7774001
## 2  1 6.166504 84.06232 0.6169816
```

关注 list(am = mtcarsam)的使用。如果使用的是 list(mtcarsam),则 am 列将被标注为 Group.1 而不是 am。使用这个赋值指定了一个更有帮助的列标签。如果有多个分组变量,可以使用 by = list (name1 = groupvar1,name2 = groupvar2,…,nameN = groupvarN)语句。

aggregate( )函数仅允许在每次调用中使用平均数、标准差等单返回值函数。它无法一次返回若干个统计量。要完成这项任务,可以使用 by( )函数。格式为:

```
by( data,INDICES,FUN)
```

其中,data 是一个数据框或矩阵,INDICES 是一个因子或因子组成的列表,用于定义分组,FUN 是任意函数。代码 6.7 提供一个示例。

【代码 6.7】运用 **by( )** 函数计算描述性统计量

```
dstats <- function( x) sapply( x,mystats)
myvars <- c( "mpg","hp","wt")
by( mtcars[myvars],mtcars $ am,dstats)
## mtcars $ am:0
##                   mpg           hp          wt
## n          19.00000000  19.00000000 19.0000000
## mean       17.14736842 160.26315789  3.7688947
## stdev       3.83396639  53.90819573  0.7774001
## skew        0.01395038  -0.01422519  0.9759294
## kurtosis   -0.80317826  -1.20969733  0.1415676
## -------------------------------------------------
## mtcars $ am:1
```

##		mpg	hp	wt
## n		13. 00000000	13. 0000000	13. 0000000
## mean		24. 39230769	126. 8461538	2. 4110000
## stdev		6. 16650381	84. 0623243	0. 6169816
## skew		0. 05256118	1. 3598859	0. 2103128
## kurtosis		-1. 45535200	0. 5634635	-1. 1737358

其中,dstats()函数调用前面代码中的mystats()函数,将其应用于数据框的每一栏中。再通过by()函数得到am中每一水平的概括统计量。

6.1.4 分组计算的扩展

doBy包和psych包能够提供分组计算描述性统计量的函数。同样地,它们未随基本安装发布,必须在首次使用前进行安装。doBy包中summaryBy()函数的使用格式为:

```
summaryBy(formula, data = dataframe, FUN = function)
```

其中,formula接受以下的格式:

var1 + var2 + var3 + … + varN ~ groupvar1 + groupvar2 + … + groupvarN

在~左侧的变量是需要分析的数值型变量,而右侧的变量是分类型的分组变量。function可为任何内建或用户自编的R函数。代码6.8所示为使用前面创建的mystats()函数的一个示例。

【代码6.8】运用doBy包中的summaryBy()函数分组计算概述统计量

```
library(doBy)
summaryBy(mpg + hp + wt ~ am, data = mtcars, FUN = mystats)
```

##	am	mpg. n	mpg. mean	mpg. stdev	mpg. skew	mpg. kurtosis	hp. n	hp. mean
## 1	0	19	17. 14737	3. 833966	0. 01395038	– 0. 8031783	19	160. 2632
## 2	1	13	24. 39231	6. 166504	0. 05256118	– 1. 4553520	13	126. 8462

##	hp. stdev	hp. skew	hp. kurtosis	wt. n	wt. mean	wt. stdev	wt. skew	wt. kurtosis
## 1	53. 90820	-0. 01422519	-1. 2096973	19	3. 768895	0. 7774001	0. 9759294	0. 1415676
## 2	84. 06232	1. 35988586	0. 5634635	13	1. 1737358	2. 411000	0. 6169816	0. 2103128

psych包中的describeBy()函数可计算和describe()函数相同的描述性统计量,只是按照一个或多个分组变量分层,如代码6.9所示。

【代码6.9】运用psych包中的describeBy()函数分组计算概述统计量

```
library(psych)
myvars <- c("mpg", "hp", "wt")
describeBy(mtcars[myvars], list(am = mtcars $ am))
##
## Descriptive statistics by group
## am:0
```

##		vars	n	mean	sd	median	trimmed	mad	min	max	range	skew	kurtosis	se
## mpg		1	19	17. 15	3. 83	17. 30	17. 12	3. 11	10. 40	24. 40	14. 00	0. 01	-0. 80	0. 88
## hp		2	19	160. 26	53. 91	175. 00	161. 06	77. 10	62. 00	245. 00	183. 00	-0. 01	-1. 21	12. 37
## wt		3	19	3. 77	0. 78	3. 52	3. 75	0. 45	2. 46	5. 42	2. 96	0. 98	0. 14	0. 18

```
## ------------------------------------------------------------
## am:1
##        vars  n    mean     sd  median  trimmed    mad    min     max   range  skew kurtosis    se
## mpg       1 13   24.39   6.17   22.80    24.38   6.67  15.00   33.90   18.90  0.05    -1.46  1.71
## hp        2 13  126.85  84.06  109.00   114.73  63.75  52.00  335.00  283.00  1.36     0.56 23.31
## wt        3 13    2.41   0.62    2.32     2.39   0.68   1.51    3.57    2.06  0.21    -1.17  0.17
```

与前面的示例不同,describeBy( )函数不允许指定任意函数,所以它的普适性较低。若存在一个以上的分组变量,可以使用 list(name1 = groupvar1,name2 = groupvar2,…,nameN = groupvarN)表示,这仅在分组变量交叉后不出现空白单元时有效。

6.1.5 结果的可视化

分布特征的数值刻画非常重要,但是这并不能完全代替视觉效果。对于定量变量,有直方图、密度图、箱线图和点图。这些可视化方法都可以洞悉那些观察细微部分描述性统计量时容易忽略的细节。目前考虑的函数都是为定量变量提供可视化功能。下一节中的函数则可以考察分类型变量的分布。

6.2 频数表和列联表

在本节中,将着眼于分类型变量的频数表和列联表,以及相应的独立性检验、相关性的度量、图形化展示结果的方法。除了使用基础安装中的函数,还将连带使用 vcd 包和 gmodels 包中的函数。下面的示例中,假设 A、B 和 C 代表分类型变量。

本节数据来自 vcd 包中的 Arthritis 数据集,表示一项风湿性关节炎新疗法的双盲临床实验的结果。前几个实例如下:

```
library(vcd)
## Loading required package:grid
head(Arthritis)
##   ID Treatment Sex Age Improved
## 1 57   Treated Male  27     Some
## 2 46   Treated Male  29     None
## 3 77   Treated Male  30     None
## 4 17   Treated Male  32   Marked
## 5 36   Treated Male  46   Marked
## 6 23   Treated Male  58   Marked
```

治疗情况(安慰剂治疗、用药治疗)、性别(男性、女性)和改善情况(无改善、一定程度的改善、显著改善)均为分类型因子。下一节中,将使用此数据创建频数表和列联表(交叉的分类)。

6.2.1 生成频数表

R 语言提供用于创建频数表和列联表的若干种方法,其中最重要的函数列于表 6.1 中。

表 6.1 用于创建和处理列联表的函数

函　数	描　述
table(var1,var2,…,varN)	使用 N 个分类型变量(因子)创建一个 N 维列联表
xtabs(formula,data)	根据一个公式和一个矩阵或数据框创建一个 N 维列联表
prop. table(table,margins)	依 margins 定义的边际列表将表中条目表示为分数形式
margin. table(table,margins)	依 margins 定义的边际列表计算表中条目的和
addmargins(table,margins)	将概述边 margins(默认是求和结果)放入表中
ftable(table)	创建一个紧凑的"平铺"式列联表

接下来,将逐个使用以上函数来探索分类型变量。首先考察简单的频率表,接下来是二维列联表,最后是多维列联表。第一步是使用 table( )或 xtabs( )函数创建一个表,然后使用其他函数处理它。

1. 一维列联表

可以使用 table( )函数生成简单的频数统计表。示例如下:

```
mytable  < - with( Arthritis, table( Improved ) )
mytable
## Improved
##    None   Some Marked
##     42     14     28
```

可以使用 prop. table( )函数将这些频数转换为比例值:

```
prop. table( mytable )
## Improved
##      None       Some      Marked
##  0. 5000000  0. 1666667  0. 3333333
```

或使用 prop. table( ) * 100 转换为百分比:

```
prop. table( mytable )  *  100
## Improved
##      None      Some     Marked
## 50. 00000  16. 66667  33. 33333
```

这里可以看到,有 50% 的研究参与者获得一定程度或者显著的改善(16. 7 + 33. 3)。

2. 二维列联表

对于二维列联表,table( )函数的使用格式为:

```
mytable  < - table( A, B )
```

其中,A 是行变量,B 是列变量。除此之外,xtabs( )函数还可使用公式风格的输入创建列联表,格式为:

```
mytable  < - xtabs(  ~  A  +  B, data = mydata )
```

其中,mydata 是一个矩阵或数据框。总的来说,要进行交叉分类的变量应出现在公式的右侧(即 ~ 符号的右方),以 + 作为分隔符。若某个变量写在公式的左侧,则其为一个频数向量(在

数据已经被表格化时很有用）。对于 Arthritis 数据,有:

```
mytable <- xtabs( ~ Treatment + Improved, data = Arthritis)
mytable
##           Improved
## Treatment None Some Marked
##   Placebo   29    7      7
##   Treated   13    7     21
```

可以使用 margin.table()和 prop.table()函数分别生成边际频数和比例。行和与行比例
可以如下计算:

```
margin.table(mytable,1)
## Treatment
## Placebo Treated
##      43      41
prop.table(mytable,1)
##          Improved
## Treatment      None      Some    Marked
##   Placebo 0.6744186 0.1627907 0.1627907
##   Treated 0.3170732 0.1707317 0.5121951
```

下标 1 指代 table()函数中的第一个变量。观察表格可以发现,与接受安慰剂的个体中有
显著改善的 16% 相比,接受治疗的个体中 51% 的个体病情有显著改善。列和与列比例可以如
下计算:

```
margin.table(mytable,2)
## Improved
##   None  Some Marked
##     42    14     28
prop.table(mytable,2)
##          Improved
## Treatment      None      Some    Marked
##   Placebo 0.6904762 0.5000000 0.2500000
##   Treated 0.3095238 0.5000000 0.7500000
```

这里的下标 2 指代 table()函数中的第二个变量。各单元格所占比例可用如下语句获取:

```
prop.table(mytable)
##          Improved
## Treatment       None       Some     Marked
##   Placebo 0.34523810 0.08333333 0.08333333
##   Treated 0.15476190 0.08333333 0.25000000
```

可以使用 addmargins()函数为这些表格添加边际和。例如,以下代码添加各行的和与各
列的和。

```
addmargins(mytable)
##              Improved
## Treatment   None   Some   Marked   Sum
##   Placebo    29      7        7     43
##   Treated    13      7       21     41
##       Sum    42     14       28     84
addmargins(prop.table(mytable))
##              Improved
## Treatment        None         Some       Marked          Sum
##   Placebo  0.34523810   0.08333333   0.08333333   0.51190476
##   Treated  0.15476190   0.08333333   0.25000000   0.48809524
##       Sum  0.50000000   0.16666667   0.33333333   1.00000000
```

在使用 addmargins( )函数时,默认行是为表中所有的变量创建边际和。对照如下:

```
addmargins(prop.table(mytable,1),2)
##              Improved
## Treatment       None       Some     Marked        Sum
##   Placebo  0.6744186  0.1627907  0.1627907  1.0000000
##   Treated  0.3170732  0.1707317  0.5121951  1.0000000
```

仅添加各行的和。类似地,

```
addmargins(prop.table(mytable,2),1)
##              Improved
## Treatment       None        Some      Marked
##   Placebo  0.6904762   0.5000000   0.2500000
##   Treated  0.3095238   0.5000000   0.7500000
##       Sum  1.0000000   1.0000000   1.0000000
```

添加各列的和。在表中可以看到,显著改善患者中的 25% 接受安慰剂治疗。

table( )函数默认忽略缺失值(NA)。要在频数统计中将 NA 视为一个有效的类别,可以设定参数 useNA = "ifany"。

使用 gmodels 包中的 CrossTable( )函数是创建二维列联表的第三种方法。CrossTable( )函数仿照 SAS 中的 PROC FREQ 或 SPSS 中的 CROSSTABS 的形式生成二维列联表。示例如代码 6.10 所示。

【代码 6.10】运用 CrossTable 生成二维列联表

```
library(gmodels)
CrossTable(Arthritis $ Treatment, Arthritis $ Improved)
##
##
##     Cell Contents
## |-------------------------|
## |                       N |
## | Chi-square  contribution |
```

```
## |              N / Row Total |
## |              N / Col Total |
## |            N / Table Total |
## |----------------------------|
##
##
## Total Observations in Table： 84
##
##                           |  Arthritis $ Improved
##   Arthritis $  Treatment  |  None  |  Some  |  Marked |  Row Total |
## -----------------------|----------|----------|----------|----------|
##              Placebo    |    29    |    7     |     7    |     43    |
##                         |  2.616   |  0.004   |  3.752   |          |
##                         |  0.674   |  0.163   |  0.163   |   0.512   |
##                         |  0.690   |  0.500   |  0.250   |          |
##                         |  0.345   |  0.083   |  0.083   |          |
## -----------------------|----------|----------|----------|----------|
##              Treated    |    13    |    7     |    21    |     41    |
##                         |  2.744   |  0.004   |  3.935   |          |
##                         |  0.317   |  0.171   |  0.512   |   0.488   |
##                         |  0.310   |  0.500   |  0.750   |          |
##                         |  0.155   |  0.083   |  0.250   |          |
## -----------------------|----------|----------|----------|----------|
##          Column Total   |    42    |    14    |    28    |     84    |
##                         |  0.500   |  0.167   |  0.333   |          |
## -----------------------|----------|----------|----------|----------|
##
##
```

  CrossTable( )函数有很多选项，可以做许多事情：计算（行、列、单元格）的百分比；指定小数位数；进行卡方、Fisher 和 McNemar 独立性检验；计算期望和（皮尔逊、标准化、调整的标准化）残差；将缺失值作为一种有效值；进行行和列标题的标注；生成 SAS 或 SPSS 风格的输出。参阅 help(CrossTable)以了解详情。

  如果有两个以上的分类型变量，那么就是在处理多维列联表。将在下面考虑这种情况。

3. 多维列联表

  table( )函数和 xtabs( )函数都可以基于三个或更多的分类型变量生成多维列联表。margin. table( )、prop. table( )和 addmargins( )函数可以自然地推广到高于二维的情况。另外,ftable( )函数可以以一种紧凑而吸引人的方式输出多维列联表。代码6.11 中给出一个示例。

【代码6.11】三维列联表

```
mytable < - xtabs( ~ Treatment + Sex + Improved,data = Arthritis)
mytable
##,,Improved = None
##
##            Sex
## Treatment Female Male
##    Placebo    19    10
##    Treated     6     7
##
##,,Improved = Some
##
##            Sex
## Treatment Female Male
##    Placebo     7     0
##    Treated     5     2
##
##,,Improved = Marked
##
##            Sex
## Treatment Female Male
##    Placebo     6     1
##    Treated    16     5
ftable(mytable)
##                    Improved None Some Marked
## Treatment     Sex
##    Placebo   Female           19    7      6
##              Male             10    0      1
##    Treated   Female            6    5     16
##              Male              7    2      5
margin. table(mytable,3)
## Improved
##   None   Some   Marked
##    42     14      28
margin. table(mytable,c(1,3))
##            Improved
## Treatment None Some Marked
##    Placebo  29    7     7
##    Treated  13    7    21
ftable(prop. table(mytable,c(1,2)))
```

##			Improved None	Some	Marked	
##	Treatment	Sex				
##	Placebo	Female	0.59375000	0.21875000	0.18750000	
##		Male	0.90909091	0.00000000	0.09090909	
##	Treated	Female	0.22222222	0.18518519	0.59259259	
##		Male	0.50000000	0.14285714	0.35714286	

```
ftable(addmargins(prop.table(mytable,c(1,2)),3))
```

##			Improved None	Some	Marked	Sum
##	Treatment	Sex				
##	Placebo	Female	0.59375000	0.21875000	0.18750000	1.00000000
##		Male	0.90909091	0.00000000	0.09090909	1.00000000
##	Treated	Female	0.22222222	0.18518519	0.59259259	1.00000000
##		Male	0.50000000	0.14285714	0.35714286	1.00000000

第 1 步,代码生成三维分组各单元格的频数。这段代码同时演示如何使用 ftable( ) 函数输出更为紧凑和吸引人的表格。

第 2 步,代码为治疗情况(Treatment)、性别(Sex)和改善情况(Improved)生成边际频数。由于使用公式 ~ Treatment + Sex + Improve 创建这个表,所以 Treatment 需要通过下标 1 来引用,Sex 通过下标 2 来引用,Improve 通过下标 3 来引用。

第 3 步代码为治疗情况(Treatment)×改善情况(Improved)分组的边际频数,由不同性别(Sex)的单元加和而成。每个 Treatment×Sex 组合中改善情况为 None、Some 和 Marked 患者的比例由第 4 步给出。在这里可以看到治疗组的男性中有 36% 有显著改善,女性为 59%。总而言之,比例将被添加到不在 prop.table( ) 函数调用的下标上。在最后一个例子中可以看到这一点,在那里为第三个下标添加边际和。如果想得到百分比而不是比例,可以将结果表格乘以 100。例如:

```
ftable(addmargins(prop.table(mytable,c(1,2)),3)) * 100
```

将生成下表:

```
Sex Female Male Sum
Treatment Improved
Placebo None 65.5 34.5 100.0
Some 100.0 0.0 100.0
Marked 85.7 14.3 100.0
Treated None 46.2 53.8 100.0
Some 71.4 28.6 100.0
Marked 76.2 23.8 100.0
```

列联表可以告诉组成表格的各种变量组合的频数或比例,不过可能还会对列联表中的变量是否相关或独立感兴趣。

6.2.2 独立性检验

R 提供了多种检验分类型变量独立性的方法。本节中描述的三种检验方法分别为卡方独立性检验、Fisher 精确检验和 Cochran. Mantel. Haenszel 检验。

1. 卡方独立性检验

可以使用 chisq. test( )函数对二维表的行变量和列变量进行卡方独立性检验,如代码 6.12 所示。

【代码 6.12】卡方独立性检验

```
library(vcd)
mytable <- xtabs( ~ Treatment + Improved,data = Arthritis)
chisq. test(mytable)
##
##    Pearson's Chi-squared test
##
## data： mytable
## X-squared = 13.055,df = 2,p-value = 0.001463
mytable <- xtabs( ~ Improved + Sex,data = Arthritis)
chisq. test(mytable)
## Warning in chisq. test(mytable):Chi-squared approximation may be incorrect
##
##    Pearson's Chi-squared test
##
## data： mytable
## X-squared = 4.8407,df = 2,p-value = 0.08889
```

在运行结果中,患者接受的治疗和改善的水平看上去存在着某种关系($p < 0.01$)。而患者性别和改善情况之间却不存在关系($p < 0.05$)。这里的 p 值表示从总体中抽取的样本行变量与列变量是相互独立的概率。由于概率值很小,所以拒绝治疗类型和治疗结果相互独立的原假设。由于概率不够小,故没有足够的理由说明治疗结果和性别之间是不独立的。代码6.12 中产生警告信息的原因是,表中的 6 个单元格之一(男性 – 一定程度上的改善)有一个小于 5 的值,这可能会使卡方近似无效。

2. Fisher 精确检验

R 可以使用 fisher. test( )函数进行 Fisher 精确检验。Fisher 精确检验的原假设是:边界固定的列联表中行和列是相互独立的。调用格式为 fisher. test(mytable),其中 mytable 是一个二维列联表。示例如下:

```
mytable <- xtabs( ~ Treatment + Improved,data = Arthritis)
fisher. test(mytable)
##
##    Fisher's Exact Test for Count Data
##
## data： mytable
## p-value = 0.001393
## alternative hypothesis:two. sided
```

与许多统计软件不同的是,这里的 fisher. test( )函数可以在任意行列数大于或等于 2 的二维列联表上使用,但不能用于 2×2 的列联表。

3. Cochran. Mantel. Haenszel 检验

mantelhaen. test( )函数可用来进行 Cochran. Mantel. Haenszel 卡方检验,其原假设是,两个名义变量在第三个变量的每一层中都是条件独立的。下列代码可以检验治疗情况和改善情况在性别的每一水平下是否独立。此检验假设不存在三阶交互作用(治疗情况 × 改善情况 × 性别)。

```
mytable < - xtabs( ~ Treatment + Improved + Sex, data = Arthritis)
mantelhaen. test( mytable)
##
##    Cochran-Mantel-Haenszel test
##
## data:   mytable
## Cochran-Mantel-Haenszel M^2 = 14.632, df = 2, p-value = 0.0006647
```

结果表明,患者接受的治疗与得到的改善在性别的每一水平下并不独立。分性别来看,用药治疗的患者比接受安慰剂的患者有更多的改善。

6. 2. 3 相关性的度量

上一节中的显著性检验评估是否存在充分的证据以拒绝变量间相互独立的原假设。如果可以拒绝原假设,那么就会自然而然地转向用以衡量相关性强弱的相关性度量。vcd 包中的 assocstats( )函数可以用来计算二维列联表的 phi 系数、列联系数和 Cramer's V 系数。代码 6.13显示一个示例。

【代码 6. 13】二维列联表的相关性度量

```
library( vcd)
mytable < - xtabs( ~ Treatment + Improved, data = Arthritis)
assocstats( mytable)
##                     X^2   df   P( > X^2)
## Likelihood Ratio 13.530   2   0.0011536
## Pearson          13.055   2   0.0014626
##
## Phi-Coefficient     : NA
## Contingency Coeff. : 0.367
## Cramer's V         : 0.394
```

总体来说,较大的值意味着较强的相关性。vcd 包提供了 kappa( )函数,可以计算混淆矩阵(Confusion Matrix)的 Cohen's kappa 值以及加权的 kappa 值。例如,混淆矩阵可以表示两位评判者对于一系列对象进行分类所得结果的一致程度。

6. 2. 4 结果的可视化

R 拥有远远超出多数统计软件的、可视地探索分类型变量间关系的方法。通常,使用条形图进行一维频数的可视化。vcd 包拥有优秀的、用于可视化多维数据集中分类型变量间关系的函数,可以绘制马赛克图和关联图。最后,ca包的对应分析函数允许使用多种几何表示,可视化地探索列联表中行和列之间的关系。

6.3 相 关 系 数

相关系数可以用来描述定量变量之间的关系。相关系数的符号(+ 或 −)表明关系的方向(正相关或负相关),其值的大小表示关系的强弱程度(完全不相关时为 0,完全相关时为 1)。

使用 R 基础安装的 state. x77 数据集,提供美国 50 个州在 1977 年的人口、收入、文盲率、预期寿命、谋杀率和高中毕业率数据。数据集中还收录气温和土地面积数据,但为了节约空间,这里将其丢弃。除了基础安装以外,还将使用 psych 包和 ggm 包。

6.3.1 相关的类型

R 可以计算多种相关系数,包括 Pearson 相关系数、Spearman 相关系数、Kendall 相关系数、偏相关系数、多分格(polychoric)相关系数和多系列(polyserial)相关系数。下面依次讲解这些相关系数。

1. Pearson、Spearman 和 Kendall 相关

Pearson 积差相关系数衡量两个定量变量之间的线性相关程度。Spearman 等级相关系数则衡量分级定序变量之间的相关程度。Kendall's Tau 相关系数也是一种非参数的等级相关度量。

cor( ) 函数可以计算这三种相关系数,而 cov( ) 函数可用来计算协方差。两个函数的参数很多,其中与相关系数的计算有关的参数可以简化为:

```
r cor( x,use  = ,method  = )
```

这些参数如表6.2 所示。

表 6.2 cor 和 cov 的参数

参　数	描　　述
x	矩阵或数据框
use	指定缺失数据的处理方式。可选的方式为 all. obs(假设不存在缺失数据——遇到缺失数据时将报错)、everything(遇到缺失数据时,相关系数的计算结果将被设为 missing)、complete. obs(行删除)以及 pairwise. complete. obs(成对删除,pairwise deletion)
method	指定相关系数的类型。可选类型为 pearson、spearman 或 kendall

默认参数为 use = "everything" 和 method = "pearson",如代码 6.14 所示。

【代码 6.14】协方差和相关系数

```
states  < - state. x77[ ,1:6]
cov( states)
##                   Population       Income      Illiteracy       Life Exp       Murder       HS Grad
## Population   19931683. 7588 571229. 7796   292. 8679592   -407. 8424612 5663. 523714   -3551. 509551
```

## Income	571229.7796	377573.3061	-163.7020408	280.6631837	-521.894286	3076.768980
## Illiteracy	292.8680	-163.7020	0.3715306	-0.4815122	1.581776	-3.235469
## Life Exp	-407.8425	280.6632	-0.4815122	1.8020204	-3.869480	6.312685
## Murder	5663.5237	-521.8943	1.5817755	-3.8694804	13.627465	-14.549616
## HS Grad	-3551.5096	3076.7690	-3.2354694	6.3126849	-14.549616	65.237894

cor(states)

##	Population	Income	Illiteracy	Life Exp	Murder	HS Grad
## Population	1.00000000	0.2082276	0.1076224	-0.06805195	0.3436428	-0.09848975
## Income	0.20822756	1.0000000	-0.4370752	0.34025534	-0.2300776	0.61993232
## Illiteracy	0.10762237	-0.4370752	1.0000000	-0.58847793	0.7029752	-0.65718861
## Life Exp	-0.06805195	0.3402553	-0.5884779	1.00000000	-0.7808458	0.58221620
## Murder	0.34364275	-0.2300776	0.7029752	-0.78084575	1.0000000	-0.48797102
## HS Grad	-0.09848975	0.6199323	-0.6571886	0.58221620	-0.4879710	1.00000000

cor(states, method = "spearman")

##	Population	Income	Illiteracy	Life Exp	Murder	HS Grad
## Population	1.0000000	0.1246098	0.3130496	-0.1040171	0.3457401	-0.3833649
## Income	0.1246098	1.0000000	-0.3145948	0.3241050	-0.2174623	0.5104809
## Illiteracy	0.3130496	-0.3145948	1.0000000	-0.5553735	0.6723592	-0.6545396
## Life Exp	-0.1040171	0.3241050	-0.5553735	1.0000000	-0.7802406	0.5239410
## Murder	0.3457401	-0.2174623	0.6723592	-0.7802406	1.0000000	-0.4367330
## HS Grad	-0.3833649	0.5104809	-0.6545396	0.5239410	-0.4367330	1.0000000

首条语句计算方差和协方差,第二条语句则计算 Pearson 积差相关系数,而第三条语句计算 Spearman 等级相关系数。例如,可以看到收入和高中毕业率之间存在很强的正相关,而文盲率和预期寿命之间存在很强的负相关。

在默认情况下得到的结果是一个方阵(所有变量之间两两计算相关),同样可以计算非方形的相关矩阵。观察以下示例:

```
x <- states[,c("Population","Income","Illiteracy","HS Grad")]
y <- states[,c("Life Exp","Murder")]
cor(x,y)
```

##	Life Exp	Murder
## Population	-0.06805195	0.3436428
## Income	0.34025534	-0.2300776
## Illiteracy	-0.58847793	0.7029752
## HS Grad	0.58221620	-0.4879710

当对某一组变量与另外一组变量之间的关系感兴趣时,cor()函数的这种用法是非常实用的。上述结果没有指明相关系数是否显著不为 0,所以需要对相关系数进行显著性检验。

2. 偏相关

偏相关是指在控制一个或多个定量变量时,另外两个定量变量之间的相互关系。可以使用 ggm 包中的 pcor()函数计算偏相关系数。ggm 包没有被默认安装,在第一次使用之前需要先进行安装。函数调用格式为:

```
pcor(u,S)
```

其中,u 是一个数值向量,前两个数值表示要计算相关系数的变量下标,其余的数值为条件变量的下标。S 为变量的协方差阵。例如:

```
library(ggm)
colnames(states)
## [1] "Population" "Income" "Illiteracy" "Life Exp" "Murder"
## [6] "HS Grad"
pcor(c(1,5,2,3,6),cov(states))
## [1] 0.3462724
```

本例在控制收入、文盲率和高中毕业率的影响时,人口和谋杀率之间的相关系数为 0.346。偏相关系数常用于社会科学研究领域。

3. 其他类型的相关

polycor 包中的 hetcor() 函数可以计算一种混合的相关矩阵,其中包括数值型变量的 Pearson 积差相关系数、数值型变量和有序变量之间的多系列相关系数、有序变量之间的多分格相关系数以及二分变量之间的四分相关系数。多系列、多分格和四分相关系数都假设有序变量或二分变量由潜在的正态分布导出。

6.3.2 相关性的显著性检验

计算相关系数后,常用的原假设为变量间不相关,即总体的相关系数为 0,可以使用 cor. test() 函数对单个的 Pearson、Spearman 和 Kendall 相关系数进行检验。简化后的使用格式为:

```
r cor. test(x,y,alternative = ,method = )
```

其中,x 和 y 为要检验相关性的变量,alternative 则用来指定进行双侧检验或单侧检验(取值为 two. side、less 或 greater),而 method 用以指定要计算的相关类型(pearson、kendall 或 spearman)。当研究的假设为总体的相关系数小于 0 时,可以使用 alternative = "less"。在研究的假设为总体的相关系数大于 0 时,应使用 alternative = "greater"。在默认情况下,假设为 alternative = "two. side"(总体相关系数不等于 0),如代码 6.15 所示。

【代码 6.15】检验某种相关系数的显著性

```
cor. test(states[ ,3],states[ ,5])
##
##    Pearson's product-moment correlation
##
## data:  states[ ,3] and states[ ,5]
## t = 6.8479,df = 48,p-value = 1.258e-08
## alternative hypothesis:true correlation is not equal to 0
## 95 percent confidence interval:
##   0.5279280 0.8207295
## sample estimates:
##        cor
## 0.7029752
```

这段代码检验预期寿命和谋杀率的 Pearson 相关系数为 0 的原假设。假设总体的相关度为 0，则预计在一千万次中只会有少于一次的机会见到 0.703 这样大的样本相关度（即 $p = 1.258e - 08$）。由于这种情况几乎不可能发生，所以可以拒绝原假设，从而支持研究的猜想，即预期寿命和谋杀率之间的总体相关度不为 0。遗憾的是，cor. test( )每次只能检验一种相关关系。但是，psych 包提供的 corr. test( )函数可以一次做更多事情。corr. test( )函数可以为 Pearson、Spearman 或 Kendall 相关计算相关矩阵和显著性水平。示例如代码 6.16 所示。

【代码 6.16】运用 corr. test 计算相关矩阵并进行显著性检验

```
library( psych)
corr. test( states, use = "complete" )
## Call: corr. test( x = states, use = "complete" )
## Correlation matrix
##               Population  Income  Illiteracy  Life Exp  Murder  HS Grad
## Population        1.00     0.21      0.11       -0.07     0.34    -0.10
## Income            0.21     1.00     -0.44        0.34    -0.23     0.62
## Illiteracy        0.11    -0.44      1.00       -0.59     0.70    -0.66
## Life Exp         -0.07     0.34     -0.59        1.00    -0.78     0.58
## Murder            0.34    -0.23      0.70       -0.78     1.00    -0.49
## HS Grad          -0.10     0.62     -0.66        0.58    -0.49     1.00
## Sample Size
## [1] 50
## Probability values ( Entries above the diagonal are adjusted for multiple tests. )
##               Population Income  Illiteracy  Life Exp  Murder  HS Grad
## Population        0.00     0.59      1.00       1.0      0.10     1
## Income            0.15     0.00      0.01       0.1      0.54     0
## Illiteracy        0.46     0.00      0.00       0.0      0.00     0
## Life Exp          0.64     0.02      0.00       0.0      0.00     0
## Murder            0.01     0.11      0.00       0.0      0.00     0
## HS Grad           0.50     0.00      0.00       0.0      0.00     0
##
##   To see confidence intervals of the correlations, print with the short = FALSE option
```

参数 use = 的取值可为 pairwise 或 complete，分别表示对缺失值执行成对删除或行删除。参数 method = 的取值可为 pearson（默认值）、spearman 或 kendall。这里可以看到，人口数量和高中毕业率的相关系数为 -0.10，显著不为 $0(p = 0.5)$。

6.3.3 其他显著性检验

在多元正态性的假设下，ggm 包中的 pcor. test( )函数可以用来检验在控制一个或多个额外变量时两个变量之间的条件独立性。使用格式为：

```
r pcor. test( r, q, n)
```

其中，r 是由 pcor( )函数计算得到的偏相关系数，q 为要控制的变量数（以数值表示位置），n 为样本大小。

另外,psych 包中的 r. test( ) 函数提供多种实用的显著性检验方法。此函数可用来检验:

- 某种相关系数的显著性;
- 两个独立相关系数的差异是否显著;
- 两个基于一个共享变量得到的非独立相关系数的差异是否显著;
- 两个基于完全不同的变量得到的非独立相关系数的差异是否显著。

6.3.4 相关关系的可视化

以相关系数表示的二元关系可以通过散点图和散点图矩阵进行可视化,而相关图(Correlogram)则以一种有意义的方式比较大量的相关系数,并提供一种独特而强大的方法。

6.4 检　　验

在研究中最常见的行为就是对两个组进行比较。接受某种新药治疗的患者是否较使用某种现有药物的患者表现出更大程度的改善?某种制造工艺是否较另外一种工艺制造出的不合格品更少?两种教学方法中哪一种更有效?如果结果变量是分类型,那么可以直接使用前面阐述的方法。这里将关注结果变量为连续型的组间比较,并假设其呈正态分布。

使用 MASS 包中的 UScrime 数据集。UScrime 数据集包含 1960 年美国 47 个州的刑罚制度对犯罪率影响的信息。感兴趣的结果变量为 Prob(监禁的概率)、U1(14～24 岁年龄段城市男性失业率)和 U2(35～39 岁年龄段城市男性失业率)。分类型变量 So(指示该州是否位于南方的指示变量)将作为分组变量使用。

6.4.1 独立样本的 t 检验

如果在美国的南方犯罪,是否更有可能被判监禁?比较的对象是南方和非南方各州,因变量为监禁的概率。一个针对两组的独立样本 t 检验可以用于检验两个总体的均值相等的假设。这里假设两组数据相互独立,并且从正态总体中抽样得到。检验的调用格式为:

```
t. test( y ~ x, data)
```

其中,y 是一个数值型变量,x 是一个二分变量。调用格式或为:

```
t. test( y1, y2)
```

其中,y1 和 y2 为数值型向量,即各组的结果变量。可选参数 data 的取值为一个包含这些变量的矩阵或数据框。与其他多数统计软件不同的是,t 检验默认假定方差不相等,并使用 Welsh 的修正自由度。可以添加一个参数 var. equal = TRUE 以假定方差相等,并使用合并方差估计。默认的备择假设是双侧的(即均值不相等,但大小的方向不确定),可以添加一个参数 alternative = "less" 或 alternative = "greater" 进行有方向的检验。

在下列代码中,使用一个假设方差不等的双侧检验,比较南方(group 1)和非南方(group 0)各州的监禁概率:

```
library(MASS)
t.test(Prob ~ So,data = UScrime)
##
##    Welch Two Sample t-test
##
## data: Prob by So
## t = -3.8954,df = 24.925,p-value = 0.0006506
## alternative hypothesis:true difference in means is not equal to 0
## 95 percent confidence interval:
##   -0.03852569 -0.01187439
## sample estimates:
## mean in group 0    mean in group 1
##    0.03851265        0.06371269
```

可以拒绝南方各州和非南方各州拥有相同监禁概率的假设($p < 0.001$)。

由于结果变量是一个比例值,可以在执行 t 检验之前尝试对其进行正态化变换。在本例中,所有对结果变量合适的变换(Y/1. Y、log(Y/1. Y)、arcsin(Y)、arcsin(sqrt(Y)))都会将检验引向相同的结论。

6.4.2　非独立样本的 t 检验

存在这样的问题:较年轻(14～24 岁)男性的失业率是否比年长(35～39 岁)男性的失业率更高? 在这种情况下,这两组数据并不独立,不能说明亚拉巴马州的年轻男性和年长男性的失业率之间没有关系。在两组实例之间相关时,获得的是一个非独立组设计。前后测设计(Pre-Post Design)或重复测量设计(Repeated Measures Design)同样也会产生非独立的组。

非独立样本的 t 检验假定组间的差异呈正态分布。对于本例,检验的调用格式为:

```
t.test(y1,y2,paired = TRUE)
```

其中,y1 和 y2 为两个非独立组的数值向量。结果如下:

```
library(MASS)
sapply(UScrime[c("U1","U2")],function(x)(c(mean = mean(x),sd = sd(x))))
##           U1          U2
## mean 95.46809    33.97872
## sd   18.02878     8.44545
with(UScrime,t.test(U1,U2,paired = TRUE))
##
##    Paired t-test
##
## data: U1 and U2
## t = 32.407,df = 46,p-value < 2.2e-16
## alternative hypothesis:true difference in means is not equal to 0
## 95 percent confidence interval:
##   57.67003 65.30870
## sample estimates:
## mean of the differences
##         61.48936
```

差异的均值(61.5)足够大,可以保证拒绝年长和年轻男性的平均失业率相同的假设。年轻男性的失业率更高。事实上,若总体均值相等,获取一个差异如此大的样本的概率小于0.00000000000000022(即2.2e-16)。

6.4.3 多于两组的情况

如果想在多于两个组之间进行比较,应该怎么做? 如果能够假设数据是从正态总体中独立抽样而得的,那么可以使用方差分析(ANOVA)。ANOVA 是一套覆盖许多实验设计和准实验设计的综合方法。

6.5 组间差异的非参数检验

如果数据无法满足 t 检验或 ANOVA 的参数假设,可以转而使用非参数方法。若结果变量在本质上就严重偏倚或呈现有序关系,那么就会使用本节中的方法。

6.5.1 两组的比较

若两组数据独立,可以使用 Wilcoxon 秩和检验(即 Mann-Whitney U 检验)评估实例是否是从相同的概率分布中抽得,即在一个总体中获得更高得分的概率是否比另一个总体要大。调用格式为:

```
wilcox. test( y ~ x,data)
```

其中,y 是数值型变量,而 x 是一个二分变量。调用格式或为:

```
wilcox. test( y1,y2)
```

其中,y1 和 y2 为各组的结果变量。可选参数 data 的取值为一个包含这些变量的矩阵或数据框。默认进行双侧检验。可以添加参数 exact 进行精确检验,指定 alternative = "less" 或 alternative = "greater" 进行有方向的检验。

如果使用 Mann-Whitney U 检验回答上一节中关于监禁率的问题,将得到如下结果:

```
with( UScrime,by( Prob,So,median) )
## So:0
## [1] 0.038201
## --------------------------------------------------------------------------
## So:1
## [1] 0.055552
wilcox. test( Prob ~ So,data = UScrime)
##
##    Wilcoxon rank sum test
##
## data:   Prob by So
## W = 81,p-value = 8.488e-05
## alternative hypothesis:true location shift is not equal to 0
```

可以再次拒绝南方各州和非南方各州监禁率相同的假设($p < 0.001$)。Wilcoxon 秩和检验是非独立样本 t 检验的一种非参数替代方法,适用于两组成对数据和无法保证正态性假设的情境。调用格式与 Mann-Whitney U 检验完全相同,不过还可以添加参数 paired = TRUE。下列代码解答了上一节中的失业率问题:

```
sapply(UScrime[c("U1","U2")],median)
## U1 U2
## 92 34
with(UScrime,wilcox.test(U1,U2,paired = TRUE))
## Warning in wilcox.test.default(U1,U2,paired = TRUE):cannot compute exact
## p-value with ties
##
##   Wilcoxon signed rank test with continuity correction
##
## data: U1 and U2
## V = 1128,p-value = 2.464e-09
## alternative hypothesis:true location shift is not equal to 0
```

再次得到与配对 t 检验相同的结论。

在本例中,含参数的 t 检验和与其作用相同的非参数检验得到相同的结论。当 t 检验的假设合理时,参数检验的功效更强,更容易发现存在的差异。而非参数检验在假设非常不合理时(例如对于等级有序数据)更适用。

6.5.2 多于两组的比较

比较的组数多于两个时,必须转而寻求其他方法。考虑 state. x77 数据集,包含美国各州的人口、收入、文盲率、预期寿命、谋杀率和高中毕业率数据。如果比较美国四个地区(东北部、南部、中北部和西部)的文盲率,应该怎么做呢?这称为单向设计(one-way design),可以使用参数或非参数的方法解决这个问题。

如果无法满足 ANOVA 设计的假设,那么可以使用非参数方法来评估组间的差异。如果各组独立,则 Kruskal. Wallis 检验将是一种实用的方法。如果各组不独立(如重复测量设计或随机区组设计),那么 Friedman 检验会更合适。

Kruskal. Wallis 检验的调用格式为:

```
kruskal. test(y ~ A,data)
```

其中,y 是一个数值型结果变量,A 是一个拥有两个或更多水平的分组变量(grouping variable)。若有两个水平,则与 Mann-Whitney U 检验等价。而 Friedman 检验的调用格式为:

```
friedman. test(y ~ A | B,data)
```

其中,y 是数值型结果变量,A 是一个分组变量,而 B 是一个用以认定匹配实例的区组变量(Blocking Variable)。在以上两例中,data 皆为可选参数,指定包含这些变量的矩阵或数据框。

运用 Kruskal. Wallis 检验回答文盲率的问题。首先,必须将地区的名称添加到数据集中。这些信息包含在随 R 基础安装分发的 state. region 数据集中。

```
states < - data. frame(state. region, state. x77)
kruskal. test(Illiteracy ~ state. region, data = states)
##
##    Kruskal-Wallis rank sum test
##
## data： Illiteracy by state. region
## Kruskal-Wallis chi-squared = 22. 672, df = 3, p-value = 4. 726e-05
```

显著性检验的结果意味着美国四个地区的文盲率各不相同($p < 0.001$)。

虽然可以拒绝不存在差异的原假设，但这个检验并没有告诉哪些地区显著地与其他地区不同。要回答这个问题，可以使用 Wilcoxon 检验每次比较两组数据。一种更为有效的方法是在控制犯第一类错误的概率的前提下，执行可以同步进行的多组比较，这样可以直接完成所有组之间的成对比较。wmc() 函数可以实现这一目的，每次用 Wilcoxon 检验比较两组，并通过 p. adj() 函数调整概率值。从 www. statmethods. net/RiA/wmc. txt 上下载一个包含 wmc() 函数的文件。代码 6.17 通过这个函数比较美国四个区域的文盲率。

【代码 6.17】wmc() 函数的应用

```
source("http://www. statmethods. net/RiA/wmc. txt")
states < - data. frame(state. region, state. x77)
wmc(Illiteracy ~ state. region, data = states, method = "holm")
## Descriptive Statistics
##
##            West North Central   Northeast      South
## n       13. 00000    12. 00000    9. 00000  16. 00000
## median   0. 60000     0. 70000    1. 10000   1. 75000
## mad      0. 14826     0. 14826    0. 29652   0. 59304
##
## Multiple Comparisons (Wilcoxon Rank Sum Tests)
## Probability Adjustment = holm
##
##          Group. 1        Group. 2       W              p
## 1           West   North Central    88. 0   8. 665618e-01
## 2           West       Northeast    46. 5   8. 665618e-01
## 3           West           South    39. 0   1. 788186e-02    *
## 4  North Central       Northeast    20. 5   5. 359707e-02    .
## 5  North Central           South     2. 0   8. 051509e-05  * * *
## 6      Northeast           South    18. 0   1. 187644e-02    *
## ---
## Signif. codes： 0 '* * *' 0. 001 '* *' 0. 01 '*' 0. 05 '.' 0. 1 ' ' 1
```

source() 函数下载并执行定义 wmc() 函数的 R 脚本。函数的形式是 wmc(y ~ A, data, method)，其中 y 是数值输出变量，A 是分组变量，data 是包含这些变量的数据框，method 指定限制 I 类误差的方法。上面代码使用基于 Holm 提出的调整方法,可以很大程度地控制总体 I 类误差率。

　　wmc( )函数显示样本量、样本中位数、每组的绝对中位差。其中,西部地区(West)的文盲率最低,南部地区(South)文盲率最高。然后,函数生成了六组统计比较(南部与中北部(North Central)、西部与东北部(Northeast)、西部与南部、中北部与东北部、中北部与南部、东北部与南部)。可以从双侧 p 值看到,南部与其他三个区域有明显差别,但当显著性水平 $p < 0.05$ 时,其他三个区域间并没有统计显著的差别。

小　　结

　　本章主要评述 R 中用于生成统计概要和进行假设检验的函数,重点关注样本统计量和频数表、独立性检验和分类型变量的相关性度量、定量变量的相关系数和连带的显著性检验以及两组或更多组定量结果变量的比较。

习　　题

　　1. 模拟生成 1 000 个服从参数为 0.3 的贝努里分布随机数,并绘图表示。

　　2. 采用 rnorm( )函数生成 1 000 个均值为 8,方差为 3 的正态分布随机数,并用直方图呈现数据的分布并添加核密度曲线。

　　3. 模拟生成三个 t 分布混合而成的样本,用直方图呈现数据的分布并添加核密度曲线。

　　4. 运用 DAAG 包中的数据集 possum:

　　(1)运用 hist(possum $ age)函数绘制动物年龄的直方图。选用两种不同的断点并进行比较,说明两图的不同之处;

　　(2)计算动物年龄变量的均值、标准差、中位数以及上下四分位数。

　　5. 运用 DAAG 包中的数据集 tinting:

　　(1)生成变量 tint 和 sex 的列联表;

　　(2)在同一图上绘制变量 sex 与 tint 的联合柱状图;

　　(3)绘制 age 和 it 的散点图,并进一步完成下面的操作:

　　①用 lowness( )函数绘制拟合线;

　　②在图的两边加上更细小的刻度;

　　③在图的两边加上箱线图。

　　(4)绘制 age 和 it 关于因子变量 tint 的条件散点图;

　　(5)绘制 age 和 it 关于因子变量 tint 和 sex 的条件散点图;

　　(6)绘制 it 与 csoa 的等高线图;

　　(7)使用 matplot( )函数描述变量 age,it 和 csoa。

　　6. 运行命令 data(InsectSprays)和 InsectSprays 可以显示数据集 InsectSprays,根据数据绘制散点图,并对数据进行描述性统计。

　　7. 假定某学校 100 名女生的血清蛋白含量(g/L)服从均值为 75,标准差为 3,并假定数据

由命令 options(digits = 4)和 rnorm(100,75,9)产生,根据产生的数据:

(1)计算样本均值、方差、标准差、极差、四分位极差、变异系数、偏度、峰度和五数总体描述;

(2)绘制直方图、核密度估计曲线、经验分布图和 QQ 图;

(3)绘制茎叶图、框须图。

8. 某大学组织体检测量 20 名大学生的四项指标:性别、年龄、身高(cm)和体重(kg),具体数据如表 6.3 所示。

表 6.3　第 8 题表

学号	性别	年龄	身高	体重	学号	性别	年龄	身高	体重
1708011	F	18	161	50	1708021	F	18	177	59
1708012	M	16	162	48	1708022	M	20	168	60
1708013	F	17	175	55	1708023	F	15	163	62
1708014	M	19	177	60	1708024	M	18	170	64
1708015	F	20	167	53	1708025	F	17	155	51
1708016	M	19	180	70	1708026	M	19	167	71
1708017	F	18	158	45	1708027	F	18	170	60
1708018	M	17	166	49	1708028	M	18	165	57
1708019	F	18	170	62	1708029	F	17	172	67
1708020	M	19	163	58	1708030	M	19	185	80

(1)绘制体重对身高的散点图;

(2)绘制不同性别下,体重对身高的散点图;

(3)绘制不同年龄阶段,体重对身高的散点图;

(4)绘制不同性别和不同年龄阶段,体重对身高的散点图。

## 第 7 章

回归分析 ⋘

回归是统计学的核心概念。广义地说,通指用一个或多个自变量或解释变量预测因变量的方法。回归分析通常用来测量因变量相关的自变量,可以描述两者之间的关系,也可以建立一个等式,通过自变量(解释变量)来预测因变量(因变量)。

例如,一位运动生理学家可通过回归分析获得一个等式,预测一个人在跑步机上锻炼时预期消耗的卡路里数。因变量即消耗的卡路里数(可通过耗氧量计算获得),自变量则可能包括锻炼的时间(分)、处于目标心率的时间比、平均速度(英里/小时)、年龄(年)、性别和身体质量指数(BMI)。

从理论的角度来看,回归分析可以帮助解答以下疑问。

(1)锻炼时间与消耗的卡路里数是什么关系? 是线性的还是曲线的? 例如,卡路里消耗到某个点后,锻炼对卡路里的消耗影响会变小吗?

(2)耗费的精力(处于目标心率的时间比,平均行进速度)将被如何计算在内?

(3)这些关系对年轻人和老人、男性和女性、肥胖和苗条的人同样适用吗?

(4)从实际的角度来看,回归分析则可以帮助解答以下疑问。

(5)一名 30 岁的男性,BMI 为 28.7,如果以每小时 4 英里的速度行走 45 min,并且 80% 的时间都在目标心率内,那么他会消耗多少卡路里?

(6)为了准确预测一个人行走时消耗的卡路里数,需要收集的变量最少是多少个?

(7)预测的准确度可以达到多少?

回归分析在现代统计学中非常重要,本章将对回归分析进行较全面的深度学习。首先,将看一看如何拟合和解释回归模型,然后回顾一系列鉴别模型潜在问题的方法,并学习如何解决它们。其次,将探究变量选择问题。对于所有可用的自变量,如何确定哪些变量包含在最终的模型中? 再次,将讨论一般性问题。模型在现实世界中的表现到底如何? 最后,再看看相对重要性问题。模型所有的自变量中,哪个最重要,哪个次重要,哪个无关紧要?

有效的回归分析本就是一个交互的、整体的、多步骤的过程,而不仅仅是一点技巧。

7.1 概　　论

回归是一个抽象的词语，它有许多计算类型及其应用情境，如表7.1所示。对于回归模型的拟合，R提供的强大而丰富的功能和选项也同样丰富多彩。2005年Vito Ricci对回归方法进行总结，R中实现回归分析的函数已超过205个。

表 7.1　回归分析的计算方式

回 归 类 型	应 用 情 境
简单线性	用一个量化的解释变量预测一个量化的因变量
多项式	用一个量化的解释变量预测一个量化的因变量，模型的关系是n阶多项式
多层	用拥有等级结构的数据预测一个因变量（例如学校中教室里的学生）。也被称为分层模型、嵌套模型或混合模型
多元线性	用两个或多个量化的解释变量预测一个量化的因变量
多变量	用一个或多个解释变量预测多个因变量
Logistic	用一个或多个解释变量预测一个分类型因变量
泊松	用一个或多个解释变量预测一个代表频数的因变量
Cox比例风险	用一个或多个解释变量预测一个事件（死亡、失败或旧病复发）发生的时间
时间序列	对误差项相关的时间序列数据建模
非线性	用一个或多个量化的解释变量预测一个量化的因变量，不过模型是非线性的
非参数	用一个或多个量化的解释变量预测一个量化的因变量，模型的形式源自数据形式，不事先设定
稳健	用一个或多个量化的解释变量预测一个量化的因变量，能抵御强影响点的干扰

普通最小二乘（Ordinary Least Square，OLS）回归方法包括简单线性回归、多项式回归和多元线性回归，是现今最常见的统计分析方法。

OLS回归是通过自变量的加权和来预测量化的因变量，其中权重是通过数据估计而得的参数。下面结合具体的事例学习回归分析的应用情境。

一名工程师探索桥梁退化有关的最重要的因素，例如使用年限、交通流量、桥梁设计、建造材料和建造方法、建造质量以及天气情况，并确定它们之间的数学关系。

首先，工程师从一些代表性的桥梁样本中收集这些变量的相关数据，然后使用OLS回归对数据进行建模。

其次，拟合一系列模型，检验它们是否符合相应的统计假设，尝试所有异常的发现，最终从许多可能的模型中选择"最佳"的模型。如果成功，那么结果将会帮助他完成以下任务。

（1）在众多变量中判断哪些对预测桥梁退化是有用的，得到它们的相对重要性，从而关注重要的变量。

（2）根据回归所得的等式预测新的桥梁的退化情况（自变量的值已知，但是桥梁退化程度未知），找出那些可能会有危险的桥梁。

（3）运用对异常桥梁的分析，获得一些意外信息。例如，他发现某些桥梁的退化速度比预测的更快或更慢，那么研究这些"离群点"可能会有重大发现，能够帮助人们理解桥梁退化机制。

类似地,此事例蕴含的一般性思想适用于物理、生物和社会科学的许多问题。主要有三方面的难点:

(1)发现有趣的问题。

(2)设计一个有效的、可测量的因变量。

(3)收集合适的数据。

例如,下面提出的问题都可以通过 OLS 方法进行分析。

①教育过程中存在哪些因素能够影响学生成绩? 按影响强度进行排序。

②人类的健康数据中,血压与盐摄入量、年龄是否相关,存在性别差异吗?

③运动场地、职业化对城市的发展有什么影响?

④哪些因素可以解释农产品存在的价格差异?

7.2　OLS　回　归

OLS 回归拟合模型的基本形式:

$$y = \beta_0 + \beta_1 x_1 + \cdots + \beta_k x_k + \epsilon$$

其中,x_i 为第 i 个自变量;k 为自变量的数目;ϵ 为残差项,一般情况下忽略不计;β_0 为截距项,当所有的自变量都为 0 时,y 的预测值;β_i 为自变量的回归系数,斜率表示改变一个单位所引起的 y 的变化量;y 为因变量,或者为观测对应的因变量的预测值,具体来讲,它是在已知自变量值的条件下,对 y 分布估计的均值。

回归的目标是通过减少因变量的真实值与预测值的差值,即残差平方和最小来获得模型参数,包括截距项和回归系数。

$$\sum_{i=1}^{n}(y_i - \bar{y}_i)^2 = \sum_{i=1}^{n}(y_i - \beta_0 - \beta_1 x_1 - \cdots - \beta_k x_k - \epsilon)^2 = \sum_{i=1}^{n}\epsilon_i^2$$

为了能够恰当地解释 OLS 模型的系数,数据必须满足以下统计假设:

(1)正态性。对于固定的自变量值,因变量值呈正态分布。

(2)独立性。值之间相互独立。

(3)线性。因变量与自变量之间为线性相关。

(4)同源方差。因变量的方差不随自变量的水平不同而变化。

如果没有以上假设,统计显著性检验结果和所得的置信区间就很可能不精确。OLS 回归还假定自变量是固定的且测量无误差,但实际度量时常常放松这个假设。

7.2.1　lm( )函数拟合回归模型

R 语言拟合线性模型最基本的函数是 lm( ),格式为:

```
y < - lm( formula,data,…)
```

其中,formula 指要拟合的模型形式,data 是一个数据框,包含用来拟合模型的数据,结果对象 y 存储在一个列表中,包含所拟合模型的大量信息。整个表达式传递的含义形如下面的公式:

```
Y ~ X1 + X2 + … + Xk
```

～左边为因变量,右边为各个自变量,自变量之间用＋符号分隔。表7.2中的符号可以用不同方式修改这一表达式。

表7.2 表达式中常用的符号

符　号	用　　途
～	分隔符号,左边为因变量,右边为解释变量。例如:通过 x、z 和 w 预测 y,代码为 $y \sim x + z + w$
＋	分隔自变量
，	表示自变量的交互项。例如:通过 x、z 及 x 与 z 的交互项预测 y,代码为 $y \sim x + z + x:z$
＊	表示所有可能交互项的简洁方式。代码 $y \sim x * z * w$ 可展开为 $y \sim x + z + w + x:z + x:w + z:w + x:z:w$
＾	表示交互项达到某个次数。代码 $y \sim (x + z + w)^2$ 可展开为 $y \sim x + z + w + x:z + x:w + z:w$
．	表示包含除因变量外的所有变量。例如:若一个数据框包含变量 x、y、z 和 w,代码 $y.$ 可展开为 $y \sim x + z + w$
－	减号,表示从等式中移除某个变量。例如:$y \sim (x + z + w)^2 - x:w$ 可展开为 $y \sim x + z + w + x:z + z:w$
－1	删除截距项。例如:表达式 $y \sim x - 1$ 拟合 y 在 x 上的回归,并强制直线通过原点
I( )	从算术的角度来解释括号中的元素。例如:$y \sim x + (z + w)^2$ 将展开为 $y \sim x + z + w + z:w$。相反,代码 $y \sim x + I(z^2 + w^2)$ 将展开为 $y \sim x + h$,h 是一个由 z 和 w 的平方和创建的新变量
function	可以在表达式中用的数学函数。例如:$log(y) \sim x + z + w$ 表示通过 x、z 和 w 预测 $log(y)$

除 lm( )函数,表7.3中还列出了其他一些与简单或多元回归分析有关的函数。拟合模型后,这些函数应用于 lm( )函数返回的对象,其中 summary( )函数的反馈信息最多,用途最大。

表7.3 拟合线性模型的相关函数

函　数	用　　途
summary( )	展示拟合模型的详细结果
coefficients( )	列出拟合模型的模型参数(截距项和斜率)
confint( )	提供模型参数的置信区间(默认95%)
fitted( )	列出拟合模型的预测值
residuals( )	列出拟合模型的残差值
anova( )	生成一个拟合模型的方差分析表,或者比较两个或更多拟合模型的方差分析表
vcov( )	列出模型参数的协方差矩阵
AIC( )	输出赤池信息统计量
plot( )	生成评价拟合模型的诊断图
predict( )	用拟合模型对新的数据集预测因变量值

当回归模型包含一个因变量和一个自变量时,称为简单线性回归。当只有一个自变量,但同时包含变量的幂(如 X^2、X^3 等)时,称为多项式回归。当有多个自变量时,则称为多元线性回归。下面首先从一个简单的线性回归例子开始,然后逐步展示多项式回归和多元线性回归。

7.2.2 简单线性回归

基本安装中的数据集 women 提供15个年龄在30～39岁间女性的身高和体重信息,想通过身高来预测体重,获得一个等式可以帮助分辨出那些过重或过轻的个体。代码7.1提供分析过程,图7.1显示结果图形。

【代码7.1】简单线性回归

```
fit <- lm(weight ~ height,data = women)
summary(fit)
##
## Call：
## lm(formula = weight ~ height,data = women)
##
## Residuals：
##      Min       1Q   Median       3Q      Max
## -1.7333  -1.1333  -0.3833   0.7417   3.1167
##
## Coefficients：
##                 Estimate Std. Error t  value Pr( > |t|)
## (Intercept)  -87.51667    5.93694    -14.74 1.71e-09 * * *
## height         3.45000    0.09114     37.85 1.09e-14 * * *
## ---
## Signif. codes： 0 '* * *'0.001 '* *'0.01 '*'0.05 '.'0.1 ''1
##
## Residual standard error：1.525 on 13 degrees of freedom
## Multiple R-squared： 0.991,   Adjusted R-squared： 0.9903
## F-statistic： 1433 on 1 and 13 DF,   p-value：1.091e-14
women $ weight
##  [1] 115 117 120 123 126 129 132 135 139 142 146 150 154 159 164
fitted(fit)
##        1        2        3        4        5        6        7        8
##112.5833  116.0333  119.4833  122.9333  126.3833  129.8333  133.2833  136.7333
##        9       10       11       12       13       14       15
##140.1833  143.6333  147.0833  150.5333  153.9833  157.4333  160.8833
residuals(fit)
##            1           2           3           4           5           6
##  2.41666667  0.96666667  0.51666667  0.06666667 -0.38333333 -0.83333333
##            7           8           9          10          11          12
## -1.28333333 -1.73333333 -1.18333333 -1.63333333 -1.08333333 -0.53333333
##           13          14          15
##  0.01666667  1.56666667  3.11666667
plot(women $ height,women $ weight,xlab = " Height (in inches)" ,ylab = " Weight (in pounds)" )
abline(fit)
```

通过输出结果,可以得到预测等式:

$$weight = -87.51667 + 3.45 * height^2$$

因为身高不可能为负数,所以此截距项仅仅是一个常量调节项。运行 summary( )函数后,在 Pr(> |t|)栏,可以看到回归系数(3.45)显著不为 0($p < 0.001$),表明身高每增高 1 英寸,体重将预期增加 3.45 磅。R 平方项(0.991)表明模型可以解释体重 99.1% 的方差,它也是实际和预测值之间相关系数的平方。残差标准误差(1.525lbs)表示模型用身高预测体重的平均误

差。F 统计量检验所有的自变量预测因变量是否都在某个概率水平。由于简单回归只有一个自变量,此处 F 检验等同于身高回归系数的 t 检验。

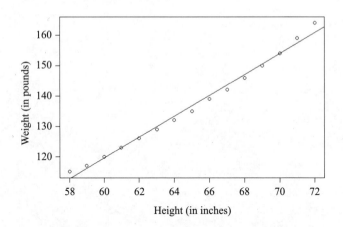

图 7.1 用身高预测体重的散点图以及回归线

图形表明可以用含一个弯曲的曲线来提高预测的精度。例如,模型 $y = \beta_0 + \beta_1 x + \beta_2 x^2$ 也许更好地拟合数据。多项式回归允许用一个解释变量预测一个因变量,关系形式即为 n 次多项式。

7.2.3 多项式回归

通常,在线性回归的基础上可以通过添加一个二次项(即 X^2)来提高回归的预测精度。例如下面的代码可以拟合含二次项的等式:

```
fit2 < - lm(weight ~ height + I(height^2), data = women)
```

其中,I(height^2)表示在预测等式添加一个身高的平方项。I( )函数将括号的内容看作 R 的一个常规表达式。因为^符号在表达式中有特殊的含义,所以此处必须使用 I( )函数。代码 7.2 显示拟合含二次项等式的结果。

【代码 7.2】多项式回归

```
fit2 < - lm(weight ~ height + I(height^2),data = women)
summary(fit2)
##
## Call:
## lm(formula = weight ~ height + I(height^2),data = women)
##
## Residuals:
##       Min       1Q     Median       3Q       Max
## -0.50941  -0.29611  -0.00941  0.28615  0.59706
##
## Coefficients:
```

```
##              Estimate  Std. Error t value Pr( > |t| )
## （Intercept) 261. 87818   25. 19677   10. 393 2. 36e-07  * * *
## height        -7. 34832    0. 77769   -9. 449 6. 58e-07  * * *
## I（height^2)   0. 08306    0. 00598   13. 891 9. 32e-09  * * *
## ---
## Signif. codes：0 '* * *'0. 001 '* *'0. 01 '*'0. 05 '.'0. 1 ''1
##
## Residual standard error：0. 3841 on 12 degrees of freedom
## Multiple R-squared： 0. 9995，Adjusted R-squared： 0. 9994
## F-statistic：1. 139e + 04 on 2 and 12 DF，  p-value：< 2. 2e-16
plot（women $ height，women $ weight，xlab = " Height（in inches )"，ylab = " Weight（in lbs )")
lines（women $ height，fitted（fit2))
```

新的预测等式为：
$$weight = 261.87818 - 7.34832 * height + 0.08306 * height^2$$

在 $p < 0.001$ 水平下，回归系数都非常显著。模型的方差解释率已经增加到 99.95%。二次项的显著性（$t = 13.891, p < 0.001$）表明包含二次项提高模型的拟合度。从图 7.2 也可以看出曲线确实拟合得较好。

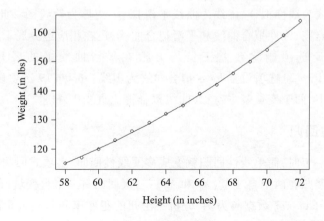

图 7.2　用身高预测体重的二次回归

多项式等式仍可认为是线性回归模型，因为等式仍是自变量的加权和形式，即本例的身高与身高的平方之和。甚至这样的模型：$Y = \log(X1) + \sin(X2)$，也是线性回归模型。而这样的模型是真正的非线性模型：$Y = \beta_0 + \beta_1 e^{\beta_2 x}$，这种非线性模型可用 nls() 函数进行拟合。

一般来说，n 次多项式生成一个 n－1 个弯曲的曲线。拟合三次多项式，代码为：

　　　fit3 < - lm（weight ~ height + I（height^2） + I（height^3），data = women）

虽然更高次的多项式也可用，但通常比三次更高的项几乎没有用处。

car 包中的 scatterplot() 函数可以很容易、方便地绘制二元关系图。以下代码生成的图形如图 7.3 所示。

```
library( car)
scatterplot( weight ~ height, data = women, spread = FALSE, smoother. args = list( lty = 2), pch = 19,
main = "Women Age 30. 39", xlab = "Height ( inches)", ylab = "Weight ( lbs. )")
```

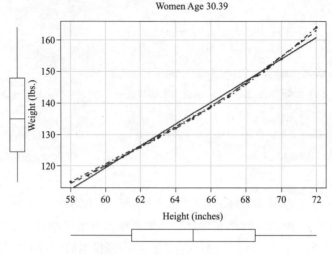

图 7.3   身高与体重的散点图

图 7.3 中的直线为线性拟合,虚线为曲线平滑拟合,边界为箱线图。此加强的图形,既提供身高与体重的散点图、线性拟合曲线和平滑拟合曲线,还在相应边界展示了每个变量的箱线图。spread = FALSE 选项删除残差正负均方根在平滑曲线上的展开和非对称信息。smoother. args = list(lty = 2)选项设置 loess 拟合曲线为虚线。pch = 19 选项设置点为实心圆,默认为空心圆。总体上,两个变量基本对称,曲线拟合得比直线更好。

7.2.4   多元线性回归

当自变量不止一个时,简单线性回归就变成多元线性回归,多项式回归可以看成多元线性回归的特例。二次回归有两个自变量(X_1 和 X_2),三次回归有三个自变量(X_1、X_2 和 X_3)。

以基础包中的 state. x77 数据集为例,分析一个州的犯罪率和其他因素的关系,包括人口、文盲率、平均收入和结霜天数(温度在冰点以下的平均天数)。

因为 lm( )函数需要一个数据框(state. x77 数据集是矩阵),为了方便数据处理,做如下转换:

```
states < - as. data. frame( state. x77[ , c( "Murder", "Population", "Illiteracy", "Income", "Frost") ])
```

多元回归分析中,第一步最好检查一下变量间的相关性。cor( )函数提供二变量之间的相关系数,car 包中的 scatterplotMatrix( )函数则会生成散点图矩阵,如代码 7.3 所示。

【代码 7.3】检测二变量关系

```
states < - as. data. frame( state. x77[ , c( "Murder", "Population", "Illiteracy", "Income", "Frost") ])
cor( states)
##              Murder    Population    Illiteracy    Income      Frost
## Murder     1.0000000   0.3436428    0.7029752  -0.2300776  -0.5388834
## Population  0.3436428   1.0000000    0.1076224   0.2082276  -0.3321525
```

## Illiteracy	0.7029752	0.1076224	1.0000000	-0.4370752	-0.6719470
## Income	-0.2300776	0.2082276	-0.4370752	1.0000000	0.2262822
## Frost	-0.5388834	-0.3321525	-0.6719470	0.2262822	1.0000000

```
library(car)
scatterplotMatrix(states, spread = FALSE, smoother.args = list(lty = 2), main = "Scatter Plot Matrix")
```

scatterplotMatrix()函数默认在非对角线区域绘制变量间的散点图,并添加平滑和线性拟合曲线。对角线区域绘制每个变量的密度图和轴须图。从图 7.4 中可以看到,谋杀率是双峰的曲线,每个自变量都一定程度上出现偏斜。谋杀率随着人口和文盲率的增加而增加,随着收入水平和结霜天数增加而下降。同时,越冷的州府文盲率越低,收入水平越高。

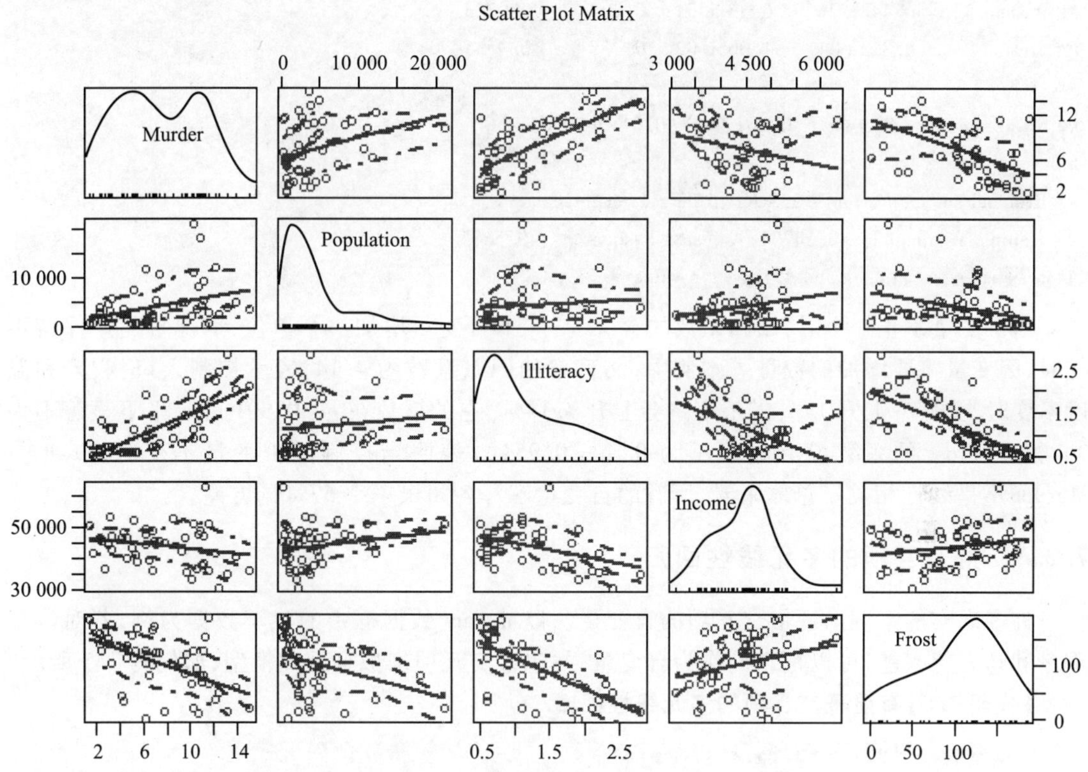

图 7.4 州数据中因变量与自变量的散点图矩阵

使用 lm()函数拟合多元线性回归模型,如代码 7.4 所示。

【代码 7.4】多元线性回归

```
states <- as.data.frame(state.x77[,c("Murder","Population","Illiteracy","Income","Frost")])
fit <- lm(Murder ~ Population + Illiteracy + Income + Frost, data = states)
summary(fit)
##
## Call:
## lm(formula = Murder ~ Population + Illiteracy + Income + Frost, data = states)
##
```

```
##
## Residuals:
##     Min      1Q    Median     3Q      Max
## -4.7960  -1.6495  -0.0811  1.4815   7.6210
##
## Coefficients:
##                Estimate    Std. Error   t value   Pr( > |t|)
## (Intercept)  1.235e +00   3.866e +00    0.319     0.7510
## Population   2.237e-04    9.052e-05     2.471     0.0173 *
## Illiteracy   4.143e +00   8.744e-01     4.738     2.19e-05 * * *
## Income       6.442e-05    6.837e-04     0.094     0.9253
## Frost        5.813e-04    1.005e-02     0.058     0.9541
## ---
## Signif. codes:   0 '* * *'0.001 '* *'0.01 '*'0.05 '.'0.1 ''1
##
## Residual standard error:2.535 on 45 degrees of freedom
## Multiple R-squared:  0.567,   Adjusted R-squared:  0.5285
## F-statistic:14.73 on 4 and 45 DF,   p-value:9.133e-08
```

当自变量不止一个时,回归系数的含义为:一个自变量增加一个单位,其他自变量保持不变时,因变量将要增加的数量。本例中,文盲率的回归系数为4.14,表示控制人口、收入和温度不变时,文盲率上升1%,谋杀率将会上升4.14%,它的系数在 $p < 0.001$ 的水平下显著不为0。相反,Frost 的系数没有显著不为 0($p = 0.954$),表明当控制其他变量不变时,Frost 与Murder 不呈线性相关。总体来看,所有的自变量解释各州谋杀率57%的方差。

7.2.5　带交互项的多元线性回归

许多现实的案例出现带交互项的自变量。以 mtcars 数据框中的汽车数据为例,若对汽车重量和马力感兴趣,可以把它们作为自变量,并包含交互项来拟合回归模型,如代码7.5 所示。

【代码7.5】有显著交互项的多元线性回归

```
fit <- lm(mpg ~ hp + wt + hp:wt,data = mtcars)
summary(fit)
##
## Call:
## lm(formula = mpg ~ hp + wt + hp:wt,data = mtcars)
##
## Residuals:
##     Min      1Q    Median     3Q      Max
## -3.0632  -1.6491  -0.7362  1.4211   4.5513
##
## Coefficients:
##               Estimate Std. Error    t value Pr( > |t|)
## (Intercept)  49.80842   3.60516     13.816  5.01e-14 * * *
```

```
## hp              -0.12010      0.02470   -4.863 4.04e-05 * * *
## wt              -8.21662      1.26971   -6.471 5.20e-07 * * *
## hp:wt            0.02785      0.00742    3.753 0.000811 * * *
## ---
## Signif. codes: 0 '* * *' 0.001 '* *' 0.01 '*' 0.05 '.' 0.1 ' ' 1
##
## Residual standard error:2.153 on 28 degrees of freedom
## Multiple R-squared: 0.8848,Adjusted R-squared: 0.8724
## F-statistic:71.66 on 3 and 28 DF,  p-value:2.981e-13
```

输出结果的 Pr(> |t|)栏中,马力与车重的交互项是显著的。若两个自变量的交互项显著,说明因变量与其中一个自变量的关系依赖于另外一个自变量的水平。因此,每加仑汽油行驶英里数与汽车马力的关系依车重不同而不同。

预测模型为

$$mpg = 49.81 - 0.12 \times hp - 8.22 \times wt + 0.03 \times hp \times wt$$

为更好地理解交互项,可以赋给 wt 不同的值,并简化等式。例如,当 wt 的均值(3.2),少于均值一个标准差和多于均值一个标准差的值(分别是 2.2 和 4.2)。随着车重增加(2.2、3.2、4.2),hp 每增加一个单位引起的 mpg 预期改变却在减少(0.06、0.03、0.003)。

通过 effects 包中的 effect( )函数,可以用图形展示交互项的结果。格式为:

```
plot( effect( term,mod, ,xlevels) ,multiline = TRUE)
```

其中,term 即模型要画的项,mod 为通过 lm( )函数拟合的模型,xlevels 是一个列表,指定变量要设定的常量值,multiline = TRUE 选项表示添加相应直线。对于上例,即:

```
library( effects)
plot( effect( "hp:wt",fit, ,list( wt = c( 2.2,3.2,4.2) ) ) ,multiline = TRUE)
```

从图 7.5 中可以很清晰地看出,随着车重的增加,马力与每加仑汽油行驶英里数的关系减弱。当 wt =4.2 时,直线几乎是水平的,表明随着 hp 的增加,mpg 不会发生改变。

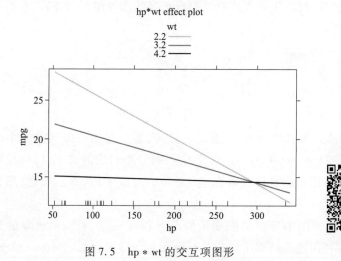

图 7.5　hp * wt 的交互项图形

7.3 回 归 诊 断

使用 lm( )函数来拟合 OLS 回归模型,通过 summary( )函数获取模型参数和相关统计量。但是,没有提供关于模型在多大程度上满足统计假设的任何信息。

数据的无规律性或者错误设定自变量与因变量的关系,都将致使模型产生巨大偏差。一方面,可能得出某个自变量与因变量无关的结论,但事实上它们是相关的;另一方面,情况可能恰好相反。当模型应用到真实世界中时,预测效果可能很差,误差显著。通过 confint( )函数的输出来看一下 states 多元回归的问题。

```
states <- as. data. frame( state. x77[ ,c( "Murder" ,"Population" ,"Illiteracy" ,"Income" ,"Frost" ) ] )
fit <- lm( Murder ~ Population + Illiteracy + Income + Frost,data = states )
confint( fit )
##                    2.5 %         97.5 %
## ( Intercept) -6. 552191e + 00 9. 0213182149
## Population    4. 136397e-05 0. 0004059867
## Illiteracy    2. 381799e + 00 5. 9038743192
## Income       -1. 312611e-03 0. 0014414600
## Frost        -1. 966781e-02 0. 0208304170
```

结果表明,文盲率改变 1% ,谋杀率就在 95% 的置信区间[2. 38 ,5. 90]中变化。另外,Frost 的置信区间包含 0,所以可以得出结论:当其他变量不变时,温度的改变与谋杀率无关。不过,对这些结果的信念,都只建立在数据满足统计假设的前提之上。

回归诊断技术提供评价回归模型适用性的必要工具,能帮助发现并纠正问题。

7.3.1 标准方法

R 基础安装提供大量检验回归分析中统计假设的方法。最常见的方法就是对 lm( )函数返回的对象使用 plot( )函数,可以生成评价模型拟合情况的四幅图形,如图 7.6 所示。下面是简单线性回归的例子:

```
fit <- lm( weight ~ height,data = women )
par( mfrow = c( 2,2) )
plot( fit )
```

OLS 回归的统计假设如下:

(1)正态性:当自变量值固定时,因变量成正态分布,则残差值也应该是一个均值为 0 的正态分布。"正态 Q-Q 图"(Normal Q-Q,右上)是在正态分布对应的值下,标准化残差的概率图。若满足正态假设,那么图上的点应该落在呈 45°角的直线上;若不是如此,那么就违反正态性的假设。

(2)独立性:无法从这些图中分辨出因变量值是否相互独立,只能从收集的数据中来验证。上面的例子中,没有任何先验的理由去相信一位女性的体重会影响另外一位女性的体重。假若发现数据是从一个家庭抽样得来的,那么必须要调整模型独立性的假设。

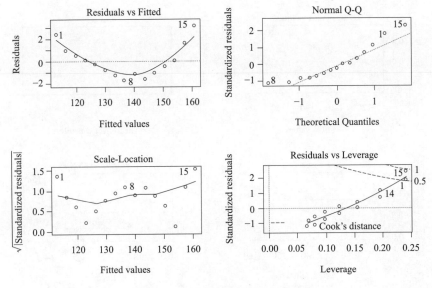

图 7.6 体重对身高回归的诊断图

（3）线性：若因变量与自变量线性相关，那么残差值与预测值就没有任何系统关联。换句话说，除了白噪声，模型应该包含数据中所有的系统方差。在"残差图与拟合图"（Residuals vs Fitted，左上）中可以清楚地看到一个曲线关系，这暗示着可能需要对回归模型加上一个二次项。

（4）同方差性：若满足不变方差假设，那么在"位置尺度图"（Scale. Location Graph，左下）中，水平线周围的点应该随机分布。该图似乎满足此假设。

最后一幅"残差与杠杆图"（Residuals vs Leverage，右下）提供可能关注的单个观测点的信息。从图形可以鉴别出离群点、高杠杆值点和强影响点。

①一个观测点是离群点，表明拟合回归模型对其预测效果不佳（产生了巨大的或正或负的残差）。

②一个观测点有很高的杠杆值，表明它是一个异常的自变量值的组合。也就是说，在自变量空间中，它是一个离群点。因变量值不参与计算一个观测点的杠杆值。

③一个观测点是强影响点（influential observation），表明它对模型参数的估计产生的影响过大，非常不成比例。强影响点可以通过 Cook 距离即 Cook's D 统计量来鉴别。

二次拟合的诊断图代码为：

```
fit2 <- lm(weight ~ height + I(height^2), data = women)
par(mfrow = c(2,2))
plot(fit2)
```

图 7.7 中第二组图表明多项式回归拟合效果比较理想，基本符合线性假设、残差正态性（除了观测点 13）和同方差性（残差方差不变）。观测点 15 看起来像是强影响点（根据是它有较大的 Cook 距离值），删除它将会影响参数的估计。事实上，删除观测点 13 和 15，模型会拟合得更好。使用：

```
newfit <- lm(weight ~ height + I(height^2), data = women[c(-13,-15),])
```

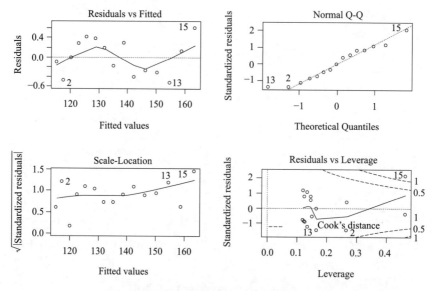

图 7.7 体重对身高和身高平方的回归诊断图

即可拟合剔除点后的模型。但是对于删除数据,要非常小心,因为模型去匹配数据,而不是数据匹配模型。最后,再应用这个基本的方法分析 states 的多元回归问题。

```
states <- as.data.frame(state.x77[,c("Murder","Population",  "Illiteracy","Income","Frost")])
fit <- lm(Murder ~ Population + Illiteracy + Income + Frost, data = states)
par(mfrow = c(2,2))
plot(fit)
```

从图 7.8 可以看到,除去 Nevada 一个离群点,模型假设得到很好的满足。虽然这些标准的诊断图形很有用,但是 R 中还有更好的工具。

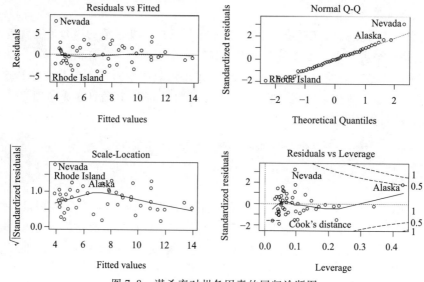

图 7.8 谋杀率对州各因素的回归诊断图

7.3.2 改进的方法

car 包提供非常多的函数,增强拟合和评价回归模型的能力,如表 7.4 所示。

表 7.4　回归诊断实用函数

函　　数	功　　能
qqPlot( )	分位数比较图
durbinWatsonTest( )	对误差自相关性做 Durbin. Watson 检验
crPlots( )	成分与残差图
ncvTest( )	对非恒定的误差方差做得分检验
spreadLevelPlot( )	分散水平检验
outlierTest( )	Bonferroni 离群点检验
avPlots( )	添加的变量图形
inluencePlot( )	回归影响图
scatterplot( )	增强的散点图
scatterplotMatrix( )	增强的散点图矩阵
vif( )	方差膨胀因子

car 包的 2. x 版本相对 1. x 版本有许多改变,包括函数的名字和用法。gvlma 包提供对所有线性模型假设进行检验的方法。

1. 正态性

与基础包中的 plot( )函数相比,qqPlot( )函数提供更为精确的正态假设检验方法,绘制在 $n-p-1$ 个自由度的 t 分布下的学生化残差(studentized residual)图形,其中 n 是样本大小,p 是回归参数的数目。代码如下:

```
library( car)
states  < - as. data. frame( state. x77[ ,c( "Murder" ,"Population" ,"Illiteracy" ,"Income" ,"Frost" ) ] )
fit  < - lm( Murder  ~  Population  +  Illiteracy  +  Income  +  Frost,data = states)
qqPlot( fit,labels = row. names( states) ,id. method = "identify" ,simulate = TRUE,main = "Q-Q Plot" )
```

qqPlot( )函数生成的概率图如图 7.9 所示。id. method = "identify" 选项能够交互式绘图,图形绘制后,用鼠标单击图形内的点,将会标注函数中 labels 选项的设定值。按【Esc】键,从图形下拉菜单中选择 Stop,或者在图形上右击,都可以关闭这种交互模式。此处,已经确定 Nevada 异常。当 simulate = TRUE 时,95% 的置信区间将会用参数自助法生成。

除了 Nevada,所有的点都离直线很近,并都落在置信区间内,表明正态性假设符合得很好。但是也必须关注 Nevada,它有一个很大的正残差值(真实值－预测值),表明模型低估该州的谋杀率。特别地:

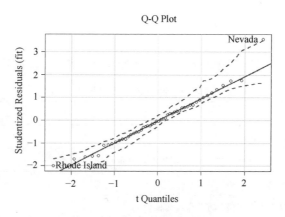

图 7.9 学生化残差的 Q-Q 图

```
states["Nevada",]
##          Murder Population Illiteracy Income    Frost
## Nevada   11.5        590      0.5      5149     188
fitted(fit)["Nevada"]
##    Nevada
## 3.878958
residuals(fit)["Nevada"]
##    Nevada
## 7.621042
rstudent(fit)["Nevada"]
##    Nevada
## 3.542929
```

可以看到,Nevada 的谋杀率是 11.5% ,而模型预测的谋杀率为 3.9% 。为什么 Nevada 的谋杀率会比根据人口、收入、文盲率和温度预测所得的谋杀率高呢? 可视化误差还有其他方法,例如使用代码 7.6 中的代码。residplot( )函数生成学生化残差柱状图,并添加正态曲线、核密度曲线和轴须图,如图 7.10 所示。

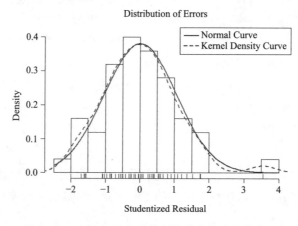

图 7.10 residplot( )函数绘制的学生化残差分布图

【代码 7.6】绘制学生化残差图的函数

```
residplot  < - function( fit, nbreaks = 10)
{
    z  < - rstudent( fit)
    hist( z, breaks = nbreaks, freq = FALSE, xlab = "Studentized Residual",
    main = "Distribution of Errors")
    rug( jitter( z), col = "brown")
    curve( dnorm( x, mean = mean( z), sd = sd( z)), add = TRUE, col = "blue", lwd = 2)
    lines( density( z) $ x, density( z) $ y, col = "red", lwd = 2, lty = 2)
    legend( "topright", legend  =  c( "Normal Curve", "Kernel Density Curve"), lty = 1:2, col = c( "blue",
"red"), cex = . 7)
}
residplot( fit)
```

除了一个很明显的离群点，误差很好地服从正态分布。Q-Q 图已经蕴藏很多信息，但从一个柱状图或者密度图测量分布的斜度比使用概率图更容易。

2. 误差的独立性

判断因变量值或残差是否相互独立，最好的方法是依据收集数据方式的先验知识。例如，时间序列数据通常呈现自相关性——相隔时间越近的观测相关性大于相隔越远的观测。car 包提供了一个可做 Durbin-Watson 检验的函数，能够检测误差的序列相关性。在多元回归中，使用下面的代码可以做 Durbin-Watson 检验：

```
durbinWatsonTest( fit)
##    lag Autocorrelation D-W Statistic p-value
##     1   -0. 2006929    2. 317691    0. 272
##    Alternative hypothesis:rho ! = 0
```

p 值不显著($p = 0.272$)说明无自相关性，误差项之间独立。滞后项($lag = 1$)表明数据集中每个数据都是与其后一个数据进行比较的。该检验适用于时间独立的数据，对于非聚集型的数据并不适用。durbinWatsonTest() 函数使用自助法导出 p 值。如果添加了选项 simulate = TRUE，则每次运行测试时获得的结果都将略有不同。

3. 线性

通过成分残差图（component plus residual plot）可以查看因变量与自变量之间是否呈非线性关系，也可以查看是否有不同于已设定线性模型的系统偏差，图形可用 car 包中的 crPlots() 函数绘制。

创建变量 X 的成分残差图，需要绘制点基于所有模型的，$i = 1, \cdots, n$。代码如下：

```
library( car)
crPlots( fit)
```

从图 7.11 中可以看出，成分残差图证实了线性假设，线性模型形式对该数据集看似是合适的。若图形存在非线性，则说明可能对自变量的函数形式建模不够充分，那么就需要添加一些曲线成分，例如多项式项，或对一个或多个变量进行变换（如用 log(X) 代替 X），或用其他回归变体形式而不是线性回归。

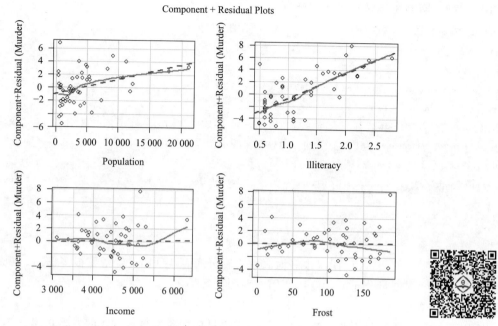

图 7.11　谋杀率对州各因素回归的成分残差图

4. 同方差性

car 包提供了两个有用的函数,可以判断误差方差是否恒定。ncvTest( )函数生成一个计分检验,零假设为误差方差不变,备择假设为误差方差随着拟合值水平的变化而变化。若检验显著,则说明存在异方差性,即误差方差不恒定。

spreadLevelPlot( )函数创建一个添加最佳拟合曲线的散点图,展示标准化残差绝对值与拟合值的关系。函数应用如代码 7.7 所示。

【代码 7.7】检验同方差性

```
library( car)
ncvTest( fit)
## Non-constant Variance Score Test
## Variance formula：~ fitted. values
## Chisquare = 1. 746514 Df = 1　p = 0. 1863156
spreadLevelPlot( fit)
```

可以看到,计分检验不显著($p = 0.19$),说明满足方差不变假设。还可以通过分布水平图,如图 7.12 所示。其中,点在水平的最佳拟合曲线周围呈水平随机分布。若违反该假设,将会看到一个非水平的曲线。代码结果建议幂次变换(suggested power transformation)的含义是,经过 p 次幂(Y^p)变换,非恒定的误差方差将会平稳。例如,若图形显示出非水平趋势,建议幂次为 0.5,在回归等式中用 $Y^{0.5}$ 代替 Y,可使模型满足同方差性。若建议幂次为 0,则使用对数变换。对于当前例子,异方差性很不明显,因此建议幂次接近 1,不需要进行变换。

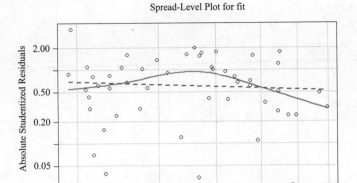

图 7.12　评估不变方差的分布水平图

7.3.3　线性模型的假设检验

　　gvlma()函数能对线性模型假设进行综合验证,同时还能做偏斜度、峰度和异方差性的评价。也就是说,可以给模型假设提供一个单独的综合检验(通过/不通过)。代码 7.8 是对 states 数据的检验。

【代码 7.8】线性模型假设的综合检验

```
library(gvlma)
gvmodel <- gvlma(fit)
summary(gvmodel)
##
## Call:
## lm(formula = Murder ~ Population + Illiteracy + Income + Frost, data = states)
##
## Residuals:
##    Min     1Q  Median     3Q    Max
## -4.7960 -1.6495 -0.0811  1.4815  7.6210
##
## Coefficients:
##              Estimate  Std. Error t value Pr(>|t|)
## (Intercept) 1.235e+00 3.866e+00   0.319   0.7510
## Population  2.237e-04 9.052e-05   2.471   0.0173 *
## Illiteracy  4.143e+00 8.744e-01   4.738 2.19e-05 * * *
## Income      6.442e-05 6.837e-04   0.094   0.9253
## Frost       5.813e-04 1.005e-02   0.058   0.9541
## ---
## Signif. codes:  0 '* * *' 0.001 '* *' 0.01 '*' 0.05 '.' 0.1 ' ' 1
##
```

```
## Residual standard error:2.535 on 45 degrees of freedom
## Multiple R-squared：0.567，  Adjusted R-squared：0.5285
## F-statistic:14.73 on 4 and 45 DF,  p-value:9.133e-08
##
##
## ASSESSMENT OF THE LINEAR MODEL ASSUMPTIONS
## USING THE GLOBAL TEST ON 4 DEGREES-OF-FREEDOM：
## Level of Significance =   0.05
##
## Call：
##  gvlma(x = fit)
##
##                      Value   p-value          Decision
## Global Stat         2.7728   0.5965  Assumptions acceptable.
## Skewness            1.5374   0.2150  Assumptions acceptable.
## Kurtosis            0.6376   0.4246  Assumptions acceptable.
## Link Function       0.1154   0.7341  Assumptions acceptable.
## Heteroscedasticity  0.4824   0.4873  Assumptions acceptable.
```

从输出项 Global Stat 可以看到数据满足 OLS 回归模型所有的统计假设($p = 0.597$)。若 Decision 的文字表明违反假设条件(如 $p < 0.05$),可以使用前面的方法判断哪些假设没有被满足。

7.3.4 多重共线性

假设正在进行一项握力研究,自变量包括 DOB(Date Of Birth,出生日期)和年龄。用握力对 DOB 和年龄进行回归,F 检验显著,$p < 0.001$。但是当观察 DOB 和年龄的回归系数时,却发现它们都不显著。原因是 DOB 与年龄在四舍五入后相关性极大。回归系数测量的是当其他自变量不变时,某个自变量对因变量的影响。那么此处就相当于假定年龄不变,然后测量握力与年龄的关系,这种问题称作多重共线性(multicollinearity)。它会导致模型参数的置信区间过大,使单个系数解释起来很困难。

多重共线性可用统计量 VIF(Variance Inflation Factor,方差膨胀因子)进行检测。VIF 的平方根表示变量回归参数的置信区间能膨胀为与模型无关的自变量的程度(因此而得名)。car 包中的 vif() 函数提供 VIF 值。一般原则下,vif > 2 表明存在多重共线性问题。如代码 7.9 所示,结果表明自变量不存在多重共线性问题。

【代码 7.9】检测多重共线性

```
library(car)
vif(fit)
##   Population   Illiteracy    Income     Frost
##    1.245282    2.165848    1.345822    2.082547
    sqrt(vif(fit)) > 2 # problem
## Population   Illiteracy    Income     Frost
##   FALSE       FALSE       FALSE      FALSE
```

7.4 异常观测值

全面的回归分析要覆盖对异常值的分析,包括离群点、高杠杆值点和强影响点。这些数据点需要更深入地研究,因为它们在一定程度上与其他观测点不同,可能对结果产生较大的负面影响。下面依次学习这些异常值。

7.4.1 离群点

离群点是指那些模型预测效果不佳的观测点,通常远离预测值,有很大的、或正或负的残差($Yi - \hat{Y}i$)。正的残差说明模型低估响应值,负的残差则说明高估响应值。前面提到的鉴别离群点的方法是图7.9的Q-Q图,落在置信区间带外的点即可认为是离群点。另外一个粗糙的判断准则是:标准化残差值大于2或者小于 -2 的点可能是离群点。

car包提供了一种离群点的统计检验方法。outlierTest()函数可以求得最大标准化残差绝对值 Bonferroni 调整后的 p 值:

```
library(car)
outlierTest(fit)
##         rstudent unadjusted p-value Bonferonni p
## Nevada 3.542929        0.00095088    0.047544
```

此处,可以看到 Nevada 被判定为离群点($p = 0.047544$)。该函数只是根据单个最大残差值的显著性来判断是否有离群点。若不显著,则说明数据集中没有离群点;若显著,则必须删除该离群点,然后再检验是否还有其他离群点存在。

7.4.2 高杠杆值点

高杠杆值观测点,即与其他自变量有关的离群点,由许多异常的自变量值组合起来的,与因变量值没有关系。

高杠杆值的观测点可通过帽子统计量判断。对于一个给定的数据集,帽子均值为

$$p/n$$

其中,p 是模型估计的参数数目(包含截距项),n 是样本量。一般来说,若观测点的帽子值大于帽子均值的 2 或 3 倍,就可以认定为高杠杆值点。下面代码用于绘制帽子值的分布:

```
hat.plot <- function(fit) {
    p <- length(coefficients(fit))
    n <- length(fitted(fit))
    plot(hatvalues(fit), main = "Index Plot of Hat Values")
    abline(h = c(2,3) * p/n, col = "red", lty = 2)
    identify(1:n, hatvalues(fit), names(hatvalues(fit)))
}
hat.plot(fit)
```

结果如图 7.13 所示。水平线标注的是帽子均值 2 倍和 3 倍的位置。定位函数(locator function)能以交互模式绘图:单击感兴趣的点,然后进行标注,停止交互时,用户可按【Esc】键

退出,或从图形下拉菜单中选择 Stop,或直接右击图形。

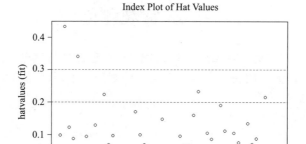

图 7.13　帽子值判定高杠杆值点

此图中,可以看到 Alaska 和 California 非常异常,查看它们的自变量值,与其他 48 个州进行比较发现:Alaska 收入比其他州高得多,而人口和温度却很低;California 人口比其他州府多得多,但收入和温度也很高。

高杠杆值点可能是强影响点,也可能不是,这要看它们是否是离群点。

7.4.3　强影响点

强影响点,即对模型参数估计值影响有些比例失衡的点。例如,若移除模型的一个观测点时,模型会发生巨大的改变,那么就需要检测一下数据中是否存在强影响点。

有两种方法可以检测强影响点:Cook 距离或称 D 统计量,以及变量添加图(added variable plot)。一般来说,Cook's D 值大于 $4/(n-k-1)$,则表明它是强影响点,其中 n 为样本量大小,k 是自变量数目。可通过如下代码绘制 Cook's D 图形,如图 7.14 所示。

```
cutoff < - 4/( nrow( states) -length( fit $ coefficients) -2)
plot( fit ,which = 4 ,cook. levels = cutoff)
abline( h = cutoff ,lty = 2 ,col = " red" )
```

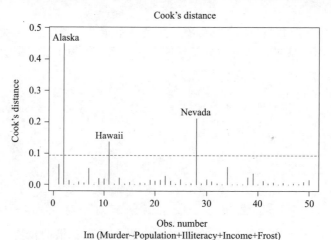

图 7.14　鉴别强影响点的 Cook's D 图

通过图形可以判断 Alaska、Hawaii 和 Nevada 是强影响点。若删除这些点,将会导致回归模型截距项和斜率发生显著变化。虽然该图对搜寻强影响点很有用,但逐渐发现以 1 为分割点比 $4/(n-k-1)$ 更具一般性。若设定 $D=1$ 为判别标准,则数据集中没有点看起来像是强影响点。

Cook's D 图有助于鉴别强影响点,但是并不提供关于这些点如何影响模型的信息。变量添加图弥补了这个缺陷。对于一个因变量和 k 个自变量,可以如图 7.15 所示创建 k 个变量添加图。

所谓变量添加图,即对于每个自变量 Xk,绘制 Xk 在其他 $k-1$ 个自变量上回归的残差值相对于因变量在其他 $k-1$ 个自变量上回归的残差值的关系图。car 包中的 avPlots( ) 函数可提供变量添加图。

```
library(car)
avPlots(fit,ask = FALSE,id. method = "identify")
```

结果如图 7.15 所示。图形一次生成一个,用户可以通过单击点来判断强影响点。按【Esc】键,或从图形菜单中选择 Stop,或右击,便可移动到下一个图形。已在左下图中鉴别出 Alaska 为强影响点。

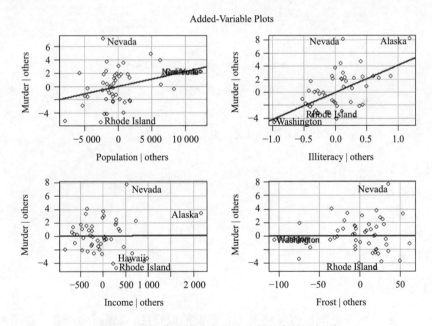

图 7.15 评估强影响点影响效果的变量添加图

图中的直线表示相应自变量的实际回归系数。可以想象删除某些强影响点后直线的改变,以此来估计它的影响效果。例如,左下角的图("Murder | others" vs "Income | others"),若删除点 Alaska,直线将往负向移动,Income 的回归系数将会从 0.00006 变为 -0.00085。

当然,运用 car 包中的 influencePlot( ) 函数,还可以将离群点、杠杆值和强影响点的信息整合到一幅图形中。

```
library( car)
influencePlot( fit, id. method = " identify" , main = " Influence Plot" ,
    sub = " Circle size is proportional to Cook's distance" )
```

图 7.16 反映 Nevada 和 Rhode Island 是离群点, New York、California、Hawaii 和 Washington 有高杠杆值, Nevada、Alaska 和 Hawaii 为强影响点。纵坐标超过 +2 或小于 −2 的州可被认为是离群点, 水平轴超过 0.2 或 0.3 的州有高杠杆值。圆圈大小与影响成比例, 圆圈很大的点可能是对模型参数的估计造成的不成比例影响的强影响点。

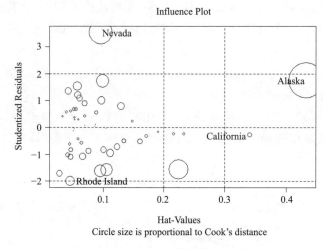

图 7.16　影响图

7.5　改 进 方 法

有四种方法可以处理违反回归假设的问题:

- 删除观测点;
- 变量变换;
- 添加或删除变量;
- 使用其他回归方法。

7.5.1　删除观测点

删除离群点通常可以提高数据集对于正态假设的拟合度, 而强影响点会干扰结果, 通常也会被删除。删除最大的离群点或者强影响点后, 模型需要重新拟合。若离群点或强影响点仍然存在, 重复以上过程直至获得比较满意的拟合。

对删除观测点持谨慎态度。若因为数据记录错误, 或没有遵守规程, 或受试对象误解指导说明, 这种情况下的点可以判断为离群点, 合理地删除它们。

7.5.2　变量变换

当模型不符合正态性、线性或者同方差性假设时, 一个或多个变量的变换通常可以改善或调整模型效果。变换多用 Y^{λ} 替代 Y，λ 的常见值和解释如表 7.5 所示。若 Y 是比例数，通常使用 logit 变换$[\ln(Y/(1-Y))]$。

表 7.5 常见的变换

λ	变 换	λ	变 换
-2	$1/Y^{-2}$	0.5	$\sqrt{Y}$
-1	$1/Y$	1	Y
-0.5	$1/\sqrt{Y}$	2	Y^2
0	$Log(Y)$		

当模型违反正态假设时，通常可以对因变量尝试某种变换。car 包中的 powerTransform( ) 函数通过 λ 的最大似然估计来正态化变量 X^{λ}。代码 7.10 是对数据 states 的应用。

【代码 7.10】Box. Cox 正态变换

```
library(car)
summary(powerTransform(states $ Murder))
## bcPower Transformation to Normality
##                  Est Power Rounded Pwr Wald Lwr Bnd Wald Upr Bnd
## states $ Murder    0.6055          1       0.0884       1.1227
##
## Likelihood ratio test that transformation parameter is equal to 0
##   (log transformation)
##                            LRT df       pval
## LR test, lambda = (0) 5.665991  1 0.017297
##
## Likelihood ratio test that no transformation is needed
##                            LRT  df      pval
## LR test, lambda = (1) 2.122763   1 0.14512
```

结果表明，可以用 Murder = 0.6 来正态化变量 Murder。由于 0.6 很接近 0.5，可以尝试用平方根变换来提高模型正态性的符合程度。本例中，$\lambda = 1$ 的假设也无法拒绝（$p = 0.145$），因此没有强有力的证据表明本例需要变量变换，这与图 7.9 的 Q-Q 图结果一致。

当违反线性假设时，对自变量进行变换常常会比较有用。car 包中的 boxTidwell( ) 函数通过获得自变量幂数的最大似然估计来改善线性关系。下面的例子用州的人口和文盲率来预测谋杀率，对模型进行了 Box. Tidwell 变换：

```
library(car)
boxTidwell(Murder ~ Population + Illiteracy, data = states)
##             MLE of lambda Score Statistic (z) Pr( > |z| )
## Population        0.86939             -0.3228      0.7468
## Illiteracy        1.35812              0.6194      0.5357
##
## iterations =   19
```

结果显示，使用变换 Population(0.87) 和 Illiteracy(1.36) 能够大大改善线性关系。但是对

Population($p = 0.75$)和Illiteracy($p = 0.75$)的计分检验又表明变量并不需要变换。这些结果与图7.11的成分残差图是一致的。

因变量变换还能改善异方差性。在前面的代码中,可以看到car包中spreadLevelPlot()函数提供的幂次变换应用,states例子满足方差不变性,不需要进行变量变换。

7.5.3 增删变量

改变模型的变量将会影响模型的拟合度。有时,添加一个重要变量可以解决已经讨论过的许多问题,删除一个冗余变量也能达到同样的效果。

删除变量在处理多重共线性时是一种非常重要的方法。如果仅仅是做预测,那么多重共线性并不构成问题,但是如果还要对每个自变量进行解释,那么就必须解决这个问题。最常见的方法就是删除某个存在多重共线性的变量。另外一个可用的方法便是岭回归——多元回归的变体,专门用来处理多重共线性问题。

7.5.4 其他方法

处理多重共线性的一种方法是拟合一种不同类型的模型,如岭回归。实际上,如果存在离群点和/或强影响点,可以使用稳健回归模型替代OLS回归;如果违背正态性假设,可以使用非参数回归模型;如果存在显著的非线性,能尝试非线性回归模型;如果违背误差独立性假设,还能用那些专门研究误差结构的模型,例如时间序列模型或者多层次回归模型。最后,还能转向广泛应用的广义线性模型,它能适用于许多OLS回归假设不成立的情况。

7.6 选择"最佳"的回归模型

尝试获取一个回归方程时,实际上就面对着从众多可能的模型中做选择的问题。是不是包括所有的变量?还是去掉那个对预测贡献不显著的变量?是否需要添加多项式项和/或交互项来提高拟合度?最终回归模型的选择总是涉及预测精度(模型尽可能地拟合数据)与模型简洁度(一个简单且能复制的模型)的调和问题。如果有两个几乎相同预测精度的模型,简单的即"最佳"。

7.6.1 模型比较

基础安装中的anova()函数可以比较两个嵌套模型的拟合优度。所谓嵌套模型,即它的一些项完全包含在另一个模型中。在states的多元回归模型中,发现Income和Frost的回归系数不显著,此时可以检验不含这两个变量的模型与包含这两项的模型预测效果是否一样好,如代码7.11所示。

【代码7.11】用anova()函数比较

```
states <- as.data.frame(state.x77[,c("Murder","Population","Illiteracy","Income","Frost")])
fit1 <- lm(Murder ~ Population + Illiteracy + Income + Frost,data = states)
fit2 <- lm(Murder ~ Population + Illiteracy,data = states)
anova(fit2,fit1)
## Analysis of Variance Table
```

```
##
## Model 1:Murder ~ Population + Illiteracy
## Model 2:Murder ~ Population + Illiteracy + Income + Frost
##   Res. Df    RSS Df Sum of Sq      F Pr( > F)
## 1     47 289.25
## 2     45 289.17  2   0.078505 0.0061 0.9939
```

代码中,模型 1 嵌套在模型 2 中。anova( )函数同时还对是否应该添加 Income 和 Frost 到线性模型中进行了检验。由于检验不显著($p = 0.994$),可以得出结论:不需要将这两个变量添加到线性模型中,可以将它们从模型中删除。

AIC(Akaike Information Criterion,赤池信息准则)也可以用来比较模型,它考虑模型的统计拟合度以及用来拟合的参数数目。AIC 值较小的模型要优先选择,说明模型用较少的参数获得足够的拟合度。该准则可用 AIC( )函数实现,如代码 7.12 所示。

【代码 7.12】用 AIC 来比较模型

```
fit1 <- lm(Murder ~ Population + Illiteracy + Income + Frost,data = states)
fit2 <- lm(Murder ~ Population + Illiteracy,data = states)
AIC(fit1,fit2)
##        df      AIC
## fit1    6   241.6429
## fit2    4   237.6565
```

此处 AIC 值表明没有 Income 和 Frost 的模型更佳。ANOVA 需要嵌套模型,而 AIC 方法不需要。比较两模型相对来说更为直接,但如果有 4 个、10 个或者 100 个可能的模型就需要进行取舍。

7.6.2 变量选择

从大量候选变量中选择最终的自变量有以下两种流行的方法:逐步回归和全子集回归。

1. 逐步回归

逐步回归中,模型会一次添加或者删除一个变量,直到达到某个判停准则为止。例如,向前逐步回归每次添加一个自变量到模型中,直到添加变量不会使模型有所改进为止。向后逐步回归从模型包含所有自变量开始,一次删除一个变量直到会降低模型质量为止。而向前向后逐步回归结合向前逐步回归和向后逐步回归的方法,变量每次进入一个,但是每一步中,变量都会被重新评价,对模型没有贡献的变量将会被删除,自变量可能会被添加、删除好几次,直到获得最优模型为止。

逐步回归法的实现依据增删变量的准则不同而不同。MASS 包中的 stepAIC( )函数可以实现逐步回归模型(向前、向后和向前向后),依据的是精确 AIC 准则。代码 7.13 演示向后回归。

【代码 7.13】向后回归

```
library(MASS)
states <- as.data.frame(state.x77[,c("Murder","Population","Illiteracy","Income","Frost")])
fit <- lm(Murder ~ Population + Illiteracy + Income + Frost,data = states)
```

```
stepAIC(fit, direction = "backward")
## Start:   AIC = 97.75
## Murder ~ Population + Illiteracy + Income + Frost
##
##              Df Sum of Sq    RSS      AIC
## - Frost       1     0.021  289.19   95.753
## - Income      1     0.057  289.22   95.759
## < none >                   289.17   97.749
## - Population  1    39.238  328.41  102.111
## - Illiteracy  1   144.264  433.43  115.986
##
## Step:   AIC = 95.75
## Murder ~ Population + Illiteracy + Income
##
##              Df Sum of Sq    RSS      AIC
## - Income      1     0.057  289.25   93.763
## < none >                   289.19   95.753
## - Population  1    43.658  332.85  100.783
## - Illiteracy  1   236.196  525.38  123.605
##
## Step:   AIC = 93.76
## Murder ~ Population + Illiteracy
##
##              Df Sum of Sq    RSS      AIC
## < none >                   289.25   93.763
## - Population  1    48.517  337.76   99.516
## - Illiteracy  1   299.646  588.89  127.311
##
## Call:
## lm(formula = Murder ~ Population + Illiteracy, data = states)
##
## Coefficients:
## (Intercept)   Population    Illiteracy
## 1.6515497    0.0002242    4.0807366
```

开始时模型包含 4 个自变量,然后每一步中,AIC 列提供删除一个行中变量后模型的 AIC 值,< none >中的 AIC 值表示没有变量被删除时模型的 AIC。第一步,Frost 被删除,AIC 从 97.75 降低到 95.75;第二步,Income 被删除,AIC 继续下降,成为 93.76。然后再删除变量将会增加 AIC,因此终止选择过程。

逐步回归法存在较大争议,虽然它可能会找到一个好的模型,但是不能保证这个模型就是最佳模型,因为不是每个可能的模型都被评价。为克服这个缺陷,于是产生全子集回归法。

2. 全子集回归

全子集回归是指所有可能的模型都会被检验。分析员可以选择展示所有可能的结果,也可以展示 n 个不同子集大小的最佳模型。例如,若 nbest = 2,先展示两个最佳的单自变量模型,然后展示两个最佳的双自变量模型,依此类推,直到包含所有的自变量。

全子集回归可用 leaps 包中的 regsubsets() 函数实现。能通过 R 平方、调整 R 平方或 Mallows Cp 统计量等准则来选择"最佳"模型。

R 平方含义是自变量解释因变量的程度;调整 R 平方与之类似,但考虑模型的参数数目。R 平方总会随着变量数目的增加而增加。当与样本量相比,自变量数目很大时,容易导致过拟合。R 平方很可能会丢失数据的偶然变异信息,而调整 R 平方则提供了更为真实的 R 平方估计。另外,Mallows Cp 统计量也用来作为逐步回归的判停规则。广泛研究表明,对于一个好的模型,它的 Cp 统计量非常接近于模型的参数数目(包括截距项)。

在代码 7.14 中,对 states 数据进行全子集回归。结果可用 leaps 包中的 plot() 函数绘制,或者用 car 包中的 subsets() 函数绘制,如图 7.17 所示。

【代码 7.14】全子集回归

```
library(leaps)
states <- as.data.frame(state.x77[,c("Murder","Population","Illiteracy","Income","Frost")])
leaps <-regsubsets(Murder ~ Population + Illiteracy + Income + Frost,data = states,nbest =4)
plot(leaps,scale = "adjr2")
library(car)
subsets(leaps,statistic = "cp",main = "Cp Plot for All Subsets Regression")
abline(1,1,lty = 2,col = "red")
```

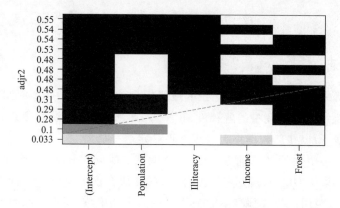

图 7.17　基于调整 R 平方,不同子集大小的四个最佳模型

第一行中(图底部开始),可以看到含 Intercept(截距项)和 Income 的模型调整 R 平方为 0.033,含 Intercept 和 Population 的模型调整 R 平方为 0.1。跳至第 12 行,会看到含 Intercept、Population、Illiteracy 和 Income 的模型调整 R 平方值为 0.54,而仅含 Intercept、Population 和 Illiteracy 的模型调整 R 平方为 0.55。此处,会发现含自变量越少的模型调整 R 平方越大。图形表明,双自变量模型(Population 和 Illiteracy)是最佳模型。

在图 7.18 中,会看到对于不同子集大小,基于 Mallows Cp 统计量的四个最佳模型。越好的模型离截距项和斜率均为 1 的直线越近。图形表明,可以选择这几个模型,其余可能的模型都可以不予考虑:含 Population 和 Illiteracy 的双变量模型;含 Population、Illiteracy 和 Frost 的三变量模型,或 Population、Illiteracy 和 Income 的三变量模型(它们在图形上重叠了,不易分辨);含 Population、Illiteracy、Income 和 Frost 的四变量模型。

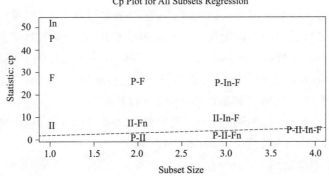

图 7.18　不同子集的四个最佳模型

大部分情况中,全子集回归要优于逐步回归,因为考虑更多模型。但是,当有大量自变量时,全子集回归会很慢,变量自动选择应该被看作对模型选择的一种辅助方法,而不是直接方法。拟合效果佳而没有意义的模型对数据分析毫无帮助,对专业知识的理解才能最终获得理想的模型。

7.7　深 度 分 析

7.7.1　交叉验证

回归方法本就是用来从一堆数据中获取最优模型参数。对于 OLS 回归,通过使得预测误差(残差)平方和最小和对因变量的解释度(R 平方)最大,可获得模型参数。由于等式只是最优化已给出的数据,所以在新数据集上表现并不一定好。

本章开始讨论一个例子,生理学家通过个体锻炼的时间和强度、年龄、性别与 BMI 预测消耗的卡路里数。如果用 OLS 回归方程来拟合该数据,那么仅仅是对一个特殊的观测集最大化 R 平方,但是研究员想用该等式预测一般个体消耗的卡路里数,而不是原始数据。知道该等式对于新观测样本表现并不一定好,但是预测的损失会有多少呢?可能并不知道。通过交叉验证法,便可以评价回归方程的泛化能力。

所谓交叉验证,即将一定比例的数据挑选出来作为训练样本,另外的样本作保留样本,先在训练样本上获取回归方程,然后在保留样本上做预测。由于保留样本不涉及模型参数的选择,该样本可获得比新数据更为精确的估计。

在 k 重交叉验证中,样本被分为 k 个子样本,轮流将 $k-1$ 个子样本组合作为训练集,另外 1 个子样本作为保留集。这样会获得 k 个预测方程,记录 k 个保留样本的预测表现结果,然后求其平均值。

bootstrap 包中的 crossval( )函数可以实现 k 重交叉验证。在代码7.15中,shrinkage( )函数对模型的 R 平方统计量进行 k 重交叉验证。

【代码 7.15】R 平方的 k 重交叉验证

```
shrinkage <- function(fit,k = 10) {
    require(bootstrap)
    theta.fit <- function(x,y) {
        lsfit(x,y)
    }
    theta.predict <- function(fit,x) {
        cbind(1,x) %*% fit$coef
    }
    x <- fit$model[,2:ncol(fit$model)]
    y <- fit$model[,1]
    results <- crossval(x,y,theta.fit,theta.predict,ngroup = k)
    r2 <- cor(y,fit$fitted.values)^2
    r2cv <- cor(y,results$cv.fit)^2
    cat("Original R.square = ",r2,"\n")
    cat(k,"Fold Cross.Validated R.square = ",r2cv,"\n")
    cat("Change = ",r2 - r2cv,"\n")
}
```

代码7.15定义shrinkage( )函数,创建一个包含自变量和预测值的矩阵,可获得初始 R 平方以及交叉验证的 R 平方。

对 states 数据所有自变量进行回归,然后再用 shrinkage( )函数做 10 重交叉验证:

```
states <- as.data.frame(state.x77[,c("Murder","Population","Illiteracy","Income","Frost")])
fit <- lm(Murder ~ Population + Income + Illiteracy + Frost,data = states)
shrinkage(fit)
## Loading required package:bootstrap
## Original R.square = 0.5669502
## 10 Fold Cross.Validated R.square = 0.4576211
## Change = 0.1093291
```

可以看到,基于初始样本的 R 平方(0.567)过于乐观。对新数据更好的方差解释率估计是交叉验证后的 R 平方(0.458)。通过选择有更好泛化能力的模型,还可以用交叉验证来挑选变量。例如,含两个自变量(Population 和 Illiteracy)的模型,比全变量模型 R 平方减少得更少(0.03 *vs* 0.11):

```
fit2 <- lm(Murder ~ Population + Illiteracy,data = states)
shrinkage(fit2)
## Original R.square = 0.5668327
## 10 Fold Cross.Validated R.square = 0.5350888
## Change = 0.03174388
```

其他情况类似,基于大训练样本的回归模型和更接近于感兴趣分布的回归模型,其交叉验证效果更好。R 平方减少得越少,预测则越精确。

7.7.2　相对重要性

根据相对重要性对自变量进行排序,这个问题具有实际用处。例如,假设能对团队组织成功所需的领导特质依据相对重要性进行排序,那么就可以帮助管理者关注他们最需要改进的行为。

若自变量不相关,过程就相对简单得多,可以根据自变量与因变量的相关系数进行排序。但大部分情况下,自变量之间有一定相关性,这就使得评价变得复杂很多。

评价自变量相对重要性的方法一直在涌现。最简单的莫过于比较标准化的回归系数,它表示当其他自变量不变时,该自变量一个标准差的变化可引起的因变量的预期变化(以标准差单位度量)。在进行回归分析前,可用 scale( ) 函数将数据标准化为均值为 0、标准差为 1 的数据集,这样用 R 回归即可获得标准化的回归系数。scale( ) 函数返回的是一个矩阵,而 lm( ) 函数要求一个数据框,需要用一个中间步骤来转换一下。代码和多元回归的结果如下:

```
states <- as. data. frame( state. x77[ , c( "Murder" , "Population" , "Illiteracy" , "Income" , "Frost" ) ] )
zstates <- as. data. frame( scale( states ) )
zfit <- lm( Murder ~ Population + Income + Illiteracy + Frost , data = zstates )
coef( zfit )
##    ( Intercept )    Population       Income       Illiteracy       Frost
##-2. 054026e-16    2. 705095e-01    1. 072372e-02    6. 840496e-01    8. 185407e-03
```

此处可以看到,当其他因素不变时,文盲率一个标准差的变化将增加 0.68 个标准差的谋杀率。根据标准化的回归系数,可认为 Illiteracy 是最重要的自变量,而 Frost 是最不重要的。

相对权重是一种比较有前景的新方法,对所有可能子模型添加一个自变量引起的 R 平方平均增加量的一个近似值。代码 7.16 提供了一个生成相对权重的函数。

【代码 7.16】relweights( ) 函数,计算自变量的相对权重

```
relweights <- function( fit , . . . ) {
    R   <- cor( fit $ model )
    nvar <- ncol( R )
    rxx <- R[ 2:nvar , 2:nvar ]
    rxy <- R[ 2:nvar , 1 ]
    svd <- eigen( rxx )
    evec <- svd $ vectors
    ev <- svd $ values
    delta <- diag( sqrt( ev ) )
    lambda <- evec % * % delta % * % t( evec )
    lambdasq <- lambda^2
    beta <- solve( lambda ) % * % rxy
    rsquare <- colSums( beta^2 )
    rawwgt <- lambdasq % * % beta^2
```

```
import <- (rawwgt/rsquare) * 100
import <- as.data.frame(import)
row.names(import) <- names(fit $ model[2:nvar])
names(import) <- "Weights"
import <- import[order(import),1,drop = FALSE]
dotchart(import $ Weights,labels = row.names(import),xlab = "% of R.Square",
    pch = 19,main = "Relative Importance of Predictor Variables",sub = paste("Total R.Square = ",
        round(rsquare,digits = 3)),...)
return(import)
}
```

代码 7.17 中,将 relweights( ) 函数应用到 states 数据集。

【代码 7.17】relweights( ) 函数的应用

```
states <- as.data.frame(state.x77[,c("Murder","Population","Illiteracy","Income","Frost")])
fit <- lm(Murder ~ Population + Illiteracy + Income + Frost,data = states)
relweights(fit,col = "blue")
##              Weights
## Income      5.488962
## Population  14.723401
## Frost       20.787442
## Illiteracy  59.000195
```

通过图 7.19 可以看到各个自变量对模型方差的解释程度(R 平方 = 0.567),Illiteracy 解释了 59% 的 R 平方,Frost 解释了 20.79%,等等。根据相对权重法,Illiteracy 有最大的相对重要性,余下依次是 Frost、Population 和 Income。

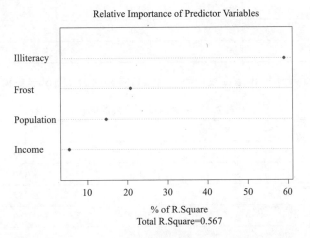

图 7.19 states 多元回归中各变量相对权重的点图

较大的权重表明这些自变量相对而言更加重要。例如,Illiteracy 解释了 59% 的 R 平方 (0.567),Income 解释了 5.49%。因此在这个模型中 Illiteracy 比 Income 相对更重要。相对重要性的测量(特别是相对权重方法)有广泛的应用,比标准化回归系数更为直观。

小　结

在统计中,回归分析是许多方法的一个总称,是一类交互性很强的方法,包括拟合模型、检验统计假设、修正数据和模型,以及为达到最终结果的再拟合等过程。从很多维度来看,获得模型的最终结果不仅是一种科学,也需要技巧。

回归分析是一个多步骤的过程,所以本章先讨论如何拟合 OLS 回归模型、如何使用回归诊断评估数据是否符合统计假设,以及一些修正数据使其符合假设的方法。然后,介绍从多个可能模型中选出最终回归模型的途径,学习如何评价模型在新样本上的表现。最后,解决变量的重要性问题:鉴别哪个变量对预测最为重要。

在本章的每个例子中,自变量都是数值型,但没有任何限制不允许使用分类型变量作为自变量。使用诸如性别、处理方式或者生产方式等分类型变量,可以鉴别出因变量或结果变量的组间差别。

习　题

1. 体检测量 10 名男生体重 X1(kg)、胸围 X2(cm)及肺活量 Y(ml)的数据,如表 7.6 所示。绘制 Y 与 X1、X2 的散点图,并分析它们之间的相关关系。

表 7.6　体重、胸围及肺活量的相关关系

Y	X1	X2	Y	X1	X2
2000	48	60	2600	49	65
3000	55	58	3200	57	68
2500	50	60	1800	50	51
3100	56	62	2900	48	55
2800	45	56	2800	58	60

2. 考察温度 Y(℃)对工作绩效 X(万元)的影响,测量得到 10 组数据,如表 7.7 所示。

表 7.7　考察温度对绩效的影响

Y	X	Y	X
33.3	20	38.8	45
35.1	25	39.6	50
36.4	30	41.2	55
37.1	35	42.5	60
37.9	40	44.4	65

(1)建立 X 与 Y 之间的回归方程;

(2)对其回归方程进行显著性检验;

(3)预测 Y=42℃时工作绩效 X 的估计值及预测区间(置信度为 95%)。

3. 根据表 7.8 提供的经济数据,完成下列问题。

表7.8　经济数据

时　　间	钢材消费量	国民收入	时　　间	钢材消费量	国民收入
1964	698	1097	1973	1765	2286
1965	872	1284	1974	1762	2311
1966	988	1502	1975	1960	2003
1967	807	1394	1976	1902	2435
1968	738	1303	1977	2013	2625
1969	1025	1555	1978	2446	2948
1970	1316	1917	1979	2736	3155
1971	1539	2051	1980	2825	3372
1972	1561	2111			

（1）绘制散点图，判断国民收入（Y）与钢材消费量（X）是否有线性关系；

（2）求出 Y 关于 X 的一元线性回归方程；

（3）对方程作显著性检验；

（4）如果钢材消费量 X = 3441，算出国民收入的预测值及相应的区间估计（$\alpha = 0.05$）。

4. 已知变量 X 与 Y 的观测值如表7.9所示，完成下列问题。

表7.9　观　测　值

编　号	X	Y	编　号	X	Y	编　号	X	Y
1	1	0.6	11	4	3.5	21	8	17.5
2	1	0.6	12	4	4.4	22	8	13.4
3	1	0.5	13	4	5.1	23	8	4.5
4	1	1.2	14	5	5.7	24	9	30.4
5	2	2.0	15	6	3.4	25	9	28.5
6	2	1.3	16	6	9.7	26	11	12.4
7	2	2.5	17	6	8.6	27	11	13.3
8	3	3.2	18	7	4.0	28	12	13.4
9	3	2.4	19	7	5.5	29	12	26.2
10	3	1.2	20	7	10.5	30	12	7.4

（1）绘制数据的散点图，求回归直线 $Y = a_0 + a_1 X$，将回归直线一起画在散点图上；

（2）对回归模型与参数分别进行 F 检验和 t 检验；

（3）绘制残差（普通残差和标准残差）与预测值的残差图，分析误差是否是等方差；

（4）修正模型，对响应变量 Y 作开方，重复前面的工作。

5. 某制造商生产家用电器的年销售量 Y 与竞争对手的价格 X1 及自己的价格 X2 有关，其中12个城市的资料如表7.10所示。

表 7.10　资　料　表

Y	X1	X2	Y	X1	X2
102	120	100	77	130	150
120	190	90	93	175	150
155	155	210	69	145	270
125	125	250	85	150	250
180	180	300	77	148	260
100	140	110	90	160	280

（1）建立 Y 与 X1、X2 的回归关系，判断回归方程公式在 $\alpha = 0.05$ 的水平上是否显著？并解释回归系数的含义；

（2）对回归模型进行初步诊断，并指出有无可疑点或异常点；

（3）已知某城市中自己生产的电器售价 X2 = 160 元，竞争对手售价 X1 = 170 元，使用上述建立起来的回归模型预测该城市的年销售量；

（4）能否建立系数 R2 > 0.68，模型中所有回归系数在 0.10 水平上是显著的回归模型，同时考虑二次项和交叉项（逐步回归法）。

方差分析 ≪≪

回归分析重点考察变量间的相关关系或因果关系,当包含的因子是解释变量时,关注点通常从变量间的关系转向组与组之间的差异分析,这种分析样本组之间区别的方法称为方差分析(Analysis of Variance,ANOVA)。ANOVA 在各种实验和准实验设计的分析中都有广泛应用。

8.1 基 本 概 念

实验设计和方差分析都有自己相应的术语,在讨论实验设计分析前,先学习一些重要的概念,并通过对一系列复杂度逐步增加的实验设计,引入模型最核心的思想。以焦虑症治疗为例,现有两种治疗方案:认知行为疗法(CBT)和眼动脱敏再加工法(EMDR)。招募 10 位焦虑症患者作为志愿者,随机分配一半的人接受为期五周的 CBT,另外一半接受为期五周的 EMDR,设计方案如表 8.1 所示。在治疗结束时,要求每位患者都填写状态特质焦虑问卷(STAI),也就是一份焦虑度测量的自评测报告。

表 8.1 单因素组间方差分析

方案	CBT	EMDR
患者	h1	h6
	h2	h7
	h3	h8
	h4	h9
	h5	h10

在这个实验设计中,治疗方案是两水平(CBT、EMDR)的组间因子。称为组间因子是因为每位患者都仅被分配到一个组别中,没有患者同时接受 CBT 和 EMDR。表中字母 h 代表被试者(患者)。STAI 是因变量,治疗方案是自变量。由于在每种治疗方案下观测数相等,因此这种设计又称均衡设计(Balanced Design);若观测数不同,则称为非均衡设计(Unbalanced Design)。

因为仅有一个分类型变量,表 8.1 的统计设计又称单因素方差分析(one-way ANOVA),或进一步称为单因素组间方差分析。方差分析主要通过 F 检验进行效果评测,若治疗方案的 F

检验显著,则说明五周后两种疗法的 STAI 得分均值不同。

假设只对 CBT 的效果感兴趣,则需将 10 名患者都放在 CBT 组中,然后在治疗五周和六个月后分别评价疗效。此时,时间(time)是两水平(五周、六个月)的组内因子。因为每位患者在所有水平下都进行测量,所以这种试验设计称单因素组内方差分析;又由于每个被试者都不止一次被测量,又称重复测量方差分析。当时间的 F 检验显著时,说明患者的 STAI 得分均值在五周和六个月间发生了改变。

假设对治疗方案差异和随时间的改变都感兴趣,则将两个设计结合起来。随机分配五位患者到 CBT,另外五位到 EMDR,在五周和六个月后分别评价他们的 STAI 结果。

疗法(therapy)和时间(time)都为因子时,既可分析疗法的影响(时间跨度上的平均)和时间的影响(疗法类型跨度上的平均),又可分析疗法和时间的交互影响。前两个称主效应,交互部分称交互效应。

当设计包含两个甚至更多的因子时,就是因素方差分析设计。例如,两因子时作双因素方差分析,三因子时称三因素方差分析,依此类推。若因子设计包括组内和组间因子,又称混合模型方差分析。当前的例子就是典型的双因素混合模型方差分析。

本例中,将做三次 F 检验:疗法因素一次,时间因素一次,两者交互因素一次。若疗法结果显著,说明 CBT 和 EMDR 对焦虑症的治疗效果不同;若时间结果显著,说明焦虑度从五周到六个月发生了变化;若两者交互效应显著,说明两种疗法随着时间变化对焦虑症治疗影响不同,即焦虑度从五周到六个月的改变程度在两种疗法间不同。

对上面的实验设计稍微做些扩展。抑郁症对病症治疗有影响,而且抑郁症和焦虑症常常同时出现。即使被试者被随机分配到不同的治疗方案中,在研究开始时,两组疗法中的患者抑郁水平就可能不同,任何治疗后的差异都有可能是最初的抑郁水平不同导致的,而不是由于实验的操作问题。抑郁症也可以解释因变量的组间差异,因此常称为混淆因素(Confounding Factor)。由于对抑郁症不感兴趣,它又称干扰变数(Nuisance Variable)。

假设招募患者时使用抑郁症的自评测报告,例如白氏抑郁症量表(BDI),记录他们的抑郁水平,那么可以在评测疗法类型的影响前,对任何抑郁水平的组间差异进行统计性调整。本案例中,BDI 为协变量,该设计为协方差分析(ANCOVA)。

以上设计只记录单个因变量情况,为增强研究的有效性,可以对焦虑症进行其他的测量(例如家庭评分、医师评分,以及焦虑症对日常行为的影响评价)。当因变量不止一个时,设计被称作多元方差分析(MANOVA),若协变量也存在,那么就称为多元协方差分析(MANCOVA)。

8.2　ANOVA 模型拟合

ANOVA 和回归方法都是独立发展而来,但是从函数形式上看,两者都是广义线性模型的特例。lm( )函数能分析 ANOVA 模型,aov( )函数也可以做到,两个函数的结果是等同的。

8.2.1　aov( )函数

aov( )函数的语法为 aov(formula,data = dataframe),表 8.2 列举表达式中可以使用的特

殊符号。表 8.2 中的 y 是因变量,字母 A、B、C 代表因子。

表 8.2　R 表达式中的特殊符号

符　号	用　法
~	分隔符号,左边为响应变量,右边为解释变量。例如:用 A、B 和 C 预测 y,代码为 $y \sim A + B + C$
:	表示变量的交互项。例如,用 A、B 和 A 与 B 的交互项来预测 y,代码为 $y \sim A + B + A:B$
*	表示所有可能交互项。代码 $y \sim A*B*C$ 可展开为 $y \sim A + B + C + A:B + A:C + B:C + A:B:C$
^	表示交互项达到某个次数。代码 $y \sim (A+B+C)^2$ 可展开为 $y \sim A + B + C + A:B + A:C + B:C$
.	表示包含除因变量外的所有变量。例如,若一个数据框包含变量 y、A、B 和 C,代码 y.可展开为 $y \sim A + B + C$

表 8.3 列举一些常见的研究设计表达式。在表 8.3 中,小写字母表示定量变量,大写字母表示组别因子,Subject 是对被试者独有的标识变量。

表 8.3　常见研究设计的表达式

符　号	用　法
单因素 ANOVA	$y \sim A$
含单个协变量的单因素 ANCOVA	$y \sim x + A$
双因素 ANOVA	$y \sim A*B$
含两个协变量的双因素 ANCOVA	$y \sim x_1 + x_2 + A*B$
随机化区组	$y \sim B + A(B \text{ 是区组因子})$
单因素组内 ANOVA	$y \sim A + \text{Error}(\text{Subject}/A)$
含单个组内因子(W)和单个组间因子(B)的重复测量 ANOVA	$y \sim B*W + \text{Error}(\text{Subject}/W)$

8.2.2　表达式中各项的顺序

表达式中效应的顺序在两种情况下会造成影响:①因子不止一个,并且是非平衡设计;②存在协变量。出现任意一种情况时,等式右边的变量都与其他每个变量相关。此时,无法清晰地划分它们对因变量的影响。例如,对于双因素方差分析,若不同处理方式中的观测数不同,那么模型 $y \sim A*B$ 与模型 $y \sim B*A$ 的结果不同。

R 默认类型 I(序贯型)方法计算 ANOVA 效应。第一个模型可以这样写:$y \sim A + B + A:B$。R 中的 ANOVA 表的结果将评价:

- A 对 y 的影响;
- 控制 A 时,B 对 y 的影响;
- 控制 A 和 B 的主效应时,A 与 B 的交互效应。

当自变量与其他自变量或者协变量相关时,没有明确的方法可以评价自变量对因变量的贡献。例如,含因子 A、B 和因变量 y 的双因素不平衡因子设计,有三种效应:A、B 的主效应及 A 和 B 的交互效应。假设使用如下表达式对数据进行建模:$Y \sim A + B + A:B$。有三种类型的方法可以分解等式右边各效应对 y 所解释的方差。

(1)类型 I(序贯型)。效应根据表达式中先出现的效应做调整。A 不做调整,B 根据 A 调整,A:B 交互项根据 A 和 B 调整。

(2)类型 II(分层型)。效应根据同水平或低水平的效应做调整。A 根据 B 调整,B 依据 A

调整,$A:B$ 交互项同时根据 A 和 B 调整。

(3)类型Ⅲ(边界型)。每个效应根据模型其他各效应做相应调整。A 根据 B 和 $A:B$ 做调整,$A:B$ 交互项根据 A 和 B 调整。

R 默认调用类型Ⅰ方法,其他软件(如 SAS 和 SPSS)默认调用类型Ⅲ方法。样本大小越不平衡,效应项的顺序对结果的影响越大。一般来说,越基础性的效应越需要放在表达式前面。首先是协变量,然后是主效应,接着是双因素的交互项,再接着是三因素的交互项,依此类推。对于主效应,越基础性的变量越应放在表达式前面,因此性别要放在处理方式之前。有一个基本的准则:若研究设计不是正交的,一定要谨慎设置效应的顺序。

8.3　单因素方差分析

单因素方差分析中,感兴趣的是比较分类因子定义的两个或多个组别中的因变量均值。以 multcomp 包中的 cholesterol 数据集为例,50 个患者均接受降低胆固醇药物治疗(trt)五种疗法中的一种疗法。其中三种治疗条件使用药物相同,分别是 20 mg 一天一次、10 mg 一天两次和 5 mg 一天四次。剩下的两种方式(drugD 和 drugE)代表候选药物。分析过程如代码 8.1 所示。

【代码8.1】单因素方差分析

```
library( multcomp)
attach( cholesterol)
table( trt)
## trt
##   1time   2times   4times   drugD   drugE
##    10      10       10       10      10
aggregate( response, by = list( trt), FUN = mean)
##   Group. 1          x
## 1    1time     5. 78197
## 2    2times    9. 22497
## 3    4times   12. 37478
## 4    drugD    15. 36117
## 5    drugE    20. 94752
aggregate( response, by = list( trt), FUN = sd)
##   Group. 1          x
## 1    1time    2. 878113
## 2    2times   3. 483054
## 3    4times   2. 923119
## 4    drugD    3. 454636
## 5    drugE    3. 345003
fit < - aov( response ~ trt)
summary( fit)
##                Df   Sum Sq   Mean Sq   F value   Pr( > F)
## trt            4    1351. 4    337. 8    32. 43    9. 82e-13 * * *
```

```
## Residuals      45    468.8    10.4
## ---
## Signif. codes：0 '***'0.001 '**'0.01 '*'0.05 '.'0.1 ' '1
library(gplots)
##
## Attaching package:'gplots'
## The following object is masked from 'package:stats':
##
##      lowess
plotmeans(response ~ trt,xlab = "Treatment",ylab = "Response",main = "Mean Plot\nwith 95% CI")
detach(cholesterol)
```

从输出结果可以看到,每 10 个患者接受其中一个药物疗法。均值显示 drugE 降低胆固醇最多,1time 降低胆固醇最少,各组的标准差相对恒定,在 2.88 ~ 3.48 之间浮动。ANOVA 对治疗方式(trt)的 F 检验非常显著($p < 0.0001$),说明五种疗法的效果不同。

gplots 包中的 plotmeans()函数可以用来绘制带有置信区间的组均值图形。如图 8.1 所示,图形展示 95% 的置信区间的各疗法均值,可以清楚区分它们之间的差异。

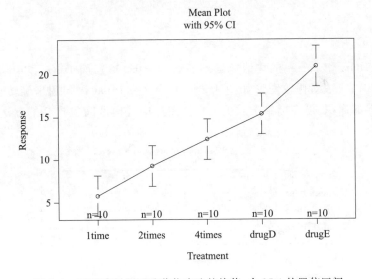

图 8.1 五种降低胆固醇药物疗法的均值,含 95% 的置信区间

8.3.1 多重比较

虽然 ANOVA 对各疗法的 F 检验表明五种药物疗法效果不同,但是并没有告诉哪种疗法与其他疗法不同。多重比较可以解决这个问题。例如,TukeyHSD()函数提供对各组均值差异的成对检验,如代码 8.2 所示。

【代码 8.2】Tukey HSD 的成对组间比较

```
TukeyHSD(fit)
##      Tukey multiple comparisons of means
##        95%  family-wise confidence level
##
## Fit:aov(formula  =  response  ~  trt)
##
## $trt
##                       diff          lwr          upr          p adj
## 2times-1time      3.44300    -0.6582817     7.544282     0.1380949
## 4times-1time      6.59281     2.4915283    10.694092     0.0003542
## drugD-1time       9.57920     5.4779183    13.680482     0.0000003
## drugE-1time      15.16555    11.0642683    19.266832     0.0000000
## 4times-2times     3.14981    -0.9514717     7.251092     0.2050382
## drugD-2times      6.13620     2.0349183    10.237482     0.0009611
## drugE-2times     11.72255     7.6212683    15.823832     0.0000000
## drugD-4times      2.98639    -1.1148917     7.087672     0.2512446
## drugE-4times      8.57274     4.4714583    12.674022     0.0000037
## drugE-drugD       5.58635     1.4850683     9.687632     0.0030633
     par(las = 2)
par(mar = c(5,8,4,2))
plot(TukeyHSD(fit))
```

可以看到,1time 和 2times 的均值差异不显著($p = 0.138$),而 1time 和 4times 间的差异非常显著($p < 0.001$)。成对比较图形如图 8.2 所示。第一个 par 语句用来旋转轴标签,第二个用来增大左边界的面积,可使标签摆放更美观。图形中置信区间包含 0 的疗法说明差异不显著($p > 0.5$)。

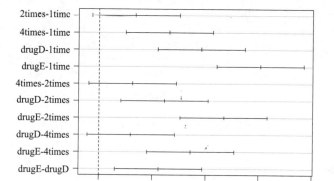

图 8.2　Tukey HSD 均值成对比较图

multcomp 包的 glht()函数提供多重均值比较更为全面的方法,既适用于线性模型,也适用于广义线性模型。下面的代码重新进行 Tukey HSD 检验,并用一个不同的图形对结果进行展示,如图 8.3 所示。

```
library(multcomp)
par(mar = c(5,4,6,2))
tuk <- glht(fit,linfct = mcp(trt = "Tukey"))
plot(cld(tuk,level = .05),col = "lightgrey")
```

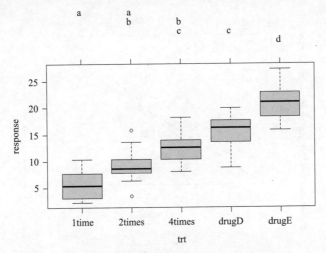

图 8.3 multcomp 包中的 Tukey HSD 检验

上面的代码中,为适合字母阵列摆放,par 语句增大了顶部边界面积。cld() 函数中的 level 选项设置了使用的显著水平(0.05,即本例中为 95% 的置信区间)。

有相同字母的组(用箱线图表示)说明均值差异不显著。可以看到,1time 和 2times 差异不显著(有相同的字母 a),2times 和 4times 差异也不显著(有相同的字母 b),而 1time 和 4times 差异显著。图 8.3 比图 8.2 更好理解,而且还提供各组得分的分布信息。

从结果来看,使用降低胆固醇的药物时,一天四次 5 mg 剂量比一天一次 20 mg 剂量效果更佳,也优于候选药物 drugD,但药物 drugE 比其他所有药物和疗法都更优。多重比较方法是一个复杂但正迅速发展的领域。

8.3.2 评估检验的假设条件

对于结果的信心依赖于做统计检验时数据满足假设条件的程度。单因素方差分析中,假设因变量服从正态分布,各组方差相等。可以使用 Q-Q 图来检验正态性假设:

```
library(car)
qqPlot(lm(response ~ trt,data = cholesterol),simulate = TRUE,main = "Q-Q Plot",labels = FALSE)
```

qqPlot() 函数要求用 lm() 函数拟合。图形如图 8.4 所示。数据落在 95% 的置信区间范围内,说明满足正态性假设。

R 提供一些可用来做方差齐性检验的函数。例如,可以通过如下代码来做 Bartlett 检验:

```
bartlett.test(response ~ trt,data = cholesterol)
##
## Bartlett test of homogeneity of variances
```

```
##
## data:   response by trt
## Bartlett's K-squared = 0.57975 , df = 4 , p-value = 0.9653
```

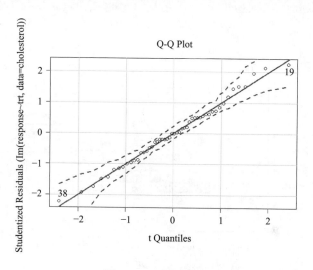

图 8.4   正态性检验

Bartlett 检验表明五组的方差并没有显著不同 ($p = 0.97$)。其他检验如 Fligner- Killeen 检验 (fligner. test () 函数) 和 Brown. Forsythe 检验 (HH 包中的 hov () 函数),它们的结果与 Bartlett 检验相同。但是,方差齐性分析对离群点非常敏感,可运用 car 包中的 outlierTest () 函数检测离群点:

```
library(car)
outlierTest(fit)
## No Studentized residuals with Bonferonni p < 0.05
## Largest |rstudent| :
##      rstudent unadjusted p-value Bonferonni p
## 19 2.251149          0.029422          NA
```

从输出结果来看,并没有证据说明胆固醇数据中含有离群点 (当 $p > 1$ 时将产生 NA)。因此根据 Q-Q 图、Bartlett 检验和离群点检验,该数据似乎可以用 ANOVA 模型拟合得很好。这些方法反过来增强对于所得结果的信心。

8.4   单因素协方差分析

单因素协方差分析 (ANCOVA) 扩展单因素方差分析 (ANOVA),包含一个或多个定量的协变量。下面的例子来自于 multcomp 包中的 litter 数据集。怀孕小鼠被分为四个小组,每个小组接受不同剂量 (0、5、50 和 500) 的药物处理。产下幼崽的体重均值为因变量,怀孕时间为协变量。分析代码如代码 8.3 所示。

【代码 8.3】单因素 ANCOVA

```
data(litter,package = "multcomp")
attach(litter)
table(dose)
## dose
##    0   5   50  500
##   20  19   18   17
aggregate(weight,by = list(dose),FUN = mean)
##    Group.1           x
## 1        0  32.30850
## 2        5  29.30842
## 3       50  29.86611
## 4      500  29.64647
fit < - aov(weight ~ gesttime + dose)
summary(fit)
##              Df Sum Sq  Mean Sq  F value  Pr( > F)
## gesttime      1  134.3   134.30    8.049  0.00597  * *
## dose          3  137.1    45.71    2.739  0.04988  *
## Residuals    69 1151.3    16.69
## ---
## Signif. codes: 0 '* * *'0.001 '* *'0.01 '*'0.05 '.'0.1 ''1
```

运用 table( ) 函数,可以看到每种剂量下所产的幼崽数并不相同:0 剂量时(未用药)产崽 20 个,500 剂量时产崽 17 个。再用 aggregate( ) 函数获得各组均值,可以发现未用药组幼崽体重均值最高(32.3)。ANCOVA 的 F 检验表明:①怀孕时间与幼崽出生体重相关;②控制怀孕时间,药物剂量与出生体重相关。控制怀孕时间,确实发现每种药物剂量下幼崽出生体重均值不同。

由于使用了协变量,可能想要获取调整的组均值,即去除协变量效应后的组均值。可使用 effects 包中的 effects( ) 函数计算调整的均值:

```
library(effects)
## lattice theme set by effectsTheme( )
## See ? effectsTheme for details.
effect("dose",fit)
##
## dose effect
## dose
##         0        5        50       500
## 32.35367 28.87672 30.56614 29.33460
```

本例中,调整的均值与 aggregate( ) 函数得出的未调整的均值类似,但并非所有情况都是如此。总之,effects 包为复杂的研究设计提供了强大的计算调整均值的方法,并能将结果可视化。

剂量的 F 检验虽然表明不同的处理方式幼崽的体重均值不同,但无法告知哪种处理方式与其他方式不同。同样,使用 multcomp 包来对所有均值进行成对比较。另外,multcomp 包还可以用来检验用户自定义的均值假设。假设未用药条件与其他三种用药条件影响具有不同的兴趣度,代码 8.4 可以用来检验假设。

【代码 8.4】对用户定义的对照的多重比较

```
library(multcomp)
contrast <- rbind('no drug vs. drug' = c(3,0.1,0.1,0.1))
summary(glht(fit,linfct = mcp(dose = contrast)))
##
##    Simultaneous Tests for General Linear Hypotheses
##
## Multiple Comparisons of Means:User-defined Contrasts
##
##
## Fit:aov(formula = weight ~ gesttime + dose)
##
## Linear Hypotheses:
##                       Estimate   Std. Error  t value  Pr(> |t|)
## no drug vs. drug == 0  -0.8284     0.3209    -2.581   0.012 *
## ---
## Signif. codes:  0 '***'0.001 '**'0.01 '*'0.05 '.'0.1 ''1
##(Adjusted p values reported -- single-step method)
```

对照 c(3,.1,.1,.1) 设定第一组和其他三组的均值进行比较。假设检验的 t 统计量(2.581)在水平下显著,因此,可以得出未用药组比其他用药条件下的出生体重高的结论。

8.4.1 评估检验的假设条件

ANCOVA 与 ANOVA 相同,都需要正态性和同方差性假设,可以用前面相同的步骤检验这些假设条件。另外,ANCOVA 还假定回归斜率相同。本例中,假定四个处理组通过怀孕时间来预测出生体重的回归斜率都相同。ANCOVA 模型包含怀孕时间×剂量的交互项时,可对回归斜率的同质性进行检验。交互效应若显著,则意味着时间和幼崽出生体重间的关系依赖于药物剂量的水平。检测代码如代码 8.5 所示。

【代码 8.5】检验回归斜率的同质性

```
library(multcomp)
fit2 <- aov(weight ~ gesttime * dose,data = litter)
summary(fit2)
##               Df Sum Sq  Mean Sq  F value  Pr(>F)
## gesttime       1  134.3   134.30   8.289   0.00537 **
## dose           3  137.1    45.71   2.821   0.04556 *
## gesttime:dose  3   81.9    27.29   1.684   0.17889
## Residuals     66 1069.4    16.20
## ---
## Signif. codes:  0 '***'0.001 '**'0.01 '*'0.05 '.'0.1 ''1
```

　　从结果可以看到交互效应不显著,支持斜率相等的假设。若假设不成立,可以尝试变换协变量或因变量,或使用能对每个斜率独立解释的模型,或使用不需要假设回归斜率同质性的非参数 ANCOVA 方法。sm 包中的 sm. ancova( )函数为后者提供一种可行的方法。

8.4.2　结果可视化

　　HH 包中的 ancova( )函数可以绘制因变量、协变量和因子之间的关系图。例如代码:

```
library( HH)
ancova( weight ~ gesttime + dose,data = litter)
## Analysis of Variance Table
##
## Response:weight
##            Df   Sum Sq   Mean Sq   F value   Pr( > F)
## gesttime   1    134.30   134.304   8.0493    0.005971 * *
## dose       3    137.12   45.708    2.7394    0.049883 *
## Residuals  69   1151.27  16.685
## ---
## Signif. codes: 0 '* * *'0.001 '* *'0.01 '*'0.05 '.'0.1 ''1
```

　　生成的图形如图 8.5 所示。为了适应黑白印刷,图形已经过修改。因此,自己运行上面代码所得图形会略有不同。

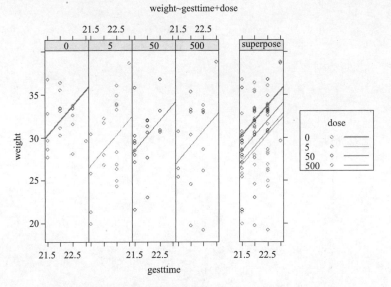

图 8.5　四种药物处理组的怀孕时间和出生体重的关系图

　　从图中可以看到,用怀孕时间来预测出生体重的回归线相互平行,只是截距项不同。随着怀孕时间增加,幼崽出生体重也会增加。另外,还可以看到 0 剂量组截距项最大,5 剂量组截距项最小。由于上面的设置,直线会保持平行,若用 ancova(weight ~ gesttime * dose),生成的图形将允许斜率和截距项依据组别而发生变化,这对可视化那些违背回归斜率同质性的实例非常有用。

8.5　双因素方差分析

在双因素方差分析中,被试者被分配到两因子的交叉类别组中。以基础安装中的 ToothGrowth 数据集为例,随机分配 60 只豚鼠,分别采用两种喂食方法(橙汁或维生素 C),各喂食方法中抗坏血酸含量有三种水平(0.5mg、1mg 或 2mg),每种处理方式组合都被分配 10 只豚鼠。牙齿长度为因变量,如代码 8.6 所示。

【代码 8.6】双因素 ANOVA

```
attach(ToothGrowth)
table(supp,dose)
##        dose
##  supp 0.5  1  2
##    OJ   10 10 10
##    VC   10 10 10
aggregate(len,by = list(supp,dose),FUN = mean)
##    Group.1  Group.2      x
## 1      OJ      0.5    13.23
## 2      VC      0.5     7.98
## 3      OJ      1.0    22.70
## 4      VC      1.0    16.77
## 5      OJ      2.0    26.06
## 6      VC      2.0    26.14
aggregate(len,by = list(supp,dose),FUN = sd)
##    Group.1  Group.2            x
## 1      OJ      0.5     4.459709
## 2      VC      0.5     2.746634
## 3      OJ      1.0     3.910953
## 4      VC      1.0     2.515309
## 5      OJ      2.0     2.655058
## 6      VC      2.0     4.797731
dose <- factor(dose)
fit <- aov(len ~ supp * dose)
supp2 <- supp
summary(fit)
##              Df  Sum Sq  Mean Sq  F value    Pr(>F)
## supp          1   205.4    205.4   15.572  0.000231 ***
## dose          2  2426.4   1213.2   92.000   < 2e-16 ***
## supp:dose     2   108.3     54.2    4.107  0.021860 *
## Residuals    54   712.1     13.2
## ---
## Signif. codes:  0 '***' 0.001 '**' 0.01 '*' 0.05 '.' 0.1 ' ' 1
detach(ToothGrowth)
```

table 语句的预处理表明该设计是均衡设计,aggregate 语句处理可获得各单元的均值和标准差。dose 变量被转换为因子变量,aov( )函数会将其当做一个分组变量,而不是一个数值型协变量。运用 summary( )函数得到方差分析表,可以看到主效应和交互效应都非常显著。

有多种方式对结果进行可视化处理。此处可用 interaction. plot( )函数展示双因素方差分析的交互效应。代码为:

```
interaction. plot( dose,supp2,len,type = "b",col = c( "red","blue"),pch = c( 16,18),
main = "Interaction between Dose and Supplement Type")
```

结果如图 8.6 所示,图形展示各种剂量喂食下豚鼠牙齿长度的均值。

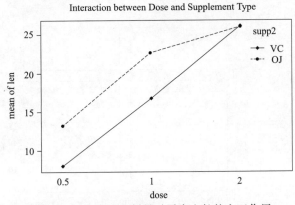

图 8.6　喂食方法和剂量对牙齿生长的交互作用

interaction. plot( )函数可以绘制牙齿长度的均值,还可以用 gplots 包中的 plotmeans( )函数展示交互效应。生成图形如图 8.7 所示,代码如下:

```
library( gplots)
plotmeans( len ~ interaction( supp,dose,sep = " "),
connect = list( c( 1,3,5),c( 2,4,6)),col = c( "red","darkgreen"),
main = "Interaction Plot with 95% CIs",xlab = "Treatment and Dose Combination")
```

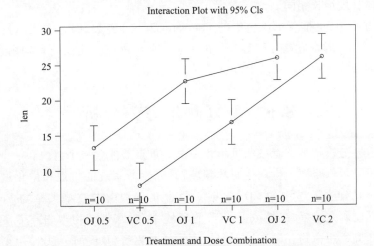

图 8.7　喂食方法和剂量对牙齿生长的交互作用

plotmeans()函数可以绘制 95% 的置信区间的牙齿长度均值图形展示均值、误差范围（95% 的置信区间）和样本大小。最后,运用 HH 包中的 interaction2wt()函数可视化结果,图形对任意顺序的因子设计的主效应和交互效应都进行展示,如图 8.8 所示。

```
library(HH)
interaction2wt(len ~ supp * dose)
```

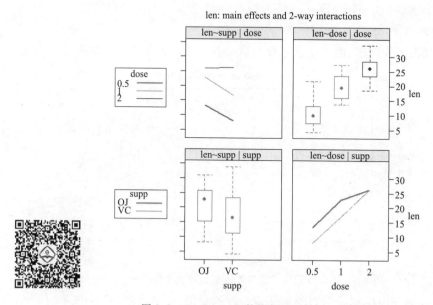

图 8.8 ToothGrowth 数据集的主效应和交互效应

图形由 interaction2wt()函数创建。同样,图 8.8 为适合黑白印刷做了修改,若运行上面的代码,生成的图形会略有不同。

以上三幅图形都表明随着橙汁和维生素 C 中的抗坏血酸剂量的增加,牙齿长度变长。对于 0.5 mg 和 1 mg 剂量,橙汁比维生素 C 更能促进牙齿生长;对于 2 mg 剂量的抗坏血酸,两种喂食方法下牙齿长度增长相同。

三种绘图方法中,更推荐 HH 包中的 interaction2wt()函数,因为它展示任意复杂度设计（双因素方差分析、三因素方差分析等）的主效应和交互效应。此设计是均衡设计,所以不用担心效应顺序的影响。

8.6　重复测量方差分析

重复测量方差分析指被试者被测量不止一次。重点关注含一个组内和一个组间因子的重复测量方差分析。示例来源于生理生态学领域,研究生命系统的生理和生化过程如何响应环境因素的变异。基础安装包中的 CO_2 数据集包含北方和南方牧草类植物 Echinochloa crus-galli 的寒冷容忍度研究结果,在某浓度 CO_2 的环境中,对寒带植物与非寒带植物的光合作用率进行比较。研究所用植物一半来自于加拿大的魁北克省（Quebec）,另一半来自于美国的密西西比州（Mississippi）。

首先,关注寒带植物。因变量是 CO_2 吸收量(uptake),单位为 ml/L,自变量是植物类型 Type(魁北克 VS. 密西西比)和七种水平(95 ~1000 umol/m^2 sec)的 CO_2 浓度(conc)。

另外,Type 是组间因子,conc 是组内因子。Type 已经被存储为一个因子变量,但还需要先将 conc 转换为因子变量。分析过程如代码8.7所示。

【代码8.7】含一个组间因子和一个组内因子的重复测量方差分析

```
CO2 $ conc < - factor( CO2 $ conc)
w1b1 < - subset( CO2 , Treatment = = "chilled")
fit < - aov( uptake ~ conc * Type + Error( Plant/( conc) ) ,w1b1)
summary( fit)
##
## Error:Plant
##           Df  Sum Sq  Mean Sq  F value  Pr( >F)
## Type       1  2667.2  2667.2    60.41  0.00148 * *
## Residuals  4   176.6    44.1
## ---
## Signif. codes: 0 '* * *'0.001 '* *'0.01 '*'0.05 '.'0.1 ' '1
##
## Error:Plant:conc
##           Df  Sum Sq  Mean Sq  F value  Pr( >F)
## conc       6  1472.4  245.40    52.52  1.26e-12 * * *
## conc:Type  6   428.8   71.47    15.30  3.75e-07 * * *
## Residuals 24   112.1    4.67
## ---
## Signif. codes: 0 '* * *'0.001 '* *'0.01 '*'0.05 '.'0.1 ' '1
    par( las = 2)
par( mar = c( 10 ,4 ,4 ,2) )
with( w1b1 ,interaction. plot( conc ,Type ,uptake ,type = "b" ,col = c( "red" ,"blue") ,pch = c( 16 ,18) ,
main = "Interaction Plot for Plant Type and Concentration") )
```

方差分析表明在 0.01 的水平下,主效应类型和浓度以及交叉效应类型 × 浓度都非常显著,图8.9通过 interaction. plot( )函数显示交互效应。

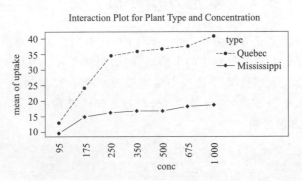

图 8.9 CO_2 浓度和植物类型对 CO_2 吸收的交互影响

图形由 interaction.plot()函数绘制。若想展示交互效应其他不同的侧面,可以使用 boxplot()函数对相同的数据画图,结果如图 8.10 所示。

```
boxplot( uptake ~ Type * conc, data = w1b1, col = ( c ( " gold" ," green" ) ), main = " Chilled Quebec and
Mississippi Plants" ,ylab = "Carbon dioxide uptake rate ( umol/m^2 sec) " )
```

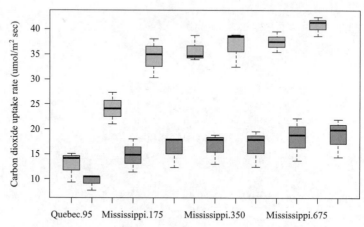

图 8.10　CO_2 浓度和植物类型对 CO_2 吸收的交互效应

图形由 boxplot()函数绘制,从以上任意一幅图都可以看出,魁北克省的植物比密西西比州的植物 CO_2 吸收率高,而且随着 CO_2 浓度的升高,差异越来越明显。

在分析 CO_2 的例子时,使用传统的重复测量方差分析。该方法假设任意组内因子的协方差矩阵为球形,并且任意组内因子两水平间的方差之差都相等。但在现实中这种假设不可能满足,于是衍生一系列备选方法:

- 使用 lme4 包中的 lmer()函数拟合线性混合模型;
- 使用 car 包中的 Anova()函数调整传统检验统计量以弥补球形假设的不满足;
- 使用 nlme 包中的 gls()函数拟合给定方差或协方差结构的广义最小二乘模型;
- 用多元方差分析对重复测量数据进行建模。

8.7　多元方差分析

当因变量不止一个时,可用多元方差分析(MANOVA)对它们同时进行分析。以 MASS 包中的 UScereal 数据集为例,将研究美国谷物中的卡路里、脂肪和糖含量是否会因为储存架位置的不同而发生变化;其中 1 代表底层货架,2 代表中层货架,3 代表顶层货架。卡路里、脂肪和糖含量是因变量,货架是三水平(1、2、3)的自变量。分析过程如代码 8.8 所示。

【代码8.8】单因素多元方差分析

```
library( MASS)
attach( UScereal)
shelf < - factor( shelf)
y  < - cbind( calories,fat,sugars)
```

```
aggregate(y, by = list(shelf), FUN = mean)
##   Group.1  calories      fat      sugars
## 1       1 119.4774 0.6621338  6.295493
## 2       2 129.8162 1.3413488 12.507670
## 3       3 180.1466 1.9449071 10.856821
     cov(y)
##             calories        fat       sugars
## calories  3895.24210 60.674383 180.380317
## fat         60.67438  2.713399   3.995474
## sugars     180.38032  3.995474  34.050018
     fit <- manova(y ~ shelf)
summary(fit)
##            Df  Pillai approx F num Df den Df    Pr(>F)
## shelf       2 0.4021   5.1167      6    122 0.0001015 * * *
## Residuals  62
## ---
## Signif. codes： 0 '* * *'0.001 '* *'0.01 '*'0.05 '.'0.1 ''1
     summary.aov(fit)
##  Response calories：
##             Df Sum Sq Mean Sq F value    Pr(>F)
## shelf        2  50435 25217.6  7.8623 0.0009054 * * *
## Residuals   62 198860  3207.4
## ---
## Signif. codes： 0 '* * *'0.001 '* *'0.01 '*'0.05 '.'0.1 ''1
##
##  Response fat：
##             Df Sum Sq Mean Sq F value  Pr(>F)
## shelf        2  18.44  9.2199  3.6828 0.03081 *
## Residuals   62 155.22  2.5035
## ---
## Signif. codes： 0 '* * *'0.001 '* *'0.01 '*'0.05 '.'0.1 ''1
##
##  Response sugars：
##             Df  Sum Sq Mean Sq F value   Pr(>F)
## shelf        2  381.33 190.667  6.5752 0.002572 * *
## Residuals   62 1797.87  28.998
## ---
## Signif. codes： 0 '* * *'0.001 '* *'0.01 '*'0.05 '.'0.1 ''1
```

首先，将 shelf 变量转换为因子变量，从而使它在后续分析中能作为分组变量。cbind()函数将三个因变量（卡路里、脂肪和糖）合并成一个矩阵。aggregate()函数可获取货架的各个均值，cov()函数则输出各谷物间的方差和协方差。

manova( )函数能对组间差异进行多元检验。上面 F 值显著,说明三个组的营养成分测量值不同。shelf 变量已经转成因子变量,因此可以代表一个分组变量。

由于多元检验是显著的,可以使用 summary.aov( )函数对每个变量做单因素方差分析。从上述结果可以看到,三组中每种营养成分的测量值都是不同的。另外,还可以用均值比较判断对于每个因变量,哪种货架与其他货架都是不同的。

8.7.1 评估假设检验

单因素多元方差分析有两个前提假设,一个是多元正态性,一个是方差-协方差矩阵同质性。第一个假设即指因变量组合成的向量服从一个多元正态分布,可以用 Q-Q 图检验该假设条件。

若有一个 $p \times 1$ 的多元正态随机向量 x,均值为 μ,协方差矩阵为 $\sum$,那么 x 与 μ 的马氏距离的平方服从自由度为 p 的卡方分布。Q-Q 图展示卡方分布的分位数,横纵坐标分别是样本量与马氏距离平方值。如果点全部落在斜率为 1、截距项为 0 的直线上,则表明数据服从多元正态分布。分析如代码 8.9 所示,结果如图 8.11 所示。

【代码 8.9】检验多元正态性

```
center  <- colMeans( y )
n  <- nrow( y )
p  <- ncol( y )
cov  <- cov( y )
d  <- mahalanobis( y, center, cov )
coord  <- qqplot( qchisq( ppoints( n ), df = p ), d,
main = "Q-Q Plot Assessing Multivariate Normality",
ylab = "Mahalanobis D2" )
abline( a = 0, b = 1 )
identify( coord $ x, coord $ y, labels = row. names( UScereal ) )
```

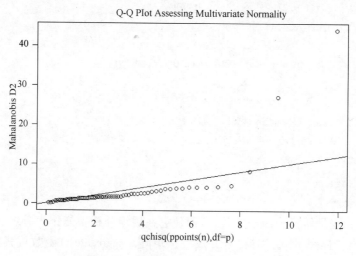

图 8.11　检验多元正态性的 Q-Q 图

若数据服从多元正态分布,那么点将落在直线上。能通过 identify() 函数交互性地对图中的点进行鉴别。从图形上看,观测点"Wheaties Honey Gold"和"Wheaties"异常,数据集似乎违反多元正态性,可以删除这两个点再重新分析。

方差-协方差矩阵同质性即指各组的协方差矩阵相同,通常可用 Box's M 检验评估该假设。但是,该检验对正态性假设很敏感,会导致在大部分案例中直接拒绝同质性假设。最后,可以使用 mvoutlier 包中的 ap. plot() 函数检验多元离群值,如图 8.12 所示。代码如下:

```
library( mvoutlier)
outliers  <- aq. plot(y)
outliers
## $ outliers
##  [1] FALSE FALSE FALSE FALSE FALSE FALSE FALSE FALSE FALSE FALSE  TRUE
## [12]  TRUE FALSE FALSE FALSE FALSE FALSE  TRUE FALSE FALSE FALSE FALSE
## [23] FALSE FALSE FALSE FALSE FALSE FALSE FALSE FALSE  TRUE  TRUE FALSE
## [34] FALSE FALSE FALSE FALSE FALSE FALSE  TRUE FALSE FALSE FALSE  TRUE
## [45] FALSE FALSE FALSE FALSE FALSE  TRUE FALSE FALSE FALSE FALSE FALSE
## [56] FALSE FALSE FALSE FALSE FALSE FALSE FALSE FALSE FALSE FALSE
```

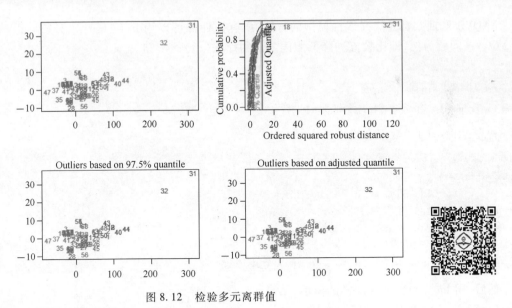

图 8.12　检验多元离群值

8.7.2　稳健多元方差分析

如果多元正态性或者方差-协方差均值假设都不满足,或者担心多元离群点,那么可以考虑用稳健或非参数版本的 MANOVA 检验。稳健单因素 MANOVA 可通过 rrcov 包中的 Wilks. test() 函数实现。vegan 包中的 adonis() 函数则提供非参数 MANOVA 的等同形式。代码 8.10 是 Wilks. test() 函数的应用。

【代码 8.10】稳健单因素 MANOVA

```
library( rrcov)
Wilks. test( y,shelf,method = "mcd")
##
##   Robust One-way MANOVA ( Bartlett Chi2)
##
## data： x
## Wilks' Lambda = 0.51073,Chi2-Value = 22.0430,DF = 4.5466,
## p-value = 0.0003381
## sample estimates：
##        calories        fat       sugars
## 1   119.8210  0.7010828   5.663143
## 2   128.0407  1.1849576  12.537533
## 3   160.8604  1.6524559  10.352646
```

从结果来看,稳健检验对离群点和违反 MANOVA 假设的情况不敏感,而且再一次验证存储在货架顶部、中部和底部的谷物营养成分含量不同。

8.8　回归实现 ANOVA

ANOVA 和回归都是广义线性模型的特例,所有设计都可以用 lm() 函数来分析。以单因素 ANOVA 问题为例,即比较五种降低胆固醇药物疗法(trt)的影响。

```
library( multcomp)
levels( cholesterol $ trt)
## [1] "1time"   "2times" "4times" "drugD"   "drugE"
```

首先,用 aov() 函数拟合模型:

```
fit. aov  < - aov( response ~ trt,data = cholesterol)
summary( fit. aov)
##             Df Sum Sq Mean Sq  F value Pr( > F)
## trt          4 1351.4   337.8    32.43 9.82e-13 * * *
## Residuals   45  468.8    10.4
## ---
## Signif. codes： 0 '* * *'0.001 '* *'0.01 '*'0.05 '.'0.1 ' '1
```

然后,用 lm() 函数拟合同样的模型,结果如代码 8.11 所示。

【代码 8.11】ANOVA 的回归方法

```
fit. lm  < - lm( response ~ trt,data = cholesterol)
summary( fit. lm)
##
## Call：
## lm( formula = response ~ trt,data = cholesterol)
##
## Residuals：
```

```
##     Min      1Q    Median      3Q      Max
## -6.5418  -1.9672  -0.0016   1.8901   6.6008
##
## Coefficients：
##              Estimate Std. Error   t value   Pr( > |t|)
## （Intercept)   5.782    1.021      5.665    9.78e-07 * * *
## trt2times      3.443    1.443      2.385      0.0213 *
## trt4times      6.593    1.443      4.568    3.82e-05 * * *
## trtdrugD       9.579    1.443      6.637    3.53e-08 * * *
## trtdrugE      15.166    1.443     10.507    1.08e-13 * * *
## ---
## Signif. codes： 0 '* * *'0.001 '* *'0.01 '*'0.05 '.'0.1 ' '1
##
## Residual standard error：3.227 on 45 degrees of freedom
## Multiple R-squared： 0.7425，Adjusted R-squared： 0.7196
## F-statistic：32.43 on 4 and 45 DF， p-value：9.819e-13
```

由于线性模型要求自变量是数值型,当 lm() 函数处理因子时,会用一系列与因子水平相对应的数值型对照变量来代替因子。如果因子有 k 个水平,将会创建 $k-1$ 个对照变量。R 提供五种创建对照变量的内置方法,如表 8.4 所示,也可以自己重新创建。默认情况下,对比处理用于无序因子,正交多项式用于有序因子。

表 8.4 内置对照

对照变量创建方法	描 述
contr.helmert	第二个水平对照第一个水平,第三个水平对照前两个的均值,第四个水平对照前三个的均值,依此类推
contr.poly	基于正交多项式的对照,用于趋势分析(线性、二次、三次等)和等距水平的有序因子
contr.sum	对照变量之和限制为 0,又称偏差找对,对各水平的均值与所有水平的均值进行比较
contr.treatment	各水平对照基线水平(默认第一个水平),又称虚拟编码
contr.SAS	类似于 contr.treatment,只是基线水平变成最后一个水平,生成的系数类似于大部分 SAS 过程中使用的对照变量

以对照为例,因子的第一个水平变成参考组,随后的变量都以它为标准。可以通过 contrasts() 函数查看编码过程。

```
contrasts( cholesterol $ trt)
##          2times   4times   drugD   drugE
## 1time        0        0       0       0
## 2times       1        0       0       0
## 4times       0        1       0       0
## drugD        0        0       1       0
## drugE        0        0       0       1
```

若患者处于 drugD 条件下,变量 drugD 等于 1,其他变量 2times、4times 和 drugE 都等于 0。无须列出第一组的变量值,因为其他四个变量都为 0,这已经说明患者处于 1time 条件。在以下代码中,变量 trt2times 表示水平 1time 和 2times 的一个对照。类似地,trt4times 是 1time 和 4times 的一个对照,其余依此类推。从输出的概率值来看,各药物条件与第一组(1time)显著不同。

通过设定 contrasts 选项,可以修改 lm( )函数中默认的对照方法。例如,若使用 Helmert 对照:

```
fit. lm < - lm( response ~ trt, data = cholesterol, contrasts = "contr. helmert" )
```

还能通过 options( )函数修改 R 会话中的默认对照方法,例如:

```
options( contrasts = c( "contr. SAS" , "contr. helmert" ) )
```

设定无序因子的默认对比方法为 contr. SAS,有序因子的默认对比方法为 contr. helmert。虽然在线性模型范围中讨论对照方法的使用,但是完全可以将其应用到其他模型中,如广义线性模型。

小　　结

首先介绍实验设计的基本概念,然后讨论 R 拟合 ANOVA 模型的方法,再通过示例对常见的实验设计分析进行阐释。在这些示例中,将遇到许多有趣的实验,回顾基本实验和准实验设计的分析方法,包括 ANOVA/ANCOVA/MANOVA。然后通过组内和组间设计的示例介绍基本方法的使用,如单因素 ANOVA、单因素 ANCOVA、双因素 ANOVA、重复测量 ANOVA 和单因素 MANOVA。

除了这些基本分析,还回顾模型的假设检验,以及应用多重比较过程进行综合检验的方法。最后,对各种结果可视化方法进行了探索。

习　　题

1. 什么是方差分析,其主要意义有哪些?

2. 如何实现方差分析? 以 R 为例阐述其分析过程。

3. 4 个不同的制造商生产相同的 A4 纸,对比各制造商生产 A4 纸的表面洁白度,测量每个制造商生产的 8 种张纸,表面洁白度结果如表 8.5 所示。假设上述数据服从方差分析模型,在显著性水平 $\alpha = 0.05$ 下,检验 4 个制造商生产的纸张的表面洁白度是否有显著差异。

表 8.5　四个制造商生产 A4 纸的表面洁白度

制造商	表面洁白度
Z1	18.7 21.5 23.8 24.5 25.5 26.0 27.7 38.0
Z2	19.2 19.3 19.7 21.4 21.8 22.9 23.3 25.8
Z3	14.0 15.0 19.0 20.0 23.0 23.0 24.0 25.0
Z4	14.0 14.8 14.8 15.4 17.2 17.8 21.2 22.8

4. 对比研究中观察健康、脂肪肝和肝癌三个不同群体,分别采用 A、B 和 C 表示,记录的资料如表 8.6 所示。针对该组数据进行方差分析:

(1)检验三个群体中 EAP 含量的分布是否为正态分布,方差是否相等?($\alpha = 0.01$)

(2)运用方差分析(ANOVA)过程比较这三个群体 EAP 含量有无显著差异?若有显著差异,指出哪些群体间 EAP 的平均含量有显著差异?($\alpha = 0.05$)

表 8.6　肝胚抗原(EAP)含量

健康(A)	20.4 30.2 210.4 365.0 56.8 37.8 265.3 175.0 169.8 356.4 254.0 262.3 170.5 360.0 78.4 86.4 128.0 24.1 28.5 108.5 472.5 158.6 238.7 253.6 57.0 189.6 59.3 259.3 380.2 210.5 64.6 87.3
脂肪肝(B)	281.0 377.1 230.0 537.9 248.7 571.4 766.2 495.0 87.3 389.8 423.9 577.3 66.8 521.3 327.8 421.4 149.7 47.5 425.7 270.8 378.5 228.0 538.7 245.6 584.1 64.8 485.6 110.8 398.7 452.6 587.7 86.8 532.1 311.6 442.2
肝癌(C)	480.0 488.9 350.7 652.8 1400.0 850.0 725.6 590.0 765.0 1200.0 231.2 485.3 600.0 1380.0 438.5 652.4 432.8 296.1 464.8 608.4 688.5 630.5 750.0 815.0 664.0 348.6 550.0 640.0

5. 已知出生体重随种族的不同而不同。白种人婴儿的出生体重比其他种族的重。出生体重也随孕期的增长而增加,足月(40 周)的婴儿通常比不足月(小于 40 周)的重。一般来说,当比较不同种族婴儿的出生体重时必须对孕期长短进行较正。表 8.7 是出生体重孕期长短的数据,试作协方差分析。

表 8.7　按母亲种族分类的出生体重的孕期

白人		黑人		亚洲人		欧洲人	
孕期(周数) X_1	出生体重(斤) Y_1	孕期(周数) X_2	出生体重(斤) Y_2	孕期(周数) X_3	出生体重(斤) Y_3	孕期(周数) X_4	出生体重(斤) Y_4
37.14	7.37	37.14	6.52	37.14	6.29	37.43	6.41
38.57	7.65	37.57	6.69	38.71	6.46	37.71	6.53
39.71	7.82	38.57	6.80	39.14	6.63	38.57	6.80
40	8.05	39.71	7.09	39.86	6.69	39.29	6.86
40.29	8.28	40.14	7.26	40.14	6.80	40	7.20
41.14	8.45	40.71	7.48	40.43	6.92	40.57	7.48

第二部分　机器学习实践

大数据高性能计算 ‹‹‹ 第9章

本章节主要介绍使用 R 语言中的程序包 data. table 做大数据处理。该程序包用于在内存中快速处理大数据集(如 100 GB),包括数据的聚合、连接、增加、删除、修改、读取和存储,并提供一套灵活、自然的语法用于快速开发。

本章所有例子基于 2 个数据集。第一个数据集是 2014 年前 10 个月由纽约出发航班的准点情况数据集,由美国运输局收集整理,包含 253 316 个样本,每个样本包含 17 个属性,如表 9.1 所示。

表 9.1　航班准点情况数据集属性定义

属　　　性	定　　　义	属　　　性	定　　　义
year	年份	tailnum	尾翼编号
month	月份	flight	航班编号
day	日期	origin	出发地
dep_time	出发时间	dest	目的地
dep_delay	出发延误分钟数	air_time	飞行分钟数
arr_time	到达时间	distance	距离
arr_delay	到达延误分钟数	hour	小时
carrier	航空公司代码	min	分钟

该数据集的路径为 flights/flights14. csv。

另一个数据集是航空公司简写与描述的映射数据集,由美国运输局收集整理,包含 424 个样本,每个样本包含 2 个属性,如表 9.2 所示。

表 9.2　航空公司简写与描述映射数据集属性定义

属　　　性	定　　　义	属　　　性	定　　　义
carrier	航空公司代码	description	描述

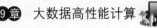

该数据集的路径为 flights/carrier. csv。

调用 library( )函数载入程序包 data. table。

调用 fread( )函数读取航班数据集,该函数是程序包 data. table 对 R 语言内置数据读取函数 read. table( )等更高效的实现,参数列表与 read. table( )函数十分类似。

直接输入读入数据的变量名,查看数据集的前几行和后几行。

```
library( data. table)

flights < - fread( "flights/flights14. csv")

flights
##      year   month   day   dep_time   dep_delay   arr_time   arr_delay   cancelled
## 1:  2014      1      1       914         14        1238         13           0
## 2:  2014      1      1      1157         -3        1523         13           0
## 3:  2014      1      1      1902          2        2224          9           0
## 4:  2014      1      1       722         -8        1014        -26           0
## 5:  2014      1      1      1347          2        1706          1           0
## [ … ]
##      carrier   tailnum   flight   origin   dest   air_time   distance   hour   min
## 1:     AA      N338AA       1      JFK     LAX      359        2475       9     14
## 2:     AA      N335AA       3      JFK     LAX      363        2475      11     57
## 3:     AA      N327AA      21      JFK     LAX      351        2475      19      2
## 4:     AA      N3EHAA      29      LGA     PBI      157        1035       7     22
## 5:     AA      N319AA     117      JFK     LAX      350        2475      13     47
## [ … ]
```

再读取航空公司数据集。

```
carriers < - fread( "flights/carrier. csv")

carriers
##      carrier                                        description
## 1:     02Q                              Titan Airways( 2006 - )
## 2:     04Q                          Tradewind Aviation ( 2006 - )
## 3:     06Q              Master Top Linhas Aereas Ltd. ( 2007 - )
## 4:     07Q                             Flair Airlines Ltd. ( 2007 - )
## 5:     09Q   Swift Air, LLC d/b/a Eastern Air Lines d/b/a Eastern ( 2018 - )
## [ … ]
```

9.1 数 据 选 择

数据表(data. table)提供了增强版的数据框(data. frame)数据类型,即数据框的相关函数和用法也可以用于数据表。

9.1.1 创建数据表

调用 data. table( )函数创建数据表。其中,前 1 个或多个参数 ... 形如 <值>或 <标签>= <值>,表示变量名称和对应的数据。

```
DT = data. table( ID = c( "b","b","b","a","a","c" ),a = 1:6,b = 7:12,c = 13:18)
DT
##     ID   a   b    c
## 1：  b   1   7   13
## 2：  b   2   8   14
## 3：  b   3   9   15
## 4：  a   4   10  16
## 5：  a   5   11  17
## 6：  c   6   12  18
class( DT $ ID )
## [1] "character"
```

可以看出,与数据框不同,字符型数据变量不会默认转换为因子型。在显示出来的数据样本中,会默认显示行号与冒号(:)。

9.1.2 数据表的基本形式

数据表的基本形式为:

```
DT[i,j,by]
```

如果读者有 SQL 语句基础,可以理解为

- i 项:对应 SQL 语句中的 where 语句;
- j 项:对应 SQL 语句中的 select 和 update 语句;
- by 项:对应 SQL 语句中的 group by 语句。

另一种通俗的理解方式是:使用 i 选择行,然后计算 j,并按 by 分组。

9.1.3 数据行的选择(使用 i 项)

在 i 项中使用变量名和比较运算符做筛选条件,选取航班数据集中出发地(变量 origin)为 'JFK'、月份(变量 month)为 6 月的数据行。

```
flights[ origin = = "JFK" & month = = 6]
##     year   month   day   dep_time   dep_delay   arr_time   arr_delay   cancelled
## 1： 2014    6       1     851        -9          1205       -5          0
## 2： 2014    6       1     1220       -10         1522       -13         0
##
## 3：2014    6       1     718        18          1014       -1          0
## 4：2014    6       1     1024       -6          1314       -16         0
## 5：2014    6       1     1841       -4          2125       -45         0
## [ ⋯ ]
##     carrier   tailnum   flight   origin   dest   air_time   distance   hour   min
## 1：  AA        N787AA    1        JFK      LAX    324        2475       8      51
## 2：  AA        N795AA    3        JFK      LAX    329        2475       12     20
## 3：  AA        N784AA    9        JFK      LAX    326        2475       7      18
## 4：  AA        N791AA    19       JFK      LAX    320        2475       10     24
## 5：  AA        N790AA    21       JFK      LAX    326        2475       18     41
## [ ⋯ ]
```

需要注意的是,与数据框不同:

(1)变量名并不必须添加数据表名称前缀 flights $,但也完全支持添加;

(2)在筛选条件后不必须添加逗号(,),形如 flights[dest = = "JFK" & month = = 6L,],但也完全支持添加。

选取航班数据集的前 2 行数据。

```
flights[1:2]
##   year month day dep_time dep_delay arr_time arr_delay cancelled carrier
## 1: 2014    1   1      914        14     1238        13         0      AA
## 2: 2014    1   1     1157        -3     1523        13         0      AA
##    tailnum flight origin dest air_time distance hour  min
## 1: N338AA      1    JFK  LAX      359     2475    9   14
## 2: N335AA      3    JFK  LAX      363     2475   11   57
```

在数据表的 i 项中调用 order( ) 函数按出发地(变量 origin)顺序、目的地(变量 dest)倒序排列。

```
flights[ order( origin, -dest) ]
##   year month day dep_time dep_delay arr_time arr_delay cancelled
## 1: 2014    1   5      836         6     1151        49         0
## 2: 2014    1   6      833         7     1111        13         0
## 3: 2014    1   7      811        -6     1035       -13         0
## 4: 2014    1   8      810        -7     1036       -12         0
## 5: 2014    1   9      833        16     1055         7         0
## [···]
##    carrier tailnum flight origin dest air_time distance hour min
## 1:      EV  N12175   4419    EWR  XNA      195     1131    8  36
## 2:      EV  N24128   4419    EWR  XNA      190     1131    8  33
## 3:      EV  N12142   4419    EWR  XNA      179     1131    8  11
## 4:      EV  N11193   4419    EWR  XNA      184     1131    8  10
## 5:      EV  N14198   4419    EWR  XNA      181     1131    8  33
## [···]
```

9.1.4 数据列的选择(使用 j 项)

在数据表的 j 项中直接使用变量名,选取航班到达延误分钟数(变量 arr_delay),返回结果为向量。

```
flights[1:6, arr_delay]
## [1]  13  13   9  -26   1   0
```

将变量名放在 .( )中,则返回结果为数据表。

```
flights[1:6, .( arr_delay) ]
##    arr_delay
## 1:        13
## 2:        13
```

```
## 3:         9
## 4:        -26
## 5:         1
## 6:         0
```

也可以在.()中包含多个变量名,选取航班到达延误分钟数(变量 arr_delay)和出发延误分钟数(变量 dep_delay),则返回包含多列的数据表。

```
flights[1:6,.(arr_delay,dep_delay)]
##      arr_delay    dep_delay
## 1:      13          14
## 2:      13          -3
## 3:       9           2
## 4:     -26          -8
## 5:       1           2
## 6:       0           4
```

可以重新命名选取的列,这里将变量 arr_delay 和 dep_delay 重命名为 delay_arr 和 delay_dep。

```
flights[1:6,.(delay_arr = arr_delay,delay_dep = dep_delay)]
##      delay_arr    delay_dep
## 1:      13          14
## 2:      13          -3
## 3:       9           2
## 4:     -26          -8
## 5:       1           2
## 6:       0           4
```

9.1.5 数据列的计算(使用 j 项)

在数据表的 j 项中调用 sum()函数,计算航班总延误分钟数(变量 arr_delay 与 dep_delay 之和)小于 0 的记录数。

```
flights[,sum((arr_delay + dep_delay) < 0)]
## [1] 141814
```

在数据表的 i 项中做筛选条件,并在数据表的 j 项中调用 mean()函数,计算航班数据集中满足筛选条件的航班的平均到达延误分钟数(变量 arr_delay)和平均出发延误分钟数(变量 dep_delay)。

```
flights[origin = = "JFK" & month = = 6L,.(m_arr = mean(arr_delay),m_dep = mean(dep_delay))]
##        m_arr    m_dep
## 1: 5.839349  9.807884
```

在数据表的 j 项中调用 length()函数,计算满足筛选条件的记录数。

```
flights[origin = = "JFK" & month = = 6L,length(dest)]
## [1] 8422
```

另一种方法是使用 . N,即表示该分组的记录数。需要注意的是,在数据表的 j 项中没有指定输出变量名,则自动命名为 N。

```
flights[origin = = "JFK" & month = = 6L,. N]
## [1] 8422
```

9.2　数 据 聚 合

9.2.1　使用 by 关键字

在数据表的 j 项中使用 . N,并在数据表的 by 项中使用 by 关键字指定按出发地(变量 origin)分组,计算各出发地的记录数。

```
flights[,. N,by = origin]
##      origin       N
## 1:    JFK     81483
## 2:    LGA     84433
## 3:    EWR     87400
```

也可以继续在 i 项中做筛选条件,并在数据表的 by 项中指定多个变量,计算各不同出发地(变量 origin)、目的地(变量 dest)组合中,航空公司代码(变量 carrier)为'AA'的记录条数。

```
flights[carrier = = "AA",. N,by = .(origin,dest)]
##      origin   dest    N
## 1:    JFK    LAX   3387
## 2:    LGA    PBI    245
## 3:    EWR    LAX     62
## 4:    JFK    MIA   1876
## 5:    JFK    SEA    298
## [...]
```

以下例子计算了航空公司代码为'AA'的航班,在各不同出发地、目的地和月份组合中,平均到达和出发延误分钟数。需要注意的是,在数据表的 j 项中没有指定输出变量名,则自动命名为 V1 和 V2。

```
flights[carrier = = "AA",.(mean(arr_delay),mean(dep_delay)),by = .(origin,dest,month)]
##      origin   dest   month        V1            V2
## 1:    JFK    LAX      1      6.590361   14.2289157
## 2:    LGA    PBI      1     -7.758621    0.3103448
## 3:    EWR    LAX      1      1.366667    7.5000000
## 4:    JFK    MIA      1     15.720670   18.7430168
## 5:    JFK    SEA      1     14.357143   30.7500000
## [...]
```

9.2.2 使用 keyby 关键字

程序包 data.table 默认在聚合时保持原始数据的顺序,但有时也希望能够按照分组变量的顺序排列结果。

在数据表的 by 项中使用 keyby 关键字指定分组变量。可以看出,结果按照分组变量顺序排列。

```
flights[carrier = = "AA",.(mean(arr_delay),mean(dep_delay)),keyby = .(origin,dest,month)]
##     origin  dest   month        V1              V2
## 1:  EWR DFW         1      6.427673      10.0125786
## 2:  EWR DFW         2     10.536765      11.3455882
## 3:  EWR DFW         3     12.865031       8.0797546
## 4:  EWR DFW         4     17.792683      12.9207317
## 5:  EWR DFW         5     18.487805      18.6829268
## [ … ]
```

9.2.3 级联操作

考虑以下两步操作:

(1)计算各不同出发地(变量 origin)、目的地(变量 dest)组合中,航空公司代码(变量 carrier)为'AA'的记录条数;

(2)按出发地(变量 origin)顺序、目的地(变量 dest)倒序排列。

```
DT <- flights[carrier = = "AA",.N,by = .(origin,dest)]
DT[order(origin,-dest)]
##     origin  dest    N
## 1:  EWR  PHX    121
## 2:  EWR  MIA    848
## 3:  EWR  LAX     62
## 4:  EWR  DFW   1618
## 5:  JFK   STT    229
## [ … ]
```

以上操作需要将(1)的结果存储在一个中间变量中,浪费了内存资源。

可以通过级联操作直接得到结果。

```
flights[carrier = = "AA",.N,by = .(origin,dest)][order(origin,-dest)]
##     origin  dest    N
## 1:  EWR PHX    121
## 2:  EWR MIA    848
## 3:  EWR LAX     62
## 4:  EWR DFW   1618
## 5:  JFK  STT    229
## [ … ]
```

9.3 数 据 引 用

在前几节中,所有操作都产生了一个新的数据集。而在处理大数据集时,有时需要在原始数据集上直接做数据列的增加、修改和删除。

首先需要区分 R 语言中浅拷贝和深拷贝的概念。

- 浅拷贝:仅拷贝数据集列向量的指针,而没有拷贝实际数据,即按引用拷贝;
- 深拷贝:拷贝所有数据,即按值拷贝。

考虑以下数据框中的例子。

```
DF <- data.frame(ID = c("b","b","b","a","a","c"),a = 1:6,b = 7:12,c = 13:18)
DF
##    ID a  b  c
## 1   b 1  7 13
## 2   b 2  8 14
## 3   b 3  9 15
## 4   a 4 10 16
## 5   a 5 11 17
## 6   c 6 12 18
```

在 R 语言 3.1 版本之后,

(1)以下取代整列的操作使用浅拷贝;

```
DF$c <- 18:13
```

(2)以下对于数据列中某些行的赋值操作使用深拷贝。

```
DF$c[DF$ID == "b"] <- 15:13
```

9.3.1 :=操作符

程序包 data.table 在 j 项中提供:=操作符,用于数据表中列的无拷贝更新,其基本形式有两种:

1. <左边项>:= <右边项>的形式

```
DT[,c("<列1>","<列2>",…) := list(<值1>,<值2>,…)]
```

2. 函数形式

```
DT[,':='(<列1> = <值1>,<列2> = <值2>,…)]
```

需要注意的是,我们不需要将结果赋值给一个新变量,因为所有操作都直接在输入的数据表上按引用执行。

9.3.2 按引用增加数据列

在数据表的 j 项使用:=操作符增加 2 列:平均速度(变量 speed)和总延误分钟数(变量 delay)。

```
flights[ ,': ='( speed = distance / ( air_time/60 ) ,# speed in mph ( mi/h )
                delay = arr_delay + dep_delay ) ]# delay in minutes
flights
```

##	year	month	day	dep_time	dep_delay	arr_time	arr_delay	cancelled	carrier	tailnum
## 1：	2014	1	1	914	14	1238	13	0	AA	N338AA
## 2：	2014	1	1	1157	-3	1523	13	0	AA	N335AA
## 3：	2014	1	1	1902	2	2224	9	0	AA	N327AA
## 4：	2014	1	1	722	-8	1014	-26	0	AA	N3EHAA
## 5：	2014	1	1	1347	2	1706	1	0	AA	N319AA
## […]										

##	flight	origin	dest	air_time	distance	hour	min	speed	delay
## 1：	1	JFK	LAX	359	2475	9	14	413.6490	27
## 2：	3	JFK	LAX	363	2475	11	57	409.0909	10
## 3：	21	JFK	LAX	351	2475	19	2	423.0769	11
## 4：	29	LGA	PBI	157	1035	7	22	395.5414	-34
## 5：	117	JFK	LAX	350	2475	13	47	424.2857	3
## […]									

以上操作也可以使用 <左边项> : = <右边项> 的形式完成，即

```
flights[ ,c( "speed" ,"delay" ) : = list( distance/( air_time/60 ) ,arr_delay + dep_delay ) ]
```

9.3.3 按引用修改数据列

在数据表的 j 项中调用 unique( )和 sort( )函数得到小时(变量 hour)独立值顺序排列的结果。

```
flights[ ,sort( unique( hour ) ) ]
## [1]  0  1  2  3  4  5  6  7  8  9 10 11 12 13 14 15 16 17 18 19 20 21 22
## [24] 23 24
```

可以看出，小时共有 25 个独立值，24 和 0 同时出现在其中。

在数据表的 i 项中筛选出小时为 24 的记录，并在数据表的 j 项中使用 : = 操作符，将小时修改为 0。

```
flights[ hour = = 24,hour: = 0 ]
```

最后，验证小时独立值。

```
flights[ ,sort( unique( hour ) ) ]
## [1]  0  1  2  3  4  5  6  7  8  9 10 11 12 13 14 15 16 17 18 19 20 21 22
## [24] 23
```

9.3.4 按引用删除数据列

在数据表的 j 项中使用 : = 操作符，将总延误分钟数(变量 delay)修改为 NULL，则删除该列。

```
flights[, delay : = NULL]
flights
```

##	year	month	day	dep_time	dep_delay	arr_time	arr_delay	cancelled	carrier	tailnum
## 1 :	2014	1	1	914	14	1238	13	0	AA	N338AA
## 2 :	2014	1	1	1157	-3	1523	13	0	AA	N335AA
## 3 :	2014	1	1	1902	2	2224	9	0	AA	N327AA
## 4 :	2014	1	1	722	-8	1014	-26	0	AA	N3EHAA
## 5 :	2014	1	1	1347	2	1706	1	0	AA	N319AA

```
## [ ... ]
```

##	flight	origin	dest	air_time	distance	hour	min	speed
## 1 :	1	JFK	LAX	359	2475	9	14	413.6490
## 2 :	3	JFK	LAX	363	2475	11	57	409.0909
## 3 :	21	JFK	LAX	351	2475	19	2	423.0769
## 4 :	29	LGA	PBI	157	1035	7	22	395.5414
## 5 :	117	JFK	LAX	350	2475	13	47	424.2857

```
## [ ... ]
```

9.3.5　: = 操作符与分组操作

在数据表的 j 项使用 : = 操作符增加一列分组最大速度(变量 max_speed),调用 max( )函数得到,并在数据表的 by 项中使用 by 关键字指定按出发地(变量 origin)和目的地(变量 dest)分组。

```
flights[, max_speed : = max(speed), by = .(origin, dest)]
flights
```

##	year	month	day	dep_time	dep_delay	arr_time	arr_delay	cancelled	carrier	tailnum
## 1 :	2014	1	1	914	14	1238	13	0	AA	N338AA
## 2 :	2014	1	1	1157	-3	1523	13	0	AA	N335AA
## 3 :	2014	1	1	1902	2	2224	9	0	AA	N327AA
## 4 :	2014	1	1	722	-8	1014	-26	0	AA	N3EHAA
## 5 :	2014	1	1	1347	2	1706	1	0	AA	N319AA

```
## [ ... ]
```

##	flight	origin	dest	air_time	distance	hour	min	speed	max_speed
## 1 :	1	JFK	LAX	359	2475	9	14	413.6490	526.5957
## 2 :	3	JFK	LAX	363	2475	11	57	409.0909	526.5957
## 3 :	21	JFK	LAX	351	2475	19	2	423.0769	526.5957
## 4 :	29	LGA	PBI	157	1035	7	22	395.5414	517.5000
## 5 :	117	JFK	LAX	350	2475	13	47	424.2857	526.5957

```
## [ ... ]
```

9.4　键与快速筛选

程序包 data. table 中的键(key)与关系型数据库中的聚集索引类似,可以包含一个或多个数据列,数据集中的行在内存中,会按照键的数值顺序(通常为升序)排列。

重新读取航班数据集。

```
flights  < - fread( "flights/flights14. csv" )
```

9.4.1　设置、获取和使用键

调用 setkey()函数设置数据表的键。其中,第 1 个参数 x 表示数据表;前 2 个或多个参数…表示设为键的变量。

```
setkey( flights, origin)
flights
```

##	year	month	day	dep_time	dep_delay	arr_time	arr_delay	cancelled
## 1:	2014	1	1	1824	4	2145	0	0
## 2:	2014	1	1	1655	-5	2003	-17	0
## 3:	2014	1	1	1611	191	1910	185	0
## 4:	2014	1	1	1449	-1	1753	-2	0
## 5:	2014	1	1	607	-3	905	-10	0
## […]								

##	carrier	tailnum	flight	origin	dest	air_time	distance	hour	min
## 1:	AA	N3DEAA	119	EWR	LAX	339	2454	18	24
## 2:	AA	N5CFAA	172	EWR	MIA	161	1085	16	55
## 3:	AA	N471AA	300	EWR	DFW	214	1372	16	11
## 4:	AA	N4WNAA	320	EWR	DFW	214	1372	14	49
## 5:	AA	N5DMAA	1205	EWR	MIA	154	1085	6	7
## […]									

可以看出,数据表自动按照键(变量 origin)的顺序排列。需要注意的是,返回结果并不需要赋值给新的变量,该函数会按引用修改输入数据表。

使用键做数据筛选时,只需要在数据表的 i 项中直接给出键的数值。以下例子筛选出键(变量 origin)为'JFK'或'LGA'的记录。

```
flights[ c( "JFK" ,"LGA" ) ]
```

##	year	month	day	dep_time	dep_delay	arr_time	arr_delay	cancelled
## 1:	2014	1	1	914	14	1238	13	0
## 2:	2014	1	1	1157	-3	1523	13	0
## 3:	2014	1	1	1902	2	2224	9	0
## 4:	2014	1	1	1347	2	1706	1	0
## 5:	2014	1	1	2133	-2	37	-18	0
## […]								

##	carrier	tailnum	flight	origin	dest	air_time	distance	hour	min
## 1：	AA	N338AA	1	JFK	LAX	359	2475	9	14
## 2：	AA	N335AA	3	JFK	LAX	363	2475	11	57
## 3：	AA	N327AA	21	JFK	LAX	351	2475	19	2
## 4：	AA	N319AA	117	JFK	LAX	350	2475	13	47
## 5：	AA	N323AA	185	JFK	LAX	338	2475	21	33
## […]									

调用 key() 函数得到数据表的键。

```
key(flights)
## [1] "origin"
```

数据表的键也可以是多个变量。将出发地（变量 origin）和目的地（变量 dest）设置为键。

```
setkey(flights,origin,dest)
flights
```

##	year	month	day	dep_time	dep_delay	arr_time	arr_delay	cancelled
## 1：	2014	1	2	724	-2	810	-25	0
## 2：	2014	1	3	2313	88	9	79	0
## 3：	2014	1	4	1526	220	1618	211	0
## 4：	2014	1	4	755	35	848	19	0
## 5：	2014	1	5	817	47	921	42	0
## […]								

##	carrier	tailnum	flight	origin	dest	air_time	distance	hour	min
## 1：	EV	N11547	4373	EWR	ALB	30	143	7	24
## 2：	EV	N18120	4470	EWR	ALB	29	143	23	13
## 3：	EV	N11184	4373	EWR	ALB	32	143	15	26
## 4：	EV	N14905	4551	EWR	ALB	32	143	7	55
## 5：	EV	N19966	4470	EWR	ALB	26	143	8	17
## […]									

筛选出第 1 个键（变量 origin）为'JFK'且第 2 个键（变量 dest）为'MIA'的记录。

```
flights[.("JFK","MIA")]
```

##	year	month	day	dep_time	dep_delay	arr_time	arr_delay	cancelled
## 1：	2014	1	1	1509	-1	1828	-17	0
## 2：	2014	1	1	917	7	1227	-8	0
## 3：	2014	1	1	1227	2	1534	-1	0
## 4：	2014	1	1	546	6	853	3	0
## 5：	2014	1	1	1736	6	2043	-12	0
## […]								

##	carrier	tailnum	flight	origin	dest	air_time	distance	hour	min
## 1：	AA	N5FJAA	145	JFK	MIA	161	1089	15	9
## 2：	AA	N5DWAA	1085	JFK	MIA	166	1089	9	17
## 3：	AA	N635AA	1697	JFK	MIA	164	1089	12	27
## 4：	AA	N5CGAA	2243	JFK	MIA	157	1089	5	46
## 5：	AA	N397AA	2351	JFK	MIA	154	1089	17	36
## […]									

筛选出第 1 个键(变量 origin)为'JFK'的记录。

```
flights["JFK"]
```

##	year	month	day	dep_time	dep_delay	arr_time	arr_delay	cancelled
## 1:	2014	1	1	2011	10	2308	4	0
## 2:	2014	1	2	2215	134	145	161	0
## 3:	2014	1	7	2006	6	2314	6	0
## 4:	2014	1	8	2009	15	2252	-15	0
## 5:	2014	1	9	2039	45	2339	32	0

```
## [...]
```

##	carrier	tailnum	flight	origin	dest	air_time	distance	hour	min
## 1:	B6	N766JB	65	JFK	ABQ	280	1826	20	11
## 2:	B6	N507JB	65	JFK	ABQ	252	1826	22	15
## 3:	B6	N652JB	65	JFK	ABQ	269	1826	20	6
## 4:	B6	N613JB	65	JFK	ABQ	259	1826	20	9
## 5:	B6	N598JB	65	JFK	ABQ	267	1826	20	39

```
## [...]
```

筛选出第 2 个键(变量 dest)为'MIA'的记录。

```
flights[.(unique(origin),"MIA")]
```

##	year	month	day	dep_time	dep_delay	arr_time	arr_delay	cancelled
## 1:	2014	1	1	1655	-5	2003	-17	0
## 2:	2014	1	1	607	-3	905	-10	0
## 3:	2014	1	1	1125	-5	1427	-8	0
## 4:	2014	1	1	1533	43	1840	42	0
## 5:	2014	1	1	2130	60	29	49	0

```
## [...]
```

##	carrier	tailnum	flight	origin	dest	air_time	distance	hour	min
## 1:	AA	N5CFAA	172	EWR	MIA	161	1085	16	55
## 2:	AA	N5DMAA	1205	EWR	MIA	154	1085	6	7
## 3:	AA	N3AGAA	1623	EWR	MIA	157	1085	11	25
## 4:	UA	N491UA	244	EWR	MIA	155	1085	15	33
## 5:	UA	N476UA	308	EWR	MIA	162	1085	21	30

```
## [...]
```

9.4.2 键的效率提升

对于上一节中的操作:

```
flights[.("JFK","MIA")]
```

也可以用以下操作实现:

```
flights[origin == "JFK" & dest == "MIA"]
```

前者的好处除了语法更紧凑外,更大的好处是效率显著提升。以下通过实验来证明。

首先定义一个 1000 万行的数据表,其中包含 3 列,并设置键为变量 x 和 y。

```
set. seed(123)
N = 1e + 08
DT = data. table(x = sample(letters,N,TRUE),y = sample(1000,N,TRUE),val = runif(N),
    key = c("x","y"))
print(object. size(DT),units = "Mb")
## 190. 7 Mb
key(DT)
## [1] "x" "y"
```

测试不使用键的运行时间。

```
system. time(for(i in 1:1000) DT[x = = "g" & y = = 877])
##    user  system  elapsed
##    0. 98  0. 00    0. 98
```

测试使用键的运行时间。

```
system. time(for(i in 1:1000) DT[. ("g",877)])
##    user  system  elapsed
##    0. 48  0. 00    0. 50
```

9.5 数 据 连 接

数据连接是指两个数据集按指定的连接条件按列合并成一个数据集,主要分为图 9.1 所示的 4 种。

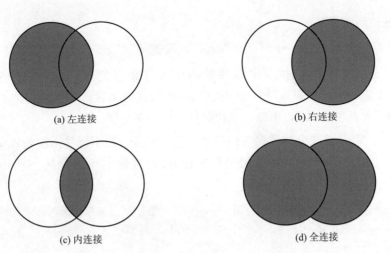

(a) 左连接

(b) 右连接

(c) 内连接

(d) 全连接

图 9. 1 数据连接的种类

• 内连接(inner join):包含左侧数据集和右侧数据集中都存在且满足连接条件的行;

- 左连接(left join):包含左侧数据集中所有行,右侧数据集中不满足连接条件的列设为空;
- 右连接(right join):包含右侧数据集中所有行,左侧数据集中不满足连接条件的列设为空;
- 全连接(full join):包含左侧数据集和右侧数据集中所有行,不满足连接条件的列设为空。

在程序包 data.table 中,其语法总结如表9.3所示,其中 X 表示左侧数据表,Y 表示右侧数据表。

表9.3 航班准点情况数据集属性定义

连接类型	符号语法	函数语法
内连接	X[Y, nomatch = 0]	merge(X, Y, all = FALSE)
左连接	Y[X]	merge(X, Y, all. x = TRUE)
右连接	X[Y]	merge(X, Y, all. y = TRUE)
全连接	-	merge(X, Y, all = TRUE)

merge( )函数用于做数据连接,其中:
- 第1个参数 x 表示左侧数据表;
- 第2个参数 y 表示右侧数据表;
- 第3个参数 by 表示数据表 x 和 y 的连接变量名;
- 第4和5个参数 by. x 和 by. y 分别表示数据表 x 和 y 的连接变量名;
- 第6个参数 all 表示数据表 x 和 y 中的记录是否需要全部出现在最终结果中;
- 第7和8个参数 all. x 和 all. y 分别表示数据表 x 和 y 中的记录是否需要全部出现在最终结果中。

重新读取航班数据集。

```
flights < - fread( "flights/flights14. csv" )
```

航班数据集(数据表 flights)中的变量 carrier 与航空公司代码描述数据集(数据表 carriers)中的变量 carrier 都表示航空公司代码,将作为连接条件。需要注意的是,航空公司代码描述数据集(数据表 carriers)中每一个代码仅对应一条记录。

在做数据连接前,首先会将数据表的键设为连接变量。使用符号语法做数据连接时,设置键是必需的。而调用 merge( )函数做数据连接时,设置键不是必需的,但会大大增加连接效率。

```
setkey( flights, carrier)
setkey( carriers, carrier)
```

9.5.1 内连接

使用符号语法 X[Y, nomatch = 0]做内连接。

```
DT <- flights[carriers, nomatch = 0]
DT
```

##	year	month	day	dep_time	dep_delay	arr_time	arr_delay	cancelled	carrier	tailnum
## 1:	2014	1	1	914	14	1238	13	0	AA	N338AA
## 2:	2014	1	1	1157	-3	1523	13	0	AA	N335AA
## 3:	2014	1	1	1902	2	2224	9	0	AA	N327AA
## 4:	2014	1	1	722	-8	1014	-26	0	AA	N3EHAA
## 5:	2014	1	1	1347	2	1706	1	0	AA	N319AA

[...]

##	flight	origin	dest	air_time	distance	hour	min	description
## 1:	1	JFK	LAX	359	2475	9	14	American Airlines Inc. (1960 -)
## 2:	3	JFK	LAX	363	2475	11	57	American Airlines Inc. (1960 -)
## 3:	21	JFK	LAX	351	2475	19	2	American Airlines Inc. (1960 -)
## 4:	29	LGA	PBI	157	1035	7	22	American Airlines Inc. (1960 -)
## 5:	117	JFK	LAX	350	2475	13	47	American Airlines Inc. (1960 -)

[...]

计算内连接前航班数据集的记录条数和连接后的记录条数。

```
flights[,.N]
## [1] 253316
DT[,.N]
## [1] 235315
```

可以看出，连接后的记录条数少于连接前航班数据集的记录条数，意味着航班数据集中有一些记录并没有出现在结果中。

调用函数 merge(X, Y, all = FALSE) 做内连接，与使用符号语法得到的结果完全一致。

```
DT <- merge(flights, carriers, all = FALSE)
DT
```

##	carrier	year	month	day	dep_time	dep_delay	arr_time	arr_delay	cancelled	tailnum
## 1:	AA	2014	1	1	914	14	1238	13	0	N338AA
## 2:	AA	2014	1	1	1157	-3	1523	13	0	N335AA
## 3:	AA	2014	1	1	1902	2	2224	9	0	N327AA
## 4:	AA	2014	1	1	722	-8	1014	-26	0	N3EHAA
## 5:	AA	2014	1	1	1347	2	1706	1	0	N319AA

[...]

##	flight	origin	dest	air_time	distance	hour	min	description
## 1:	1	JFK	LAX	359	2475	9	14	American Airlines Inc. (1960 -)
## 2:	3	JFK	LAX	363	2475	11	57	American Airlines Inc. (1960 -)
## 3:	21	JFK	LAX	351	2475	19	2	American Airlines Inc. (1960 -)
## 4:	29	LGA	PBI	157	1035	7	22	American Airlines Inc. (1960 -)
## 5:	117	JFK	LAX	350	2475	13	47	American Airlines Inc. (1960 -)

[...]

9.5.2 左连接

使用符号语法 Y[X]做左连接。

```
DT <- carriers[flights]
DT
```

##	carrier	description	year	month	day	dep_time	dep_delay	arr_time
## 1:	AA	American Airlines Inc. (1960 -)	2014	1	1	914	14	1238
## 2:	AA	American Airlines Inc. (1960 -)	2014	1	1	1157	-3	1523
## 3:	AA	American Airlines Inc. (1960 -)	2014	1	1	1902	2	2224
## 4:	AA	American Airlines Inc. (1960 -)	2014	1	1	722	-8	1014
## 5:	AA	American Airlines Inc. (1960 -)	2014	1	1	1347		
## […]		2				1706		

##	arr_delay	cancelled	tailnum	flight	origin	dest	air_time	distance	hour	min
## 1:	13	0	N338AA	1	JFK	LAX	359	2475	9	14
## 2:	13	0	N335AA	3	JFK	LAX	363	2475	11	57
## 3:	9	0	N327AA	21	JFK	LAX	351	2475	19	2
## 4:	-26	0	N3EHAA	29	LGA	PBI	157	1035	7	22
## 5:	1	0	N319AA	117	JFK	LAX	350	2475	13	47
## […]										

计算左连接前航班数据集的记录条数和连接后的记录条数。

```
flights[,.N]
## [1] 253316
DT[,.N]
## [1] 253316
```

可以看出,连接后的记录条数完全等于连接前航班数据集的记录条数,意味着航班数据集中全部记录都出现在结果中。

调用 is.na()函数得到变量 description 为空的记录。

```
DT[is.na(description)]
```

##	carrier	description	year	month	day	dep_time	dep_delay	arr_time	arr_delay
## 1:	FL	< NA >	2014	1	1	1146	-5	1409	-10
## 2:	FL	< NA >	2014	1	1	945	-5	1117	-6
## 3:	FL	< NA >	2014	1	1	936	16	1201	13
## 4:	FL	< NA >	2014	1	1	1734	5	1959	4
## 5:	FL	< NA >	2014	1	1	1421	-4	1647	-6
## […]									

##	cancelled	tailnum	flight	origin	dest	air_time	distance	hour	min
## 1:	0	N952AT	63	LGA	ATL	124	762	11	46
## 2:	0	N922AT	160	LGA	CAK	72	397	9	45
## 3:	0	N982AT	281	LGA	ATL	123	762	9	36
## 4:	0	N980AT	400	LGA	ATL	129	762	17	34
## 5:	0	N996AT	1070	LGA	ATL	128	762	14	21
## […]									

调用 merge(X,Y,all. x = TRUE)函数做左连接,与使用符号语法得到的结果完全一致。

```
DT <- merge(flights,carriers,all. x = TRUE)
DT
##      carrier year  month  day  dep_time  dep_delay  arr_time  arr_delay  cancelled  tailnum
## 1:      AA 2014      1    1       914        14      1238        13          0     N338AA
## 2:      AA 2014      1    1      1157        -3      1523        13          0     N335AA
## 3:      AA 2014      1    1      1902         2      2224         9          0     N327AA
## 4:      AA 2014      1    1       722        -8      1014       -26          0     N3EHAA
## 5:      AA 2014      1    1      1347         2      1706         1          0     N319AA
## [ ⋯ ]
##      flight  origin  dest  air_time  distance  hour  min                    description
## 1:       1    JFK   LAX      359      2475      9    14    American Airlines Inc. ( 1960 - )
## 2:       3    JFK   LAX      363      2475     11    57    American Airlines Inc. ( 1960 - )
## 3:      21    JFK   LAX      351      2475     19     2    American Airlines Inc. ( 1960 - )
## 4:      29    LGA   PBI      157      1035      7    22    American Airlines Inc. ( 1960 - )
## 5:     117    JFK   LAX      350      2475     13    47    American Airlines Inc. ( 1960 - )
## [ ⋯ ]
```

右连接与左连接类似,在此不再赘述。

9.5.3 全连接

调用 merge(X,Y,all = TRUE)函数做全连接。

```
DT <- merge(flights,carriers,all = TRUE)
DT
##      carrier year  month  day  dep_time  dep_delay  arr_time  arr_delay
## 1:     02Q   NA     NA   NA      NA        NA        NA        NA
## 2:     04Q   NA     NA   NA      NA        NA        NA        NA
## 3:     06Q   NA     NA   NA      NA        NA        NA        NA
## 4:     07Q   NA     NA   NA      NA        NA        NA        NA
## 5:     09Q   NA     NA   NA      NA        NA        NA        NA
## [ ⋯ ]
##      cancelled  tailnum  flight  origin   dest  air_time  distance  hour  min
## 1:      NA     < NA >    NA    < NA >   < NA >    NA       NA    NA   NA
## 2:      NA     < NA >    NA    < NA >   < NA >    NA       NA    NA   NA
## 3:      NA     < NA >    NA    < NA >   < NA >    NA       NA    NA   NA
## 4:      NA     < NA >    NA    < NA >   < NA >    NA       NA    NA   NA
## 5:      NA     < NA >    NA    < NA >   < NA >    NA       NA    NA   NA
## [ ⋯ ]
##                                                      description
## 1:                              Titan Airways ( 2006 - )
## 2:                          Tradewind Aviation ( 2006 - )
## 3:                 Master Top Linhas Aereas Ltd. ( 2007 - )
## 4:                         Flair Airlines Ltd. ( 2007 - )
## 5:   Swift Air,LLC d/b/a Eastern Air Lines d/b/a Eastern ( 2018 - )
## [ ⋯ ]
```

计算全连接前航班数据集的记录条数和连接后的记录条数。

```
flights[ ,. N]
## [1] 253316
DT[ ,. N]
## [1] 253728
```

可以看出,连接后的记录条数大于连接前航班数据集的记录条数,意味着航空公司代码数据集(数据表 carriers)中的变量 carrier 的有些数值没有出现在航班数据集(数据表 flights)中。

9.6 数 据 变 形

数据变形指的是从"长"格式转换为"宽"格式或相反。对于同一个数据集,"长"格式的表现形式如表 9.4 所示。

表 9.4 "长"格式举例

维 度	变 量 名	数 值
A	变量 1	1
A	变量 2	2
A	变量 3	3
B	变量 1	4
B	变量 3	5

对应"宽"格式的表现形式如表 9.5 所示。

表 9.5 "宽"格式举例

维度	变量 1	变量 2	变量 3
A	1	2	3
B	4	NA	5

在程序包 data. table 中,主要由以下两个函数实现:
- 从"宽"转"长":melt( )函数;
- 从"长"转"宽":dcast( )函数。

重新读取航班数据集。

```
flights < - fread( "flights/flights14. csv" )
```

9.6.1 从"宽"转"长"

调用 melt( )函数将数据表中的航班到达延误分钟数(变量 arr_delay)和出发延误分钟数(变量 dep_delay)从"宽"格式转换为"长"格式,其中
- 第 1 个参数 data 表示数据表;
- 第 2 个参数 id. vars 表示维度列;
- 第 3 个参数 measure. vars 表示输入的度量列;
- 第 4 个参数 variable. name 表示输出的变量名列名;
- 第 5 个参数 value. name 表示输出的数值列名。

```
DT1 <- melt(flights,id. vars = c("year","month","day","carrier","flight"),
    measure. vars = c("dep_delay","arr_delay"),variable. name = "delay_type",
    value. name = "delay")
DT1[order(year,month,day,carrier,flight,delay_type)]
##      year   month   day   carrier   flight   delay_type   delay
## 1:   2014       1     1        AA        1    dep_delay      14
## 2:   2014       1     1        AA        1    arr_delay      13
## 3:   2014       1     1        AA        3    dep_delay      -3
## 4:   2014       1     1        AA        3    arr_delay      13
## 5:   2014       1     1        AA       21    dep_delay       2
## [...]
```

可以看出,原始数据集中,每一条记录转换成了2条,其中一条表示变量 dep_delay,另一条表示变量 arr_delay。

9.6.2 从"长"转"宽"

调用函数 dcast() 将数据表中的航班到达延误分钟数(变量 arr_delay)和出发延误分钟数(变量 dep_delay)从"长"格式转换为"宽"格式,其中

- 第1个参数 data 表示数据表;
- 第2个参数 formula 表示变换公式,~ 的左边指定维度列,右边指定变量名列;
- 第3个参数 fun. aggregate 表示聚合函数;
- 参数 value. var 表示数值列名。

```
DT2 <- dcast(DT1,year + month + day + carrier + flight ~ delay_type,value. var = "delay")
DT2[order(year,month,day,carrier,flight)]
##      year   month   day   carrier   flight   dep_delay   arr_delay
## 1:   2014       1     1        AA        1         14          13
## 2:   2014       1     1        AA        3         -3          13
## 3:   2014       1     1        AA       21          2           9
## 4:   2014       1     1        AA       29         -8         -26
## 5:   2014       1     1        AA       45         11          11
## [...]
```

如果参数 formula 公式指定的分组无法唯一确定一条记录,则会调用参数 fun. aggregate 所指定的聚合函数对多条记录做聚合。以下例子中,变量 year、month、day 和 delay_type 并不能唯一确定一条记录,会调用 sum() 函数计算当天所有航班的出发和到达延误分钟数。

```
DT3 <- dcast(DT1,year + month + day ~ delay_type,sum,value. var = "delay")
DT3[order(year,month,day)]
##      year   month   day   dep_delay   arr_delay
## 1:   2014       1     1      14455       13101
## 2:   2014       1     2      30825       46550
## 3:   2014       1     3      56137       55436
## 4:   2014       1     4      47861       45554
## 5:   2014       1     5      66977       71839
## [...]
```

小　结

本章主要介绍了 R 语言中一个功能强大的程序包 data. table 做大数据高性能计算的基本操作,包括数据的选择、聚合、引用、快速筛选、连接和变形。其基本使用形式为 DT[i,j,by],使用 i 选择行,然后计算 j,并按 by 分组。同时,程序包 data. table 还对 R 语言的一些数据处理功能作了更高效的重新实现,如 fread( )和 merge( )函数。另外,数据表的键有助于更高效的数据连接,melt( )和 dcast( )函数可以用于数据变形。

习　题

1. 程序包 data. table 的主要特点是什么?
2. 内连接、左连接和右连接有什么不同?
3. 实现数据连接的两种语法是什么? 有什么不同要求?
4. 基于航班准点数据集,哪个月份的平均到达延误分钟数最大?
5. 基于航班准点数据集,哪个航空公司(名称)的飞机数量(通过不同的尾翼编号确定)最多?

## 第10章

机器学习流程 ‹‹‹

本章主要介绍使用 R 语言中的程序包 mlr 做机器学习。该程序包用于调用其他 R 语言程序包,做数据的预处理、后处理、特征工程、模型训练、超参数调优、模型测试和模型评估,并提供一套统一的接口,而用户不需要关注调用不同程序包中不同模型函数的语法差异。

本章所有例子基于一个泰坦尼克号乘客数据集,预测泰坦尼克号乘客的命运(是否生存),包含了将近 80% 乘客的信息和生存状态,包含 1 309 个样本,每个样本包含 14 个属性,如表 10.1 所示。

表 10.1　泰坦尼克号乘客数据集属性定义

属　　　性	定　　　义
pclass	舱位("1st"为一等舱,"2nd"为二等舱,"3rd"为三等舱)
survived	是否生存(1 为生存,0 为未生存)
name	乘客姓名
sex	性别
age	年龄
sibsp	在船上的配偶和兄弟姐妹数量
parch	在船上的父母和子女数量
ticket	船票号码
fare	票价
cabin	房间号
embarked	登船地点
boat	救生船号码
body	尸体编号
home. dest	家乡

调用 library( )函数载入程序包 PASWR 和 mlr。调用 data( )函数载入程序包 PASWR 中的泰坦尼克号乘客数据集 titanic3。调用 head( )函数查看数据集前几行,默认为前 6 行。

```
library( PASWR )
library( mlr )
data( titanic3 )
head( titanic3 )
```

##	pclass	survived	name	sex	age	sibsp	parch	ticket
## 1	1st	1	Allen, Miss. Elisabeth Walton	female	29.0000	0	0	24160
## 2	1st	1	Allison, Master. Hudson Trevor	male	0.9167	1	2	113781
## 3	1st	0	Allison, Miss. Helen Loraine	female	2.0000	1	2	113781
## 4	1st	0	Allison, Mr. Hudson Joshua Crei	male	30.0000	1	2	113781
## 5	1st	0	Allison, Mrs. Hudson J C Bessi	female	25.0000	1	2	113781
## 6	1st	1	Anderson, Mr. Harry	male	48.0000	0	0	19952

##	fare	cabin	embarked	boat	body	home. dest
## 1	211.3375	B5	Southampton	2	NA	St Louis, MO
## 2	151.5500	C22 C26	Southampton	11	NA	Montreal, PQ / Chesterville, ON
## 3	151.5500	C22 C26	Southampton		NA	Montreal, PQ / Chesterville, ON
## 4	151.5500	C22 C26	Southampton		135	Montreal, PQ / Chesterville, ON
## 5	151.5500	C22 C26	Southampton		NA	Montreal, PQ / Chesterville, ON
## 6	26.5500	E12	Southampton	3	NA	New York, NY

10.1 数 据 探 索

在做进一步数据建模前,首先需要对数据集的变量类型、数值分布和缺失值情况等有初步了解。

调用 summarizeColumns( ) 函数得到数据框中各列的统计信息,包括变量名(name)、数据类型(type)、包含缺失值的样本数(na)、均值(mean)、散度(disp)、中位数(median)、中位数绝对差(mad)、最小值(min)、最大值(max)和独立值数量(nlevs)。

summarizeColumns(titanic3)

##	name	type	na	mean	disp	median	mad	mi	max	nlevs
## 1	pclass	factor	0	NA	0.4583652	NA	NA	277.0000	709.0000	3
## 2	survived	integer	0	0.3819710	0.4860552	0.0000	0.00000	0.0000	1.0000	0
## 3	name	factor	0	NA	0.9984721	NA	NA	1.0000	2.0000	1307
## 4	sex	factor	0	NA	0.3559969	NA	NA	466.0000	843.0000	2
## 5	age	numeric	263	29.8811345	14.4134997	28.0000	11.86080	0.1667	80.0000	0
## 6	sibsp	integer	0	0.4988541	1.0416584	0.0000	0.00000	0.0000	8.0000	0
## 7	parch	integer	0	0.3850267	0.8655603	0.0000	0.00000	0.0000	9.0000	0
## 8	ticket	factor	0	NA	0.9915966	NA	NA	1.0000	11.0000	929
## 9	fare	numeric	1	33.2954794	51.7586688	14.4542	10.23617	0.0000	512.3292	0
## 10	cabin	factor	0	NA	0.2253629	NA	NA	1.0000	1014.0000	187
## 11	embarked	factor	0	NA	0.3017571	NA	NA	2.0000	914.0000	4
## 12	boat	factor	0	NA	0.3712758	NA	NA	1.0000	823.0000	28
## 13	body	integer	1188	160.8099174	97.6969220	155.0000	130.46880	1.0000	328.0000	0
## 14	home. dest	factor	0	NA	0.5691367	NA	NA	1.0000	564.0000	369

可以看出,

• 3 个变量 age、fare 和 body 存在缺失值;

• 变量 fare 倾斜度较高;

• 虽然变量 body 在这里是整数类型,但它只是一个标识符。

对于变量 fare 的倾斜度,调用 hist( )函数画出直方图作进一步查看,如图 10.1 所示。

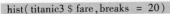
```
hist(titanic3 $ fare, breaks = 20)
```

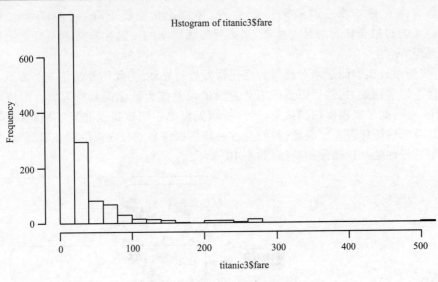

图 10.1　变量 fare 的直方图

也可以调用 boxplot( ) 函数画出箱形图查看数值分布和异常值,如图 10.2 所示。

```
boxplot(titanic3 $ fare)
```

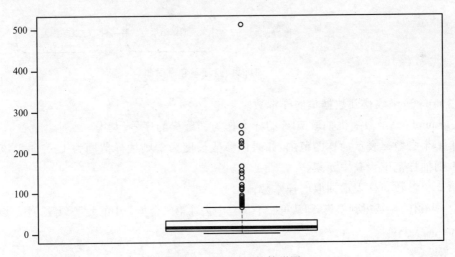

图 10.2　变量 fare 的箱形图

10.2　数据划分

通常把分类错误的样本数占样本总数的比例称为错误率(error rate),即如果在 m 个样本中有 a 个样本分类错误,则错误率 $E = a/m$;相应的,$1 - a/m$ 称为精度(accuracy)。模型在训练集上的误差称为训练误差,在新样本上的误差称为泛化误差(generalization error)。

我们希望得到泛化误差小的模型,应该从训练样本中尽可能学出适用于所有潜在样本的普遍规律。然而,当模型把训练样本学得太好了的时候,很可能已经把训练样本自身的一些特点当作了所有潜在样本都会具有的一般性质,导致泛化性能下降,这种现象称为过拟合(overfitting)。与过拟合相对的是欠拟合,是指对训练样本的一般性质尚未学好。图给出的例子便于直观理解。

通常,我们通过实验测试来对模型的泛化误差进行评估,为此需要使用一个测试集来测试模型对新样本的判别能力,然后以测试集上的测试误差作为泛化误差的近似。而该测试集通常仅能使用一次,如果多次使用测试集做评估,则无形之中测试集也充当了训练模型的作用,则测试误差会低估泛化误差。因此,我们会进一步将训练集划分成训练集和验证集,使用验证集多次模型进行评估并进而做出选择,如图 10.3 所示。

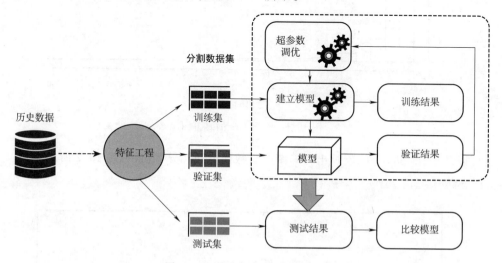

图 10.3　训练集、验证集和测试集

调用 nrow( )函数得到数据集的样本数。

调用 sample( )函数随机抽取 70% 的样本作为训练集的序号,其中

● 第 1 个参数 x 表示抽样的范围,如果该参数长度为 1 则抽样范围为 1:x,如果该参数长度大于 1 则抽样范围为其中元素;

● 第 2 个参数 size 表示抽取的样本数。

调用 setdiff( )函数得到差集,即从第一个集合中去除第二个集合中的元素,得到测试集的序号。

```
n <- nrow( titanic3 )

set. seed( 123 )

train. set <- sample( n, size = 0. 7 * n )

test. set <- setdiff( 1:n, train. set )
```

10.3　数　据　填　充

在前几节中,可以看出 3 个变量 age、fare 和 body 存在缺失值。有些模型要求数据样本完全没有缺失值,有些模型则可以接受有缺失值的数据样本。

impute( )函数用于数据填充和虚变量(dummy)转换,其中:

● 第 1 个参数 obj 表示输入数据框；

● 参数 classes 表示每种数据类型变量的填充方法，为一个形如 list(< 数据类型 1 > = < 填充方法 1 > , < 数据类型 2 > = < 填充方法 2 > , …) 列表对象，例如将所有数值型变量用中位数填充 list(numeric = imputeMedian( )) ；

● 参数 cols 表示每个变量的填充方法，为一个形如 list(< 变量 1 > = < 填充方法 1 > , < 变量 2 > = < 填充方法 2 > , …) 列表对象。

返回结果中，属性 data 表示填充后的数据框；属性 desc 表示填充过程的描述。

10.3.1　用统计量填充

最常用的数据填充方法为用统计量填充，如均值、中位数和众数等，具体可以通过参数 classes 或 cols 调用以下函数：

● imputeConstant( ) 函数：用人工指定的常数填充；

● imputeMedian( ) 函数：用中位数填充；

● imputeMean( ) 函数：用均值填充；

● imputeMode( ) 函数：用众数填充。

以下例子用中位数填充所有训练集中的整数型变量，即变量 age 和 fare。查看属性 desc 得到如下描述信息。

```
imp <- impute( titanic3[ train. set, ], classes = list( numeric = imputeMedian( ) ) )
imp $ desc
## Imputation description
## Target：
## Features：14；Imputed：2
## impute. new. levels：TRUE
## recode. factor. levels：TRUE
## dummy. type：factor
```

在描述信息中，可以看出填充了 14 个变量中的 2 个。

查看在原数据集中变量 age 为空的记录填充后的情况。

```
head( imp $ data[ is. na( titanic3[ train. set, "age" ]), ])
```

##	pclass	survived	name	sex	age	sibsp	parch
## 6	1st	1	Cassebeer, Mrs. Henry Arthur Jr	female	28.5	0	0
## 11	3rd	0	Thomas, Mr. John	male	28.5	0	0
## 16	3rd	0	Saad, Mr. Amin	male	28.5	0	0
## 17	1st	0	Williams-Lambert, Mr. Fletcher	male	28.5	0	0
## 25	3rd	0	Hagland, Mr. Ingvald Olai Olsen	male	28.5	1	0
## 32	3rd	0	Zabour, Miss. Thamine	female	28.5	1	0

##	ticket	fare	cabin	embarked	boat	body	home. dest
## 6	17770	27.7208		Cherbourg	5	NA	New York, NY
## 11	2681	6.4375		Cherbourg		NA	
## 16	2671	7.2292		Cherbourg		NA	
## 17	113510	35.0000	C128	Southampton		NA	London, England
## 25	65303	19.9667		Southampton		NA	
## 32	2665	14.4542		Cherbourg		NA	

可以看出,变量 age 都填充成了 28.5。

以下例子用众数填充所有训练集中的数值型变量,查看在原数据集中变量 age 为空的记录填充后的情况。

```
imp <- impute(titanic3[train.set,],classes = list(numeric = imputeMode()))
head(imp $ data[is.na(titanic3[train.set,"age"]),])
##    pclass survived                         name     sex age sibsp parch
## 6    1st      1 Cassebeer,Mrs. Henry Arthur Jr  female 24     0     0
## 11   3rd      0              Thomas,Mr. John      male 24     0     0
## 16   3rd      0              Saad,Mr. Amin       male 24     0     0
## 17   1st      0 Williams-Lambert,Mr. Fletcher   male 24     0     0
## 25   3rd      0 Hagland,Mr. Ingvald Olai Olsen  male 24     1     0
## 32   3rd      0          Zabour,Miss. Thamine  female 24     1     0
##    ticket    fare  cabin   embarked   boat body      home.dest
## 6   17770 27.7208         Cherbourg     5   NA    New York,NY
## 11   2681  6.4375         Cherbourg         NA
## 16   2671  7.2292         Cherbourg         NA
## 17 113510 35.0000  C128 Southampton         NA London,England
## 25  65303 19.9667        Southampton        NA
## 32   2665 14.4542         Cherbourg         NA
```

可以看出,变量 age 都填充成了 24。

10.3.2　用机器学习模型填充

还可以用机器学习模型做填充,即以需要填充的变量作为目标变量、以其他变量作为预测变量建立机器学习模型,具体可以通过参数 classes 或 cols 调用 imputeLearner( )函数。

调用 imputeLearner( )函数填充训练集中的变量 age 和 fare,其中:

● 第 1 个参数 learner 表示机器学习模型,这里指定为"regr.rpart",表示决策树回归模型,在后几节中会详细介绍;

● 第 2 个参数 features 表示机器学习模型的预测变量。

```
imp <- impute(titanic3[train.set,],cols = list(age = imputeLearner("regr.rpart",
    features = c("pclass","sex","sibsp","parch","fare")),fare = imputeLearner("regr.rpart",
    features = c("pclass","sex","sibsp","parch","age"))))
imp $ desc
## Imputation description
## Target:
## Features:14; Imputed:2
## impute.new.levels:TRUE
## recode.factor.levels:TRUE
## dummy.type:factor
```

在描述信息中,可以看出填充了 14 个变量中的 2 个。

查看在原数据集中变量 age 为空的记录填充后的情况。

```
head(imp $ data[is.na(titanic3[train.set,"age"]),])
```

##	pclass	survived	name	sex	age	sibsp
## 6	1st	1	Cassebeer, Mrs. Henry Arthur Jr	female	45.21014	0
## 11	3rd	0	Thomas, Mr. John	male	27.64314	0
## 16	3rd	0	Saad, Mr. Amin	male	27.64314	0
## 17	1st	0	Williams-Lambert, Mr. Fletcher	male	45.21014	0
## 25	3rd	0	Hagland, Mr. Ingvald Olai Olsen	male	27.64314	1
## 32	3rd	0	Zabour, Miss. Thamine	female	27.64314	1

##	parch	ticket	fare	cabin	embarked	boa	body	home.dest
## 6	0	17770	27.7208		Cherbourg	5	NA	New York, NY
## 11	0	2681	6.4375		Cherbourg		NA	
## 16	0	2671	7.2292		Cherbourg		NA	
## 17	0	113510	35.0000	C128	Southampton		NA	London, England
## 25	0	65303	19.9667		Southampton		NA	
## 32	0	2665	14.4542		Cherbourg		NA	

可以看出,变量 age 填充成了不同的数值。

10.3.3 填充测试集

做数据填充时,无论是用统计量还是机器学习模型,都必须用训练集中的信息。在做模型测试前对测试集做数据填充时,也需要用训练集的统计量或基于训练集训练的机器学习模型。

调用 reimpute() 函数填充测试集中的变量 age 和 fare,其中:
- 第 1 个参数 obj 表示输入数据框;
- 第 2 个参数 desc 表示训练集上调用 impute() 函数返回结果中的属性 desc。

```
reimp <- reimpute(titanic3[test.set,],imp $ desc)
head(reimp[is.na(titanic3[test.set,"age"]),])
```

##	pclass	survived	name	sex	age	sibsp	parch	ticket
## 9	1st	1	Bradley, Mr. George George Ar	male	45.21014	0	0	111427
## 17	1st	0	Crafton, Mr. John Bertram	male	45.21014	0	0	113791
## 32	1st	1	Goldenberg, Mrs. Samuel L Edwi	female	38.10744	1	0	17453
## 39	1st	1	Hawksford, Mr. Walter James	male	45.21014	0	0	16988
## 46	1st	0	Hoyt, Mr. William Fisher	male	45.21014	0	0	PC 17600
## 51	1st	1	Marechal, Mr. Pierre	male	45.21014	0	0	11774

##	fare	cabin	embarked	boat	body	home.dest
## 9	26.5500		Southampton	9	NA	Los Angeles, CA
## 17	26.5500		Southampton		NA	Roachdale, IN
## 32	89.1042	C92	Cherbourg	5	NA	Paris, France / New York, NY
## 39	30.0000	D45	Southampton	3	NA	Kingston, Surrey
## 46	30.6958		Cherbourg	14	NA	New York, NY
## 51	29.7000	C47	Cherbourg	7	NA	Paris, France

10.4 特 征 选 择

特征选择是指在数据集中选取若干代表性强或预测能力强的变量子集,使得机器学习模型训练更高效且性能不下降。

调用 makeClassifTask( )函数定义一个分类任务,其中:

- 第 1 个参数 id 表示任务标识名称;
- 第 2 个参数 data 表示输入数据框,这里仅包含训练集中的样本和有预测意义的变量;
- 第 3 个参数 target 表示分类任务的目标变量(因变量)。

```
task <- makeClassifTask(id = "fv",data = titanic3[train.set,c("pclass","survived",
    "sex","age","sibsp","parch","fare","embarked")],target = "survived")
```

10.4.1 特征重要性计算

generateFilterValuesData( )函数用于计算特征变量的重要性,其中:

- 第 1 个参数 task 表示机器学习任务;
- 第 2 个参数 method 表示计算特征变量重要性的方法,包括统计方法和机器学习模型方法。

返回结果中,属性 data 表示计算结果;属性 task.desc 表示任务描述。

调用 listFilterMethods( )函数得到所有支持的特征选择的方法。

```
listFilterMethods( )
##                              id            package
## 1                    anova.test
## 2                           auc
## 3                      carscore            care
## 4          cforest.importance            party
## 5                   chi.squared         FSelector
## 6                    gain.ratio         FSelector
## 7             information.gain         FSelector
## 8                  kruskal.test
## 9            linear.correlation
## 10                         mrmr            mRMRe
## 11                         oneR         FSelector
## 12       permutation.importance
## 13       randomForest.importance       randomForest
## 14       randomForestSRC.rfsrc    randomForestSRC
## 15  randomForestSRC.var.select   randomForestSRC
## 16             ranger.impurity           ranger
## 17           ranger.permutation           ranger
## 18             rank.correlation
## 19                       relief         FSelector
```

```
## 20      symmetrical. uncertainty
FSelector

## 21      univariate. model. score

## 22                          variance
```

```
##                                              desc
## 1      ANOVA Test for binary and multiclass ...
## 2      AUC filter for binary classification    ...
## 3                                    CAR scores
## 4      Permutation importance of random fore...
## 5      Chi-squared statistic of independence...
## 6      Entropy-based gain ratio between feat...
## 7      Entropy-based information gain betwee...
## 8      Kruskal Test for binary and multiclas...
## 9      Pearson correlation between feature a...
## 10     Minimum redundancy, maximum relevance...
## 11                          oneR association rule
## 12     Aggregated difference between feature...
## 13     Importance based on OOB-accuracy or n...
## 14     Importance of random forests fitted i...
## 15     Minimal depth of / variable hunting v...
## 16     Variable importance based on ranger i...
## 17     Variable importance based on ranger p...
## 18     Spearman's correlation between featur...
## 19                             RELIEF algorithm
## 20     Entropy-based symmetrical uncertainty...
## 21     Resamples an mlr learner for each inp...
## 22                       A simple variance filter
```

1. 统计方法

常用的做特征选择的统计方法可以在参数 method 中指定：

- "chi. squared"：卡方统计量；
- "information. gain"：基于熵的信息增益；
- "anova. test"：ANOVA 方差分析。

计算特征变量的卡方统计量和信息增益。

```
fv <- generateFilterValuesData(task, method = c("information. gain", "chi. squared"))
fv $ data
##        name     type    information. gain    chi. squared
## 1      pclass   factor   0. 057239004        0. 3365493
## 2      sex      factor   0. 152634344        0. 5448691
```

## 3	age	numeric	0.008765977	0.0000000
## 4	sibsp	integer	0.000000000	0.0000000
## 5	parch	integer	0.031948341	0.2457770
## 6	fare	numeric	0.088923525	0.4108412
## 7	embarked	factor	0.014206346	0.1677933

可以看出,各预测变量的卡方统计量和信息增益排列顺序基本一致。性别(变量 sex)无论是卡方统计量还是信息增益都是最大的。

调用 plotFilterValues( )函数画出特征变量的重要性,如图 10.4 所示。

```
plotFilterValues(fv)
```

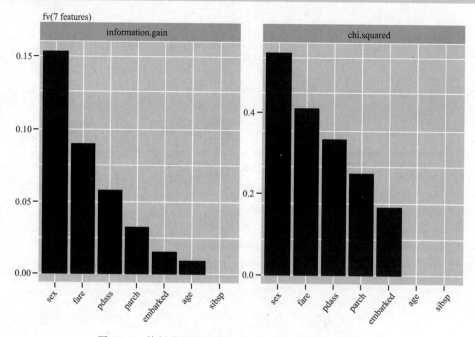

图 10.4 特征变量基于卡方统计量和信息增益的重要性

2. 机器学习方法

常用的做特征选择的机器学习方法可以在参数 method 中指定:

- "randomForest. importance":基于随机森林模型。

计算特征变量基于随机森林模型的重要性。

```
fv <- generateFilterValuesData(task,method = "randomForestSRC. rfsrc")
fv $ data
```

##	name	type	randomForestSRC. rfsrc
## 1	pclass	factor	0.058429715
## 2	sex	factor	0.125227252
## 3	age	numeric	0.011437494
## 4	sibsp	integer	0.006171952
## 5	parch	integer	0.010494865
## 6	fare	numeric	0.033633493
## 7	embarked	factor	-0.001161047

调用 plotFilterValues( ) 函数画出特征变量的重要性,如图 10.5 所示。

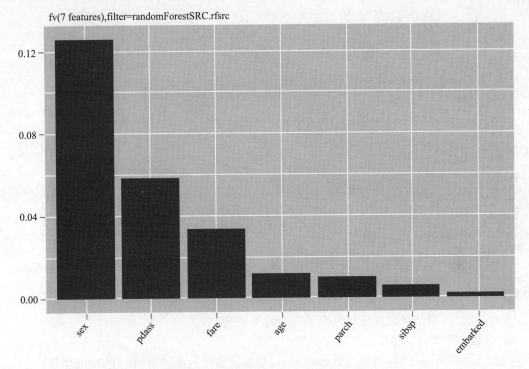

图 10.5　特征变量基于随机森林的重要性

可以看出,性别(变量 sex)的重要性还是最大的,各预测变量基于随机森林模型的重要性与卡方统计量和信息增益排列顺序基本一致,稍有不同。

```
plotFilterValues(fv)
```

10.4.2　特征筛选

在计算出预测变量的重要性后,可以筛选出若干预测能力强的变量。

filterFeatures( ) 函数用于筛选特征变量,其中:

- 第 1 个参数 task 表示机器学习任务;
- 参数 fval 表示 generateFilterValuesData( ) 函数返回的对象;
- 参数 abs 表示选择重要性最高的特征变量数,不能与参数 perc 和 threshold 同时使用;
- 参数 perc 表示选择重要性最高的特征变量的百分比,不能与参数 abs 和 threshold 同时使用;
- 参数 threshold 表示选择特征变量的重要性阈值,不能与参数 abs 和 perc 同时使用。

返回结果是一个新的机器学习任务,与原任务的唯一区别即只包含了筛选后的特征变量。

1. 筛选一定数量的特征

调用 filterFeatures( ) 函数并指定参数 abs,筛选重要性最高的前 3 个特征变量。

```
filtered. task  < - filterFeatures(task,fval = fv,abs = 3)
filtered. task
## Supervised task:fv
## Type:classif
## Target:survived
## Observations:916
## Features:
##      numerics     factors     ordered     functionals
##          1           2            0              0
## Missings:TRUE
## Has weights:FALSE
## Has blocking:FALSE
## Has coordinates:FALSE
## Classes:2
##   0   1
## 556 360
## Positive class:0
```

可以看出,返回结果的任务仅包含了 3 个特征变量。

2. 筛选一定比例的特征

调用 filterFeatures( )函数并指定参数 perc,筛选重要性最高的前50% 的特征变量。

```
filtered. task  < - filterFeatures(task,fval = fv,perc = 0.5)
filtered. task
## Supervised task:fv
## Type:classif
## Target:survived
## Observations:916
## Features:
##      numerics     factors     ordered     functionals
##          2           2            0              0
## Missings:TRUE
## Has weights:FALSE
## Has blocking:FALSE
## Has coordinates:FALSE
## Classes:2
##   0   1
## 556 360
## Positive class:0
```

可以看出,返回结果的任务仅包含了 4 个特征变量。

3. 筛选高于一定阈值的特征

调用 filterFeatures( )函数并指定参数 threshold,筛选重要性高于 0.03 的特征变量。

```
filtered. task  < - filterFeatures( task,fval = fv,threshold = 0.03)
filtered. task
## Supervised task:fv
## Type:classif
## Target:survived
## Observations:916
## Features:
##     numerics      factors      ordered      functionals
##         1            2            0            0
## Missings:TRUE
## Has weights:FALSE
## Has blocking:FALSE
## Has coordinates:FALSE
## Classes:2
##   0   1
## 556 360
## Positive class:0
```

可以看出,返回结果的任务仅包含了 3 个重要性高于 0.03 的特征变量。

10.5　建模与调优

10.5.1　定义建模任务

机器学习建模有多种任务。在程序包 mlr 中对应了不同函数定义不同任务,主要包括:
- makeRegrTask()函数表示回归预测;
- makeClassifTask()函数表示分类预测;
- makeSurvTask()函数表示生存分析;
- makeClusterTask()函数聚类分析。

其中,
- 第 1 个参数 id 表示任务标识名称;
- 第 2 个参数 data 表示输入数据框,这里仅包含训练集中的样本和有预测意义的变量;
- 第 3 个参数 target(除 makeClusterTask()函数外)表示分类任务的目标变量(因变量)。

调用 makeClassifTask()函数定义一个分类任务,预测泰坦尼克号乘客是否生存(变量 survived)。

```
task <- makeClassifTask( id = "classif",data = titanic3[ train. set,c( "pclass","survived",
"sex","age","sibsp","parch","fare","embarked") )], target = "survived")
```

10.5.2　定义学习器

机器学习的每种任务又都有多种模型,在程序包 mlr 中称为学习器(learner)。如对于分类任务,有决策树、随机森林、支持向量机和人工神经网络等。

调用 listLearners( ) 函数得到所有支持的学习器,其中参数 obj 表示任务种类,"regr" 为回归预测,"classif" 为分类预测,"surv" 为生存分析,"cluster" 为聚类分析。

```
listLearners( "classif" )
##                                   class
## 1                           classif. C50
## 2                           classif. IBk
## 3                           classif. J48
## 4                          classif. JRip
## 5            classif. LiblineaRL1 L2SVC
## 6            classif. LiblineaRL1 LogReg
```

##	name	short. name
## 1	C50	C50
## 2	k-Nearest Neighbours	ibk
## 3	J48 Decision Trees	j48
## 4	Propositional Rule Learner	jrip
## 5	L1-Regularized L2-Loss Support Vector Classification	liblinl1l2svc
## 6	L1-Regularized Logistic Regression	liblinl1logreg

##	package	type	installed	numerics	factors	ordered	missings	weights
## 1	C50	classif	FALSE	TRUE	TRUE	FALSE	TRUE	TRUE
## 2	RWeka	classif	TRUE	TRUE	TRUE	FALSE	FALSE	FALSE
## 3	RWeka	classif	TRUE	TRUE	TRUE	FALSE	TRUE	FALSE
## 4	RWeka	classif	TRUE	TRUE	TRUE	FALSE	TRUE	FALSE
## 5	LiblineaR	classif	TRUE	TRUE	FALSE	FALSE	FALSE	FALSE
## 6	LiblineaR	classif	TRUE	TRUE	FALSE	FALSE	FALSE	FALSE

##	prob	oneclass	twoclass	multiclass	class. weights	featimp	oobpreds
## 1	TRUE	FALSE	TRUE	TRUE	FALSE	FALSE	FALSE
## 2	TRUE	FALSE	TRUE	TRUE	FALSE	FALSE	FALSE
## 3	TRUE	FALSE	TRUE	TRUE	FALSE	FALSE	FALSE
## 4	TRUE	FALSE	TRUE	TRUE	FALSE	FALSE	FALSE
## 5	FALSE	FALSE	TRUE	TRUE	TRUE	FALSE	FALSE
## 6	TRUE	FALSE	TRUE	TRUE	TRUE	FALSE	FALSE

##	functionals	single. functional	se	lcens	rcens	icens
## 1	FALSE	FALSE	FALSE	FALSE	FALSE	FALSE
## 2	FALSE	FALSE	FALSE	FALSE	FALSE	FALSE
## 3	FALSE	FALSE	FALSE	FALSE	FALSE	FALSE
## 4	FALSE	FALSE	FALSE	FALSE	FALSE	FALSE
## 5	FALSE	FALSE	FALSE	FALSE	FALSE	FALSE
## 6	FALSE	FALSE	FALSE	FALSE	FALSE	FALSE

```
## ... (#rows:84, #cols:24 )
```

这里选择决策树模型作为学习器,即"classif. rpart"。

调用 makeLearner( ) 函数定义学习器,其中:

- 第 1 个参数 cl 表示学习器类型;
- 第 2 个参数 id 表示学习器标识名称;
- 第 3 个参数 predict. type 表示预测类型,对应于分类任务,"response"表示仅预测类别标签,"prob"表示预测最大概率的类别标签和对应概率;
- 参数 par. vals 表示学习器的超参数列表。

```
learner <- makeLearner("classif. rpart")
```

10. 5. 3 超参数调优

对于每一种模型(学习器),都有一系列超参数,即需要在训练模型前人工指定的模型参数,每个超参数又包含以下信息:

- 数据类型(Type);
- 默认值(Def);
- 取值范围(Constr);
- 是否可调优(Tunable)。

使用 makeLearner()函数返回学习器结果的属性 par. set 得到超参数列表。

```
learner $ par. set
```

##	Type	len	Def	Constr	Req	Tunable	Trafo
## minsplit	integer	-	20	1 to Inf	-	TRUE	-
## minbucket	integer	-	-	1 to Inf	-	TRUE	-
## cp	numeric	-	0. 01	0 to 1	-	TRUE	-
## maxcompete	integer	-	4	0 to Inf	-	TRUE	-
## maxsurrogate	integer	-	5	0 to Inf	-	TRUE	-
## usesurrogate	discrete	-	2	0,1,2	-	TRUE	-
## surrogatestyle	discrete	-	0	0,1	-	TRUE	-
## maxdepth	integer	-	30	1 to 30	-	TRUE	-
## xval	integer	-	10	0 to Inf	-	FALSE	-
## parms	untyped	-	-	-	-	TRUE	-

对于具体问题,无法事先明确知道哪一组超参数会取得最佳效果,因此需要做超参数调优得到最佳的超参数组合。

超参数调优需要指定以下几个选项:

- 超参数的搜索范围;
- 调优算法;
- 评估方法,即重采样策略和评估指标。

1. 定义超参数的搜索范围

调用 makeParamSet()函数定义需要调优的超参数及尝试的数值,其中的参数需要根据超参数的数据类型调用相应的超参数生成函数,主要包括:

- makeDiscreteParam()函数生成离散型超参数调优对象;
- makeNumericParam()函数生成连续型超参数调优对象。

调用 makeDiscreteParam()函数定义需要调优的离散型超参数及尝试的数值,其中

- 第 1 个参数 id 表示超参数名称；
- 第 2 个参数 values 表示尝试的数值。

这里调优的超参数为

- 最大深度（maxdepth）:3、4 和 5；
- 最小提升度（cp）:0.01 和 0.03。

```
ps = makeParamSet(makeDiscreteParam("maxdepth",values = c(3,4,5)),makeDiscreteParam("cp",
    values = c(0.01,0.03)))
```

2. 定义超参数调优算法

超参数调优有多种调优算法选择。在程序包 mlr 中对应了不同函数定义不同调优算法，主要包括：

- makeTuneControlGrid() 函数表示网格搜索；
- makeTuneControlRandom() 函数表示随机搜索；
- makeTuneControlIrace() 函数表示用迭代式的 F-Racing 方法。

其中，

- 第 1 个参数 id 表示任务标识名称；
- 第 2 个参数 data 表示输入数据框，这里仅包含训练集中的样本和有预测意义的变量；
- 第 3 个参数 target(除了聚类任务外)表示分类任务的目标变量(因变量)。

调用 makeTuneControlGrid() 函数定义用网格搜索做参数调优。

```
ctrl = makeTuneControlGrid()
```

3. 定义重采样策略

重采样指的是将训练集进一步划分成训练集和验证集的方法,常用的策略有：

（1）留出法（hold-out）:将数据集划分成互斥的训练集和验证集。

（2）交叉验证法（cross validation）:将数据集划分成 k 个大小相似的互斥子集,每次用 $k-1$ 个子集的并集作为训练集,余下的那个子集作为验证集,从而进行 k 次训练和验证,最终返回的是这 k 个验证集结果的均值,如图 10.6 所示($k=10$)。

（3）余一交叉验证法（leave-one-out）:将交叉验证法中的折数 k 设为样本数 m。

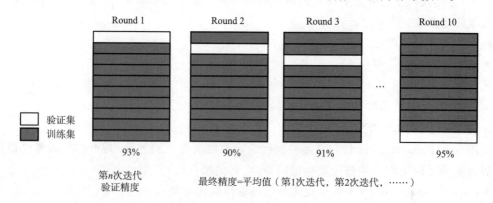

图 10.6　10 折交叉验证法

调用 makeResampleDesc( )函数定义重采样策略,其中:

• 第 1 个参数 method 表示重采样策略,"CV"为交叉验证,"LOO"为余一交叉验证,"Holdout"为留出验证;

• 参数 iters 表示迭代次数,即交叉验证中的折数。

这里选择 3 折交叉验证。

```
rdesc = makeResampleDesc("CV", iters = 3)
```

4. 执行超参数调优

调用 tuneParams( )函数执行超参数调优,其中:

• 第 1 个参数 learner 表示学习器;

• 第 2 个参数 task 表示建模任务;

• 第 3 个参数 resampling 表示重采样策略描述对象;

• 第 4 个参数 par. set 表示超参数搜索范围描述对象;

• 第 5 个参数 control 表示调优算法描述对象。

• 第 6 个参数 measures 表示模型性能指标,分类任务的常用指标包括:

– acc 表示精度;

– auc 表示 ROC 曲线下面积;

– f1 表示 F1 分数;

– fnr 表示假阴性率;

– fpr 表示假阳性率;

– tnr 表示真阴性率;

– tpr 表示真阳性率;

```
set. seed(123)
res = tuneParams(learner, task, resampling = rdesc, par. set = ps, control = ctrl, measures = acc)
## [Tune] Started tuning learner classif. rpart for parameter set:
##              Type len Def   Constr Req   Tunable Trafo
## maxdepth discrete  -   -    3,4,5   -     TRUE    -
## cp        discrete  -  - 0. 01,0. 03   -     TRUE    -
## With control class:TuneControlGrid
## Imputation value:-0
## [Tune-x] 1:maxdepth = 3;cp = 0. 01
## [Tune-y] 1:acc. test. mean = 0. 8122290;time:0. 0 min
## [Tune-x] 2:maxdepth = 4;cp = 0. 01
## [Tune-y] 2:acc. test. mean = 0. 8089503;time:0. 0 min
## [Tune-x] 3:maxdepth = 5;cp = 0. 01
## [Tune-y] 3:acc. test. mean = 0. 8067717;time:0. 0 min
## [Tune-x] 4:maxdepth = 3;cp = 0. 03
## [Tune-y] 4:acc. test. mean = 0. 7772849;time:0. 0 min
## [Tune-x] 5:maxdepth = 4;cp = 0. 03
## [Tune-y] 5:acc. test. mean = 0. 7849352;time:0. 0 min
## [Tune-x] 6:maxdepth = 5;cp = 0. 03
## [Tune-y] 6:acc. test. mean = 0. 7849352;time:0. 0 min
## [Tune] Result:maxdepth = 3;cp = 0. 01:acc. test. mean = 0. 8122290
```

```
res
## Tune result：
## Op. pars：maxdepth = 3；cp = 0.01
## acc. test. mean = 0.8122290
```

可以看出,共需要搜索 6 组超参数组合,计算每组超参数的验证集平均精度,确定了最佳的超参数组合是最大深度(maxdepth)为 3 且最小提升度(cp)为 0.01。

5. 可视化超参数调优结果

将超参数调优结果进行可视化可以直观地看出趋势。调用 generateHyperParsEffectData( ) 函数得到可视化超参数调优结果所需数据。调用程序包 ggplot2 中的 qplot( ) 函数做可视化,如图 10.7 所示。

```
data = generateHyperParsEffectData( res)
library( ggplot2)
qplot( x = maxdepth, y = acc. test. mean, color = as. factor( cp), data = data $ data, geom = "path")
```

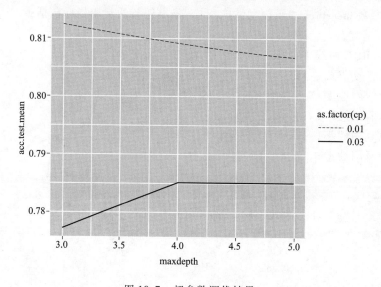

图 10.7　超参数调优结果

可以看出,最小提升度(cp)为 0.01 的性能好于 0.03,且最大深度(maxdepth)为 3 的性能好于 4 和 5。

10.5.4　训练模型

在选出了最优的超参数组合后,利用该组超参数和所有训练集数据训练模型。

调用 makeLearner( ) 函数重新定义学习器,并指定超参数列表和预测类型为类别标签以及对应概率("prob"),为之后章节做模型评估做准备。

调用 train( ) 函数训练模型,其中:

● 第 1 个参数 learner 表示学习器;

● 第 2 个参数 task 表示建模任务。

返回结果中,属性 learner. model 表示得到的模型。

```
learner <- makeLearner("classif. rpart", par. vals = list(maxdepth = 3, cp = 0.01), predict. type = "prob")
mod <- train(learner, task)
```

这里得到的是一个决策树模型,可以画出决策树进行直观感受。

调用 rpart. plot 程序包中的 rpart. plot()函数画出决策树,如图10.8所示。

```
library(rpart. plot)
rpart. plot(mod $ learner. model)
```

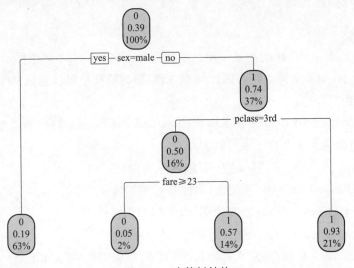

图 10.8　决策树结构

10.6　测试与评估

10.6.1　测试模型

在训练集上做完超参数调优和模型训练后,需要在测试集上对模型做一次性公正的评估。

调用 predict()函数使用模型在测试集上做预测,其中:

- 第1个参数 object 表示训练得到的模型对象;
- 第2个参数 task 表示建模任务,一般在训练集上做预测时才会用到;
- 第3个参数 newdata 表示需要预测的样本。

```
pred <- predict(mod, newdata = titanic3[test. set, c("pclass", "survived", "sex",
    "age", "sibsp", "parch", "fare", "embarked")])
```

在做更复杂的模型性能评估之前,先查看一些直观的性能指标。

调用 listMeasures()函数得到建模任务所有支持的性能指标。

```
listMeasures(task)
## [1] "tnr"           "tpr"              "featperc"
## [4] "f1"            "mmce"             "mcc"
## [7] "brier. scaled" "lsr"              "bac"
## [10] "fn"           "fp"               "fnr"
```

```
##  [13] "qsr"                 "fpr"                "npv"
##  [16] "brier"               "auc"                "timeboth"
##  [19] "multiclass.aunp"     "timetrain"          "multiclass.aunu"
##  [22] "ber"                 "timepredict"        "multiclass.brier"
##  [25] "ssr"                 "ppv"                "acc"
##  [28] "logloss"             "wkappa"             "tn"
##  [31] "tp"                  "multiclass.au1p"    "multiclass.au1u"
##  [34] "fdr"                 "kappa"              "gpr"
##  [37] "gmean"
```

精度并不一定是一个公正的衡量模型性能的指标。试想对于 100 个样本,其中 99 个阴性样本,1 个阳性样本,如果全部预测为阴性样本,则模型的精度也可以达到 99%,然而这样的模型并不一定是我们想要的。

对于二分类问题,常用 ROC 曲线下面积(area under curve,AUC)作为模型性能指标,在介绍该指标之前,首先需要定义如下 4 种预测结果:

- 真阳性(true positive,TP):预测为阳性,实际为阳性;
- 假阳性(false positive,FP):预测为阳性,实际为阴性;
- 真阴性(true negative,TN):预测为阴性,实际为阴性;
- 假阴性(false negative,FN):预测为阴性,实际为阳性。

也可以通过表 10.2 呈现,并定义真阳性率(TPR)和假阳性率(FPR)。

表 10.2　真阳性率(TPR)和假阳性率(FPR)定义

	预测为阳性	预测为阴性	
实际为阳性	真阳性(TP)	假阴性(FN)	真阳性率(TPR),TP/(TP + FN)
实际为阴性	假阳性(FP)	真阴性(TN)	假阳性率(FPR),FP/(FP + TN)

另外常用的还有查准率(precision)、查全率(recall)和综合了两者的 F1 度量。

$$precision = \frac{TP}{TP + FP}$$

$$recall = \frac{TP}{TP + FN}$$

$$F1 = \frac{2 \times precision \times recall}{precision + recall}$$

受试者工作特征曲线(receiver operating characteristic curve,ROC 曲线),即假阳性率(FPR)为横轴、真阳性率(TPR)为纵轴所画出的曲线。分类阈值分别取 0 到 1 中的各个数,计算不同阈值对应的 FPR 和 TPR,描点得到 ROC 曲线。

ROC 曲线下面积(AUC)会出现如下 3 种情况:

(1)0.5 < AUC≤1 时,模型优于随机猜测,设定合适的阈值则具有预测价值。

(2)AUC = 0.5 时,模型与随机猜测一致,无预测价值。

(3)0≤AUC < 0.5 时,模型差于随机猜测,但如果总是反预测而行,反而能产生预测价值。

调用 performance( ) 函数评估模型性能,其中:

- 第 1 个参数 pred 表示预测得到的预测对象;
- 第 2 个参数 measures 表示模型性能指标,可以是一个包含多个指标的列表,分类任务的常用指标包括:
  - acc 表示精度;
  - auc 表示 ROC 曲线下面积;
  - f1 表示 F1 分数;
  - fnr 表示假阴性率;
  - fpr 表示假阳性率;
  - tnr 表示真阴性率;
  - tpr 表示真阳性率。

```
performance( pred,measures  =  list( acc,auc,f1,tpr,fpr) )
##          acc        auc         f1        tpr        fpr
##  0.7888041 0.7714145 0.8431002  0.8814229  0.3785714
```

10.6.2　ROC 分析

调用 generateThreshVsPerfData( ) 函数得到二分类问题的阈值与性能指标映射,其中:

- 第 1 个参数 obj 表示预测得到的预测对象;
- 第 2 个参数 measures 表示评估指标。

```
perf  =  generateThreshVsPerfData( pred,measures  =  list( fpr,tpr,acc) )
```

调用 plotROCCurves( ) 函数画出 ROC 曲线,如图 10.9 所示。

```
plotROCCurves( perf)
```

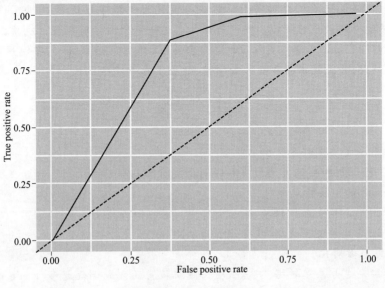

图 10.9　ROC 曲线图

调用 plotThreshVsPerf( )函数画出各性能指标与阈值的关系,如图 10.10 所示。

plotThreshVsPerf(perf)

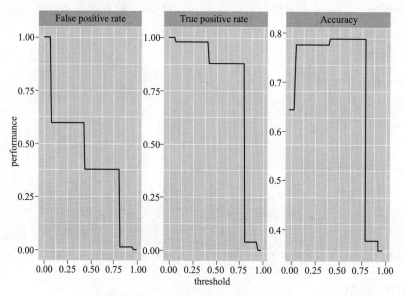

图 10.10　性能指标与阈值的关系图

小　结

　　本章主要介绍了在 R 语言中做机器学习,包括数据探索、数据划分、数据填充、特征选择、建模与调优以及测试与评估。数据探索为第一步,了解数据集中各变量的分布和缺失值情况等。数据划分将数据集分为训练集和测试集,防止模型的过拟合。数据填充主要用于填充数据集中的缺失值,避免一些模型由于缺失值而无法拟合。特征选择指的是选择数据集中有预测能力的变量,使得训练模型更加高效。建模与调优为机器学习的核心,即训练机器学习模型,并调整超参数得到最佳的性能。测试与评估通过一系列指标对模型性能做出公正的评价。

　　本章使用程序包 mlr 实现机器学习的各个环节,其优点为接口统一,即使用不同的方法时调用格式保持一致,并且提供了如超参数调优、数据填充等便捷函数。

习　题

1. 机器学习的主要流程分为哪些步骤?

2. 训练集、验证集和测试集的用法和区别主要有哪些?

3. 程序包 mlr 的主要特点是什么?

4. 基于泰坦尼克号乘客数据集,尝试将变量 age 的缺失值都填充为 30。

5. 基于泰坦尼克号乘客数据集,尝试使用 ANOVA 方差分析做变量选择,并与卡方统计量和信息增益的结果做对比。

6. 基于泰坦尼克号乘客数据集,尝试使用随机搜索的方式调优超参数 minsplit,并以 ROC 曲线下面积作为超参数调优的模型性能指标。

## 第11章

有监督学习模型 ‹‹‹

本章主要介绍使用 R 语言中的程序包 mlr 和其他程序包实现常用的有监督学习模型。

程序包 mlr 的本质是对各实现模型的其他程序包提供了一个统一的调用接口,在具体执行模型操作时,还是依赖于具体的程序包,如执行决策树模型时依赖的是程序包 rpart。

有监督学习定义为,样本标记信息已知且提供给训练模型。如果标记信息是数值类型,则为回归问题;如果是类别类型,则为分类问题。这是两种最常见的有监督学习问题,也是本章介绍的重点。

本章所有例子基于 3 个数据集。第 1 个数据集是 1970 年波士顿各地区的房价和其他统计信息,包含 506 个样本,每个样本包含 14 个属性,如表 11.1 所示。

表 11.1　波士顿房价数据集属性定义

属　性	定　义	属　性	定　义
crim	犯罪率	dis	与市中心的距离
zn	住宅用地比例	rad	高速公路的可接近性
indus	非零售商业用地比例	tax	房地产税率
chas	是否临河,1 为是,0 为否	ptratio	师生比例
nox	氮氧化物浓度	b	有色人种比例
rm	每栋住宅平均房间数	lstat	低端人口比例
age	1940 年以前建筑比例	medv	房价中位数

该数据集用于回归问题,目标变量为房价中位数(变量 medv)。该数据集包含多达 13 个自变量,也可以用于检验模型区分变量重要性的能力。

调用 data() 函数载入程序包 mlbench 中的波士顿房价数据集 BostonHousing。调用 head() 函数查看数据集前几行,默认为前 6 行。

```
data(BostonHousing, package = "mlbench")
head(BostonHousing)
```

##	crim	zn	indus	chas	nox	rm	age	dis	rad	tax	ptratio	b	lstat	medv
## 1	0.00632	18	2.31	0	0.538	6.575	65.2	4.0900	1	296	15.3	396.90	4.98	24.0
## 2	0.02731	0	7.07	0	0.469	6.421	78.9	4.9671	2	242	17.8	396.90	9.14	21.6
## 3	0.02729	0	7.07	0	0.469	7.185	61.1	4.9671	2	242	17.8	392.83	4.03	34.7
## 4	0.03237	0	2.18	0	0.458	6.998	45.8	6.0622	3	222	18.7	394.63	2.94	33.4
## 5	0.06905	0	2.18	0	0.458	7.147	54.2	6.0622	3	222	18.7	396.90	5.33	36.2
## 6	0.02985	0	2.18	0	0.458	6.430	58.7	6.0622	3	222	18.7	394.12	5.21	28.7

第 2 个数据集是双螺旋结构数据,为人工合成,包含 200 个样本,每个样本包含 3 个属性,如表 11.2 所示。

表 11.2 双螺旋结构数据集属性定义

属　　性	定　　义	属　　性	定　　义	属　　性	定　　义
class	类别	x	x 轴坐标	y	y 轴坐标

该数据集用于二分类问题,目标变量为类别(变量 class)。该数据集两类样本的决策边界高度非线性,也可以用于检验分类模型学习非线性决策边界的能力。

调用 library()函数载入程序包 mlbench 和 ggplot2。调用 mlbench. spirals()函数生成两类共 200 个样本的双螺旋结构数据。调用 ggplot()函数画出该双螺旋结构数据,如图 11.1 所示。

```
library(mlbench)
library(ggplot2)
raw <- mlbench.spirals(200,2)
spirals <- data.frame(class = raw $ classes, x = raw $ x[,1], y = raw $ x[,2])
ggplot(data = spirals, aes(x = x, y = y, colour = class, shape = class)) + geom_point()
```

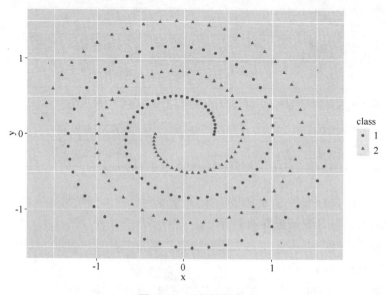

图 11.1 双螺旋结构

第 3 个数据集是鸢尾花卉数据集,由生物学家 Fisher 于 1936 年收集整理,包含 150 个样本,每个样本包含 5 个属性,如表 11.3 所示。

表 11.3 鸢尾花卉数据集属性定义

属　　性	定　　义	属　　性	定　　义
Sepal. Length	花萼长度	Petal. Width	花瓣宽度
Sepal. Width	花萼宽度	Species	物种
Petal. Length	花瓣长度		

该数据集用于多分类问题,目标变量为物种(变量 Species),其中包含 3 个类别,分别为 Setosa、Versicolour 和 Virginica,每类 50 个样本。

调用 head( )函数查看数据集前几行,默认为前 6 行。

```
head(iris)
##      Sepal. Length  Sepal. Width  Petal. Length  Petal. Width  Species
## 1        5.1           3.5            1.4           0.2       setosa
## 2        4.9           3.0            1.4           0.2       setosa
## 3        4.7           3.2            1.3           0.2       setosa
## 4        4.6           3.1            1.5           0.2       setosa
## 5        5.0           3.6            1.4           0.2       setosa
## 6        5.4           3.9            1.7           0.4       setosa
```

在之后章节中将依次介绍一些常用的有监督学习模型,重点会覆盖:

- 模型在回归、两分类和多分类问题中的应用;
- 模型在程序包 mlr 中和相应原生程序包中的实现方法;
- 模型各超参数的含义和影响。

11.1　线性回归模型

给定数据集 $D = \{(x_1, y_1), (x_2, y_2), \cdots, (x_m, y_m)\}$,其中 $x_i = (x_{i1}; x_{i2}; \cdots; x_{in})$,$y_i \in \mathbb{R}$。线性回归模型表达形式为:

$f(x_i) = w^{\mathrm{T}} x_i + b$,使得 $f(x_i) \approx y_i$

线性回归一般仅用于回归问题,而不用于分类问题。

11.1.1　回归问题

调用 makeRegrTask( )函数定义一个回归任务,预测波士顿地区房价(变量 medv)。

调用 makeLearner( )函数定义学习器,这里选择线性回归模型作为学习器,即"regr. lm",实际上是间接调用程序包 stats 中的 lm( )函数。查看返回结果的属性 par. set 得到超参数列表。

```
library(mlr)
task <- makeRegrTask(data = BostonHousing, target = "medv")
learner <- makeLearner("regr.lm")
learner $ par.set
##              Type     len   Def  Constr   Req  Tunable  Trafo
## tol         numeric   -   1e-07  0 to Inf  -    TRUE     -
## singular.ok logical   -   TRUE    -        -    FALSE    -
```

可以看出,虽然有一个可调优的超参数,但其意义并不大,因此这里省略超参数调优。

1. 特征选择

线性回归模型中,应该尽量避免自变量的共线性问题,因此需要做特征选择。

调用 makeFeatSelControlSequential( )函数定义用有序搜索做特征选择,有序搜索意为按一定顺序依次加入或移除特征,其中:

● 参数 method 表示有序搜索策略,"sfs"为前向搜索(即从空模型开始不断加入性能提升最大的自变量),"sbs"为后向搜索(即从包含所有自变量的模型开始不断移除性能下降最小的自变量);

● 参数 alpha 表示加入自变量需要达到最小提升值;

● 参数 beta 表示移除自变量需要达到最小下降值。

```
ctrl = makeFeatSelControlSequential(method = "sfs", alpha = 0.02)
```

调用 makeResampleDesc( )函数定义重采样策略为 3 折交叉验证。

```
rdesc = makeResampleDesc("CV", iters = 3)
```

调用 selectFeatures( )函数执行特征选择,其中:

● 参数 learner 表示学习器;

● 参数 task 表示建模任务;

● 参数 resampling 表示重采样策略描述对象;

● 参数 measures 表示模型性能指标,回归任务的常用指标包括(具体细节在后续章节介绍):

– rsq 表示 R^2;

– mse 表示均方误差;

– rmse 表示均方根误差;

● 参数 control 表示调优算法描述对象。

```
set.seed(123)
sfeats = selectFeatures(learner = learner, task = task, resampling = rdesc,
    control = ctrl, measures = mse, show.info = FALSE)
sfeats
## FeatSel result:
## Features (11):crim,zn,chas,nox,rm,dis,rad,tax,ptratio,b,lstat
## mse.test.mean = 23.0526862
```

调用 analyzeFeatSelResult( ) 函数得到特征选择过程的相关信息。

```
analyzeFeatSelResult( sfeats)
## Features          :11
## Performance            :mse. test. mean = 23. 0526862
## crim, zn, chas, nox, rm, dis, rad, tax, ptratio, b, lstat
##
## Path to optimum：
## - Features：    0    Init    :            Perf = 84. 669    Diff：NA          *
## - Features：    1    Add     :lstat        Perf = 38. 517    Diff：46. 152     *
## - Features：    2    Add     :rm           Perf = 30. 749    Diff：7. 7675     *
## - Features：    3    Add     :ptratio      Perf = 27. 292    Diff：3. 4571     *
## - Features：    4    Add     :dis          Perf = 26. 472    Diff：0. 8205     *
## - Features：    5    Add     :nox          Perf = 25. 035    Diff：1. 4367     *
## - Features：    6    Add     :chas         Perf = 24. 515    Diff：0. 51971    *
## - Features：    7    Add     :b            Perf = 24. 096    Diff：0. 41945    *
## - Features：    8    Add     :rad          Perf = 23. 84    Diff：0. 25604    *
## - Features：    9    Add     :crim         Perf = 23. 497    Diff：0. 34337    *
## - Features：   10    Add     :zn           Perf = 23. 346    Diff：0. 15026    *
## - Features：   11    Add     :tax          Perf = 23. 053    Diff：0. 29359    *
##
## Stopped, because no improving feature was found.
```

可以看出，选取了 13 个自变量中的 11 个。

重新定义回归任务，输入选出的 11 个自变量和因变量，其中自变量可以使用特征选择描述对象的属性 x 得到。

```
task  < - makeRegrTask( data = BostonHousing[ , c( sfeats $ x, " medv" ) ], target = " medv" )
```

2. 模型训练

调用 train( ) 函数训练线性回归模型。

```
mod  < - train( learner, task)
```

调用 summary( ) 函数得到线性回归模型的训练结果。

```
summary( mod $ learner. model)
##
## Call：
## stats：:lm( formula  =  f, data  =  d)
##
## Residuals：
##     Min        1Q    Median       3Q      Max
## -15. 5984    -2. 7386    -0. 5046    1. 7273    26. 2373
##
```

```
## Coefficients:
##               Estimate    Std. Error   t value   Pr( > |t| )
## (Intercept)   36.341145   5.067492     7.171     2.73e-12  * * *
## crim          -0.108413   0.032779    -3.307     0.001010  * *
## zn             0.045845   0.013523     3.390     0.000754  * * *
## chas1          2.718716   0.854240     3.183     0.001551  * *
## nox          -17.376023   3.535243    -4.915     1.21e-06  * * *
## rm             3.801579   0.406316     9.356     < 2e-16   * * *
## dis           -1.492711   0.185731    -8.037     6.84e-15  * * *
## rad            0.299608   0.063402     4.726     3.00e-06  * * *
## tax           -0.011778   0.003372    -3.493     0.000521  * * *
## ptratio       -0.946525   0.129066    -7.334     9.24e-13  * * *
## b              0.009291   0.002674     3.475     0.000557  * * *
## lstat         -0.522553   0.047424   -11.019     < 2e-16   * * *
## ---
## Signif. codes:  0 '* * *'0.001 '* *'0.01 '*'0.05 '.'0.1 ' '1
##
## Residual standard error:4.736 on 494 degrees of freedom
## Multiple R-squared： 0.7406,Adjusted R-squared： 0.7348
## F-statistic:128.2 on 11 and 494 DF,  p-value:< 2.2e-16
```

结果中包含了以下几部分：

- 线性回归调用(call)；
- 残差分布(residuals)；
- 拟合系数(coefficients)，即每个自变量前的系数和截距项系数，又包含了系数的估计、标准差、t值和p值；
- 残差标准差、R^2 和 F 检验统计量。

可以看出，所有的自变量和截距项的 p 值都小于 0.01，即预测能力较强。

3. 残差分析

做残差分析是非常有意义的，线性回归模型得到的残差应满足高斯白噪声的特性，即均值为 0、方差一定且相互独立。图 11.2 中的 4 种情况虽然统计量 R^2 的值相同，但可以看出，仅左上角图适用于线性回归模型。

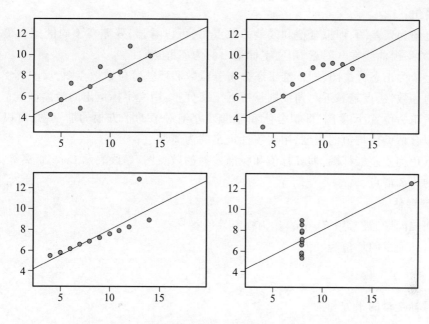

图 11.2 线性回归的适用性

调用 plot( )函数画出线性回归模型的残差图,如图 11.3 所示。

```
par( mfrow = c(2,2) )

plot( mod $ learner. model)

par( mfrow = c(1,1) )
```

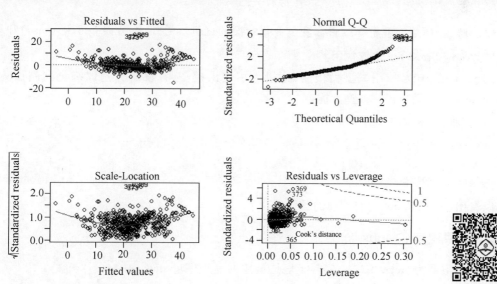

图 11.3 线性回归模型的残差图

可以看出：

• 左上角为残差图，即拟合值和残差的散点图，可以看出，残差在不同的拟合值时分布较均匀，红色的平滑曲线在 0 附近，用文字标记出的为离群点；

• 右上角为正态分位图，即标准正态分布分位数和残差分位数散点图，反映真实的残差与正态分布的一致性，点越靠近对角线则越接近正态分布，用文字标记出的为离群点；

• 左下角为位置-尺度图，即拟合值和标准残差绝对值的平方根的散点图，可以看出残差在不同的拟合值偏离均值的程度，用文字标记出的为离群点；

• 右下角为残差杠杆图，即杠杆值和标准残差的散点图，虚线表示 Cook 距离等高线，用文字标记出的为离群点。

4. 模型评估

对于回归问题，最常用 R^2（rsq）作为模型性能指标。

定义目标变量的均值为

$$\bar{y} = \frac{1}{m} \sum_{i=1}^{m} y_i$$

定义目标变量的平方和为

$$SS_{\text{tot}} = \frac{1}{m} \sum_{i=1}^{m} (y_i - \bar{y})^2$$

定义残差的平方和为

$$SS_{\text{res}} = \frac{1}{m} \sum_{i=1}^{m} (y_i - f(x_i))^2$$

则 R^2 定义为

$$R^2 = 1 - \frac{SS_{\text{res}}}{SS_{\text{tot}}}$$

可以理解为，模型能够解释的目标变量变化情况的比例。另外，均方误差 SS_{res}（mse）和均方根误差 $\sqrt{SS_{\text{res}}}$（rmse）也比较常用。

调用 predict( ) 函数使用模型做预测，这里为了突出模型，并没有分割训练集和测试集。调用 performance( ) 函数评估模型性能。

```
pred <- predict(mod, task)
performance(pred, measures = list(rsq, mse, rmse))
##        rsq        mse       rmse
## 0.7405823  21.8999288  4.6797360
```

可以看出，R^2 远超 50%，有较强的预测能力。

11.1.2　使用程序包 stats

当指定学习器为"regr. lm"时，实际上底层调用的是程序包 stats 中的 lm( ) 函数。

调用 lm( ) 函数训练线性回归模型，其中：

• 第 1 个参数 formula 表示公式，~ 左侧为因变量，右侧为用 + 连接的自变量；

• 第 2 个参数 data 表示输入数据框。

```
mod <- lm( medv ~ crim + zn + chas + nox + rm + dis + rad + tax + ptratio + b +
    lstat , BostonHousing )
summary( mod )
##
## Call:
## lm( formula = medv ~ crim + zn + chas + nox + rm + dis + rad +
##    tax + ptratio + b + lstat , data = BostonHousing )
##
## Residuals:
##    Min    1Q    Median    3Q    Max
## -15.5984-2.7386  -0.5046  1.7273  26.2373
##
## Coefficients:
##               Estimate  Std. Error   t value  Pr( > |t| )
## ( Intercept )  36.341145  5.067492   7.171   2.73e-12 * * *
## crim          -0.108413  0.032779  -3.307   0.001010 * *
## zn             0.045845  0.013523   3.390   0.000754 * * *
## chas1          2.718716  0.854240   3.183   0.001551 * *
## nox          -17.376023  3.535243  -4.915   1.21e-06 * * *
## rm             3.801579  0.406316   9.356   < 2e-16 * * *
## dis           -1.492711  0.185731  -8.037   6.84e-15 * * *
## rad            0.299608  0.063402   4.726   3.00e-06 * * *
## tax           -0.011778  0.003372  -3.493   0.000521 * * *
## ptratio       -0.946525  0.129066  -7.334   9.24e-13 * * *
## b              0.009291  0.002674   3.475   0.000557 * * *
## lstat         -0.522553  0.047424 -11.019   < 2e-16 * * *
## ---
## Signif. codes:  0 '* * *'0.001 '* *'0.01 '*'0.05'.'0.1''1
##
## Residual standard error:4.736 on 494 degrees of freedom
## Multiple R-squared:  0.7406 ,Adjusted R-squared:  0.7348
## F-statistic:128.2 on 11 and 494 DF,   p-value:< 2.2e-16
```

11.2　逻辑回归模型

考虑二分类问题,其输出标记 $y \in \{0,1\}$,而线性回归模型产生的预测值 $z = w^T x_i + b$ 是实值,需要找到一个连续可微的函数将实值 z 转换为0/1值。对数概率函数正是这样一个函数:

$$y = \frac{1}{1 + e^{-z}} = \frac{1}{1 + e^{-(w^T x + b)}}$$

如图11.4所示。

逻辑回归一般仅用于分类问题,而不用于回归问题。

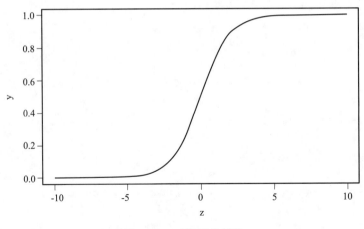

图 11.4　对数概率函数

11.2.1　二分类问题

调用 makeClassifTask( ) 函数定义一个分类任务,预测双螺旋结构中点的类别(变量 class)。调用 makeLearner( ) 函数定义学习器,这里选择逻辑回归模型作为学习器,即 " classif. logreg ",实际上是调用程序包 stats 中的 glm( ) 函数,并指定参数 family = binomial(link = 'logit') 。

```
task  <- makeClassifTask( data = spirals , target = " class" )
learner  <- makeLearner( " classif. logreg" , predict. type = " prob" )
learner $ par. set
##          Type len   Def Constr Req Tunable   Trafo
## model logical    - TRUE    -  -   FALSE      -
```

可以看出,没有可调优的超参数,因此这里省略超参数调优。仅有两个自变量,因此这里也省略特征选择。

1. 模型训练

训练逻辑回归模型。

```
mod  <- train( learner , task )
```

调用 summary( ) 函数得到逻辑回归模型的训练结果。

```
summary( mod $ learner. model)
##
## Call :
## stats :: glm( formula = f , family = " binomial" , data = getTaskData( . task , . subset) ,
##      weights = . weights , model = FALSE )
##
## Deviance Residuals :
##     Min    1Q  Median    3Q    Max
```

```
## -1.372   -1.176    0.000    1.176    1.372
##
## Coefficients：
##                Estimate  Std. Error   z value  Pr( > |z|)
## （Intercept）  1.936e-16  1.429e-01    0.000    1.0000
## x             5.985e-02  1.906e-01    0.314    0.7536
## y             3.820e-01  1.921e-01    1.988    0.0468  *
## ---
## Signif. codes： 0 '＊＊＊'0.001 '＊＊'0.01 '＊'0.05 '.'0.1 ' '1
##
## （Dispersion parameter for binomial family taken to be 1）
##
##      Null deviance：277.26   on 199   degrees of freedom
## Residual deviance：273.20   on 197   degrees of freedom
## AIC：279.2
##
## Number of Fisher Scoring iterations：4
```

结果与线性回归的结果类似。

可以看出，两个自变量和截距项的 p 值都大于或等于 0.01，即预测能力较弱。

2. 残差分析

调用 plot( )函数画出逻辑回归模型的残差图，如图 11.5 所示。

```
par( mfrow = c(2,2))
plot( mod $ learner. model)
```

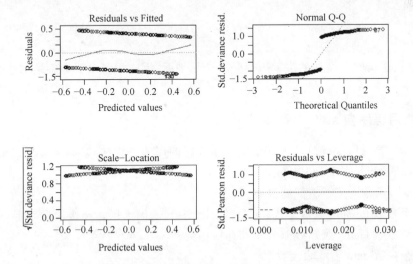

图 11.5　逻辑回归模型的残差图

```
par( mfrow = c(1,1))
```

可以看出，残差的分布并不理想。

3. 模型评估

使用模型做预测，评估模型性能。

```
pred <- predict(mod,task)
performance(pred,measures = list(acc,auc,f1))
##      acc      auc       f1
## 0.5000 0.5716 0.5000
```

可以看出，精度仅 50%，与随机猜测一样，毫无预测能力。

4. 决策边界

画出逻辑回归模型的决策边界，如图 11.6 所示。

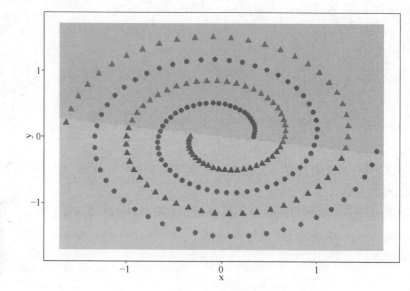

图 11.6   逻辑回归模型的决策边界

可以看出，逻辑回归模型的决策边界是一个超平面，无法学习出双螺旋结构这类高度非线性的决策边界。

11.2.2   使用程序包 stats

当指定学习器为 "classif. logreg" 时，实际上底层调用的是程序包 stats 中的 glm() 函数，并指定参数 family = binomial(link ='logit')。

调用 glm() 函数训练逻辑回归模型，其中：

- 第 1 个参数 formula 表示公式，~ 左侧为因变量，右侧为用 + 连接的自变量；
- 第 2 个参数 family 表示残差分布和连接函数；
- 第 3 个参数 data 表示输入数据框。

```
mod <- glm(class ~ x + y,binomial(link = "logit"),spirals)
summary(mod)
##
## Call:
```

```
## glm( formula = class ~ x + y, family = binomial( link = "logit" ),
##      data = spirals)
##
## Deviance Residuals：
##     Min      1Q   Median       3Q      Max
## -1.372   -1.176    0.000    1.176    1.372
##
## Coefficients：
##                Estimate  Std. Error  z value  Pr( > |z| )
## (Intercept)   1.936e-16   1.429e-01    0.000      1.0000
## x             5.985e-02   1.906e-01    0.314      0.7536
## y             3.820e-01   1.921e-01    1.988      0.0468  *
## ---
## Signif. codes：  0 '* * *'0.001'* *'0.01'*'0.05'.'0.1''1
##
## ( Dispersion parameter for binomial family taken to be 1 )
##
##     Null deviance：277.26   on 199   degrees of freedom
## Residual deviance：273.20   on 197   degrees of freedom
## AIC：279.2
##
## Number of Fisher Scoring iterations：4
```

11.2.3　多分类问题

　　调用 makeClassifTask( ) 函数定义一个分类任务,预测鸢尾花卉的物种(变量 Species)。调用 makeLearner( ) 函数定义学习器,这里选择逻辑回归模型作为学习器,即"classif. logreg ",实际上是调用程序包 LiblineaR 中的 LiblineaR( ) 函数。之前几节所用的逻辑回归模型只能用于二分类问题,这里的多分类问题逻辑回归模型经过了一些改造。

```
task <- makeClassifTask( data = iris, target = "Species" )
learner <- makeLearner( "classif. LiblinearL1LogReg", predict. type = "prob" )
learner $ par. set
##               Type            len     Def      Constr      Req   Tunable   Trafo
## cost          numeric          -       1     0 to Inf       -     TRUE       -
## epsilon       numeric          -     0.01    0 to Inf       -     TRUE       -
## bias          logical          -     TRUE                   -     TRUE       -
## wi            numericvector  < NA >           -Inf to Inf   -     TRUE       -
## cross         integer          -       0     0 to Inf       -     FALSE      -
## verbose       logical          -     FALSE                  -     FALSE      -
```

1. 模型训练
训练逻辑回归模型。

```
mod <- train(learner,task)
```

调用 summary()函数得到逻辑回归模型的训练结果。

```
summary(mod $ learner.model)
##              Length  Class    Mode
## TypeDetail   1       -none-   character
## Type         1       -none-   numeric
## W            15      -none-   numeric
## Bias         1       -none-   numeric
## ClassNames   3       factor   numeric
## NbClass      1       -none-   numeric
```

2. 模型评估

使用模型做预测,评估模型性能。

```
pred <- predict(mod,task)
performance(pred,measures = list(acc,logloss))
##         acc      logloss
## 0.9600000 0.2627626
```

可以看出,精度远超 50%,有较强的预测能力。

3. 决策边界

画出逻辑回归模型在两个自变量上的决策边界,如图 11.7 所示。

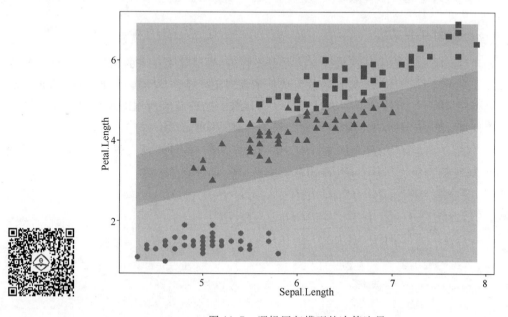

图 11.7　逻辑回归模型的决策边界

可以看出,逻辑回归模型的决策边界是多条相互平行的超平面。

11.3　线性判别分析模型

11.4　朴素贝叶斯模型

11.5　k 近邻模型

k 近邻模型的原理是,给定测试样本,基于某种距离度量找出训练集中与其最靠近的 k 个训练样本,然后基于这 k 个"邻居"的信息进行预测。

- 对于回归问题,取这 k 个样本目标变量的(加权)均值作为预测值;
- 对于分类问题,取这 k 个样本目标变量的多数类作为预测类。

图 11.8 是一个 k 近邻模型($k = 5$)的全过程,其中训练集中有 40 个样本,测试集中有 3 个样本,形状表示类别,颜色表示训练集和测试集。整个过程中,4 个图为一组,每一组中:

- 左上角图:选取测试集中的一个样本;
- 右上角图:计算该样本与所有训练集样本的距离;
- 左下角图:选取距离最近的 $k = 5$ 个样本;
- 右下角图:将这些样本中的多数类作为预测类别。

需要注意的是,k 近邻模型对于所有的自变量都给予相同的重要性权重,这对于自变量重要性差异较大的问题并不适用。另外,k 近邻模型是基于样本间距离的,因此需要对自变量做标准化,确保各自变量的量纲或数量级一致。

k 近邻模型既可以用于回归问题,也可以用于两分类和多分类问题。

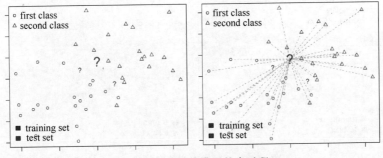

图 11.8　k 近邻模型的全过程

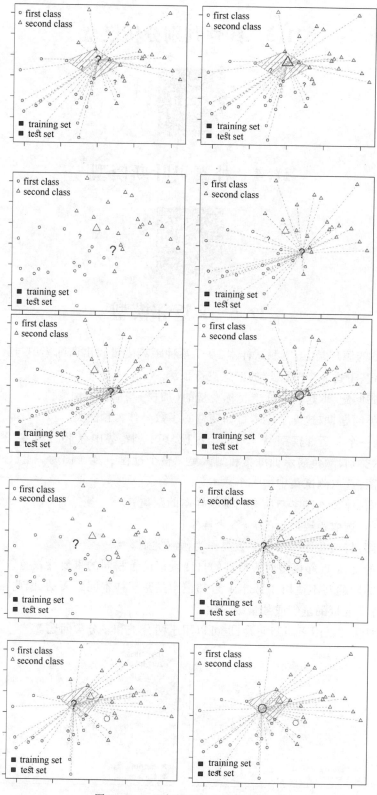

图 11.8 k 近邻模型的全过程(续)

11.5.1　回归问题

预测波士顿地区房价(变量 medv),这里选择 k 近邻模型作为学习器,即"regr. kknn",实际上是间接调用程序包 kknn 中的 kknn()函数。

```
task <- makeRegrTask( data = BostonHousing, target = "medv")
learner <- makeLearner("regr. kknn")
## Loading required package: kknn
learner $ par. set
```

##	Type	len	Def		Constr	Req	Tunable	Trafo
## k	integer	-	7		1 to Inf	-	TRUE	-
## distance	numeric	-	2		0 to Inf	-	TRUE	-
## kernel	discrete	-	optimal	rectangular, triangular, epanechnikov, b. . .	-		TRUE	-
## scale	logical	-	TRUE				TRUE	-

可以看出,有 4 个可调优的超参数,最常用的包括:

- 参数 k:考虑的近邻数量;
- 参数 distance:计算距离时的范数。

1. 超参数调优

调用 makeParamSet()函数定义需要调优的超参数及尝试的数值,这里调优的超参数为

- 近邻数量(k):1、3 和 7;
- 距离范数(distance):1 和 2。

调用 makeTuneControlGrid()函数定义用网格搜索做参数调优。调用 makeResampleDesc()函数定义重采样策略为 3 折交叉验证。调用 tuneParams()函数执行超参数调优。

```
ps = makeParamSet( makeDiscreteParam("k", values = c(1,3,7)), makeDiscreteParam("distance",
    values = c(1,2)))
ctrl = makeTuneControlGrid()
rdesc = makeResampleDesc("CV", iters = 3)
set. seed(123)
res = tuneParams( learner, task, resampling = rdesc, par. set = ps, control = ctrl, measures = rsq)
## [Tune] Started tuning learner regr. kknn for parameter set:
## Type len Def Constr Req Tunable Trafo
## k discrete - - 1,3,7 - TRUE -
## distance discrete - - 1,2 - TRUE -
## With control class: TuneControlGrid
## Imputation value: Inf
## [Tune-x] 1: k = 1; distance = 1
## [Tune-y] 1: rsq. test. mean = 0. 7326075; time: 0. 0 min
## [Tune-x] 2: k = 3; distance = 1
## [Tune-y] 2: rsq. test. mean = 0. 7795665; time: 0. 0 min
## [Tune-x] 3: k = 7; distance = 1
## [Tune-y] 3: rsq. test. mean = 0. 7939330; time: 0. 0 min
```

```
## [Tune-x] 4 : k = 1 ; distance = 2
## [Tune-y] 4 : rsq. test. mean = 0. 7073407 ; time : 0. 0 min
## [Tune-x] 5 : k = 3 ; distance = 2
## [Tune-y] 5 : rsq. test. mean = 0. 7598753 ; time : 0. 0 min
## [Tune-x] 6 : k = 7 ; distance = 2
## [Tune-y] 6 : rsq. test. mean = 0. 7761470 ; time : 0. 0 min
## [Tune] Result : k = 7 ; distance = 1 ; rsq. test. mean = 0. 7939330
res
## Tune result：
## Op. pars : k = 7 ; distance = 1
## rsq. test. mean = 0. 7939330
```

可以看出,最佳的超参数组合近邻数量(k)为 7 且距离范数(distance)为 1。

调用 generateHyperParsEffectData( )函数得到可视化超参数调优结果所需数据。调用 qplot( )函数做可视化,如图 11.9 所示。

```
data = generateHyperParsEffectData( res )
qplot( x = k , y = rsq. test. mean , color = as. factor( distance ) , data = data $ data , geom = "path" )
```

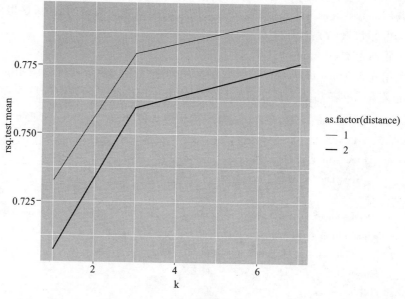

图 11.9　k 近邻模型的超参数调优结果

可以看出,距离范数(distance)为 1 的性能好于 2,且近邻数量(k)为 7 的性能好于 1 和 3。

2. 模型训练

训练 k 近邻模型。

```
learner <- makeLearner( "regr. kknn" , par. vals = list( k = 7 , distance = 1 ) )
mod <- train( learner , task )
```

3. 模型评估

使用模型做预测,评估模型性能。

```
pred <- predict(mod,task)
performance(pred,measures = list(rsq,mse,rmse))
##        rsq          mse          rmse
## 0.9349162 5.4943484 2.3440026
```

可以看出,R^2 远超 50%,有较强的预测能力。

11.5.2   使用程序包 kknn

当指定学习器为"regr. kknn"时,实际上底层调用的是程序包 kknn 中的 kknn() 函数。

调用 kknn() 函数训练 k 近邻模型,其中:

● 第 1 个参数 formula 表示公式,~ 左侧为因变量,右侧为自变量,. 表示除了因变量以外的所有变量;

● 第 2 个参数 train 表示训练数据框;

● 第 3 个参数 test 表示测试数据框;

● 参数 k 表示近邻数量;

● 参数 distance 表示距离范数。

```
mod <- kknn(medv ~ .,BostonHousing,BostonHousing,k = 7,distance = 1)
summary(mod)
##
## Call:
## kknn(formula = medv ~ .,train = BostonHousing,test = BostonHousing,k = 7,distance = 1)
##
## Response:"continuous"
```

11.5.3   二分类问题

预测双螺旋结构中点的类别(变量 class),这里选择 k 近邻模型作为学习器,即"classif. kknn",实际上是间接调用程序包 kknn 中的 kknn() 函数。

```
task <- makeClassifTask(data = spirals,target = "class")
learner <- makeLearner("classif. kknn",predict. type = "prob")
learner $ par. set
```

##	Type	len	Def		Constr	Req	Tunable	Trafo
## k	integer	-	7		1 to Inf	-	TRUE	-
## distance	numeric	-	2		0 to Inf	-	TRUE	-
## kernel	discrete	-	optimal	rectangular,triangular,epanechnikov,b...		-	TRUE	-
## scale	logical	-	TRUE		-	-	TRUE	-

可以看出,有 4 个可调优的超参数,最常用的包括:

- 参数 k:考虑的近邻数量;
- 参数 distance:计算距离时的范数。

1. 超参数调优

这里调优的超参数为:

- 近邻数量(k):1、3 和 7;
- 距离范数(distance):1 和 2。

定义用网格搜索做参数调优,定义重采样策略为 3 折交叉验证,执行超参数调优。

```
ps = makeParamSet(makeDiscreteParam("k",values = c(1,3,7)),makeDiscreteParam("distance",values =
c(1,2)))
ctrl = makeTuneControlGrid()
rdesc = makeResampleDesc("CV",iters = 3)
set.seed(123)
res = tuneParams(learner,task,resampling = rdesc,par.set = ps,control = ctrl,measures = acc)
## [Tune] Started tuning learner classif.kknn for parameter set:
##              Type len Def  Constr Req Tunable Trafo
## k           discrete  -   -  1,3,7  -  TRUE    -
## distance    discrete  -   -  1,2    -  TRUE    -
## With control class:TuneControlGrid
## Imputation value:-0
## [Tune-x] 1:k = 1;distance = 1
## [Tune-y] 1:acc.test.mean = 0.9352480;time:0.0 min
## [Tune-x] 2:k = 3;distance = 1
## [Tune-y] 2:acc.test.mean = 0.9352480;time:0.0 min
## [Tune-x] 3:k = 7;distance = 1
## [Tune-y] 3:acc.test.mean = 0.7804161;time:0.0 min
## [Tune-x] 4:k = 1;distance = 2
## [Tune-y] 4:acc.test.mean = 0.9301975;time:0.0 min
## [Tune-x] 5:k = 3;distance = 2
## [Tune-y] 5:acc.test.mean = 0.9301975;time:0.0 min
## [Tune-x] 6:k = 7;distance = 2
## [Tune-y] 6:acc.test.mean = 0.7853158;time:0.0 min
## [Tune] Result:k = 3;distance = 1:acc.test.mean = 0.9352480
res
## Tune result:
## Op. pars:k = 3;distance = 1
## acc.test.mean = 0.9352480
```

可以看出,最佳的超参数组合近邻数量(k)为 3 且距离范数(distance)为 1。

可视化超参数调优结果,如图 11.10 所示。

```
data = generateHyperParsEffectData( res )
qplot( x = k, y = acc. test. mean, color = as. factor( distance ) , data = data $ data, geom = "path" )
```

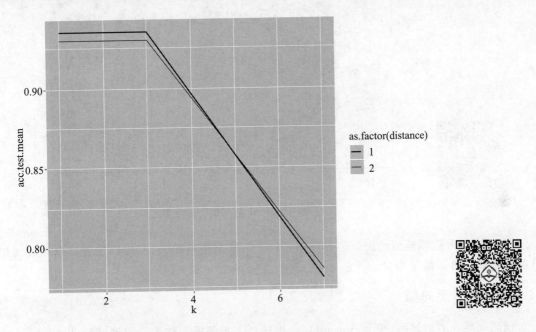

图 11.10   k 近邻模型的超参数调优结果

可以看出,距离范数(distance)为 1 的性能好于 2,且近邻数量(k)为 1 和 3 的性能好于 7。

2. 模型训练

训练 k 近邻模型。

```
learner <- makeLearner( "classif. kknn", par. vals = list( k = 1, distance = 2 ) , predict. type = "prob" )
mod <- train( learner, task )
```

3. 模型评估

使用模型做预测,评估模型性能。

```
pred <- predict( mod, task )
performance( pred, measures = list( acc, auc, f1 ) )
## acc auc   f1
##  1   1    1
```

可以看出,精度远超 50%,有较强的预测能力。

4. 决策边界

画出 k 近邻模型的决策边界,如图 11.11 所示。

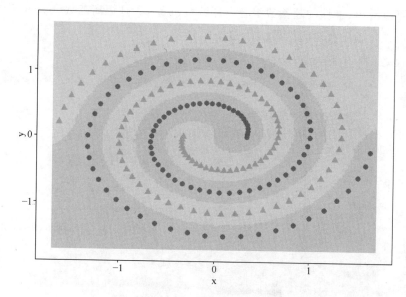

图 11.11　k 近邻模型的决策边界

可以看出,k 近邻模型的决策边界可以是一个不规则超曲面,完全可以学习出双螺旋结构这类高度非线性的决策边界。

11.5.4　多分类问题

预测鸢尾花卉的物种(变量 Species),这里选择 k 近邻模型作为学习器,即"classif. kknn"。

```
task <- makeClassifTask(data = iris, target = "Species")
learner <- makeLearner("classif. kknn", predict. type = "prob")
```

1. 超参数调优

定义需要调优的超参数及尝试的数值,这里调优的超参数为:

- 近邻数量(k):1、3 和 7;
- 距离范数(distance):1 和 2。

定义用网格搜索做参数调优,定义重采样策略为 3 折交叉验证,执行超参数调优。

```
ps = makeParamSet(makeDiscreteParam("k", values = c(1,3,7)), makeDiscreteParam("distance",
    values = c(1,2)))
ctrl = makeTuneControlGrid()
rdesc = makeResampleDesc("CV", iters = 3)
set. seed(123)
res = tuneParams(learner, task, resampling = rdesc, par. set = ps, control = ctrl, measures = acc)
## [Tune] Started tuning learner classif. kknn for parameter set:
##                Type len Def  Constr Req Tunable  Trafo
## k           discrete  -   -  1,3,7   -  TRUE      -
## distance discrete  -   -  1,2    -  TRUE      -
## With control class: TuneControlGrid
## Imputation value: 0
```

```
## [Tune-x] 1:k = 1;distance = 1
## [Tune-y] 1:acc. test. mean = 0.9200000;time:0.0 min
## [Tune-x] 2:k = 3;distance = 1
## [Tune-y] 2:acc. test. mean = 0.9200000;time:0.0 min
## [Tune-x] 3:k = 7;distance = 1
## [Tune-y] 3:acc. test. mean = 0.9533333;time:0.0 min
## [Tune-x] 4:k = 1;distance = 2
## [Tune-y] 4:acc. test. mean = 0.9333333;time:0.0 min
## [Tune-x] 5:k = 3;distance = 2
## [Tune-y] 5:acc. test. mean = 0.9333333;time:0.0 min
## [Tune-x] 6:k = 7;distance = 2
## [Tune-y] 6:acc. test. mean = 0.9466667;time:0.0 min
## [Tune] Result:k = 7;distance = 1:acc. test. mean = 0.9533333
res
## Tune result:
## Op. pars:k = 7;distance = 1
## acc. test. mean = 0.9533333
```

可以看出,最佳的超参数组合近邻数量(k)为7且距离范数(distance)为1。

可视化超参数调优结果,如图11.12所示。

```
data = generateHyperParsEffectData(res)
qplot(x = k,y = acc. test. mean,color = as. factor(distance),data = data $ data,geom = "path")
```

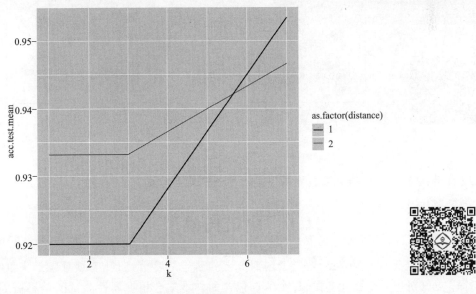

图 11.12   超参数调优结果

可以看出,距离范数(distance)为 1 和 2 的性能类似,且近邻数量(k)为 7 的性能好于 1 和 3。

2. 模型训练

训练 k 近邻模型。

```
learner <- makeLearner("classif.kknn", par.vals = list(k = 7, distance = 1), predict.type = "prob")
mod <- train(learner, task)
```

3. 模型评估

使用模型做预测，评估模型性能。

```
pred <- predict(mod, task)
performance(pred, measures = list(acc, logloss))
##          acc        logloss
## 0.96000000  0.06241694
```

可以看出，精度远超 50%，有较强的预测能力。

4. 决策边界

画出 k 近邻模型在两个自变量上的决策边界，如图 11.13 所示。

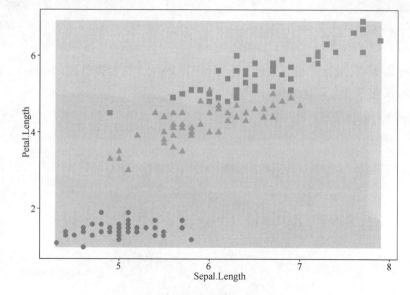

图 11.13　k 近邻模型的决策边界

可以看出，k 近邻模型的决策边界可以是一个不规则超曲面。

11.6　决策树模型

一棵决策树包含一个根节点、若干个内部节点和若干个叶节点；叶节点对应于决策结果，其他每个节点则对应一个属性测试，每个节点包含的样本集合根据属性测试的结果被划分到子节点中；根节点包含样本全集。从根节点到每个叶节点的路径对应了一个判定测试序列。决策树模型的目的是产生一棵泛化能力强，即处理未见示例能力强的决策树，其基本流程遵循简单且直观的"分而治之"策略。

输入:训练集 $D = \{(x_1,y_1),(x_2,y_2),\cdots,(x_m,y_m)\}$

　　　　属性集 $A = \{a_1,a_2,\cdots,a_d\}$

过程:函数 TreeGenerate(D,A)

1: 生成节点 node

2: if D 中样本全属于同一类别 C then

3:　　将 node 标记为 C 类叶结点; return

4: end if

5: if $A = \varnothing$ or D 中样本在 A 上取值相同 then

6:　　将 node 标记为叶结点,其类别标记为 D 中样本数量最多的类; return

7: end if

8: 从 A 中选择最优划分属性 a_*

9: for a_* 的每一个值 a_*^v do

10:　　为 node 生成一个分支;令 D_v 表示 D 中在 a_* 上取值为 a_*^v 的样本子集

11:　　if D_v 为空 then

12:　　　　将分支节点标记为叶结点,其类别标记为 D 中样本最多的类; return

13:　　else

14:　　　　以 TreeGenerate$(D,A\backslash\{a_*\})$ 为分支节点

15:　　end if

16: end for

输出:以 node 为根节点的一棵决策树

决策树的生成是一个递归过程,有 3 种情形会导致递归返回:

- 当前节点包含的样本全属于同一类别,无须划分;
- 当前属性集为空,或是所有样本在所有属性上取值相同,无法划分;
- 当前节点包含的样本集合为空,不能划分。

决策树模型既可以用于回归问题,也可以用于两分类和多分类问题。

11.6.1　回归问题

预测波士顿地区房价(变量 medv),这里选择决策树模型作为学习器,即"regr. rpart",实际上是间接调用程序包 rpart 中的 rpart()函数。

```
task  <- makeRegrTask( data = BostonHousing,target = "medv")
learner  <- makeLearner( "regr. rpart")
learner $ par. set
```

##	Type	len	Def	Constr	Req	Tunable	Trafo
## minsplit	integer	-	20	1 to Inf	-	TRUE	-
## minbucke	integer	-	-	1 to Inf	-	TRUE	-
## cp	numeric	-	0.01	0 to 1	-	TRUE	-
## maxcompete	integer	-	4	0 to Inf	-	TRUE	-
## maxsurrogate	integer	-	5	0 to Inf	-	TRUE	-
## usesurrogate	discrete	-	2	0,1,2	-	TRUE	-
## surrogatestyle	discrete	-	0	0,1	-	TRUE	-
## maxdepth	integer	-	30	1 to 30	-	TRUE	-
## xval	integer	-	10	0 to Inf	-	FALSE	

可以看出,有 8 个可调优的超参数,最常用的包括:

- 参数 maxdepth:树的最大深度;
- 参数 cp:划分节点时需要满足的最小提升度。

1. 超参数调优

定义需要调优的超参数及尝试的数值,这里调优的超参数为:

- 最大深度(maxdepth):3、4、5 和 6;
- 最小提升度(cp):0.01、0.02 和 0.05。

定义用网格搜索做参数调优,定义重采样策略为 3 折交叉验证,执行超参数调优。

```
ps = makeParamSet(makeDiscreteParam("maxdepth",values = 3:6),makeDiscreteParam("cp",
    values = c(0.01,0.02,0.05)))
ctrl = makeTuneControlGrid()
rdesc = makeResampleDesc("CV",iters = 3)
set.seed(123)
res = tuneParams(learner,task,resampling = rdesc,par.set = ps,control = ctrl,measures = rsq)
## [Tune] Started tuning learner regr.rpart for parameter set:
##              Type  len Def       Constr  Req Tunable Trafo
## maxdepth discrete  -   -         3,4,5,6  -  TRUE     -
## cp       discrete  -   - 0.01,0.02,0.05  -  TRUE     -
## With control class:TuneControlGrid
## Imputation value:Inf
## [Tune-x] 1:maxdepth = 3;cp = 0.01
## [Tune-y] 1:rsq.test.mean = 0.7060230;time:0.0 min
## [Tune-x] 2:maxdepth = 4;cp = 0.01
## [Tune-y] 2:rsq.test.mean = 0.7229809;time:0.0 min
## [Tune-x] 3:maxdepth = 5;cp = 0.01
## [Tune-y] 3:rsq.test.mean = 0.7229809;time:0.0 min
## [Tune-x] 4:maxdepth = 6;cp = 0.01
## [Tune-y] 4:rsq.test.mean = 0.7229809;time:0.0 min
## [Tune-x] 5:maxdepth = 3;cp = 0.02
## [Tune-y] 5:rsq.test.mean = 0.7042033;time:0.0 min
## [Tune-x] 6:maxdepth = 4;cp = 0.02
## [Tune-y] 6:rsq.test.mean = 0.7169647;time:0.0 min
## [Tune-x] 7:maxdepth = 5;cp = 0.02
## [Tune-y] 7:rsq.test.mean = 0.7169647;time:0.0 min
## [Tune-x] 8:maxdepth = 6;cp = 0.02
## [Tune-y] 8:rsq.test.mean = 0.7169647;time:0.0 min
## [Tune-x] 9:maxdepth = 3;cp = 0.05
## [Tune-y] 9:rsq.test.mean = 0.6741513;time:0.0 min
## [Tune-x] 10:maxdepth = 4;cp = 0.05
## [Tune-y] 10:rsq.test.mean = 0.6741513;time:0.0 min
## [Tune-x] 11:maxdepth = 5;cp = 0.05
```

```
## [Tune-x] 12:maxdepth = 6;cp = 0.05
## [Tune-y] 12:rsq.test.mean = 0.6741513;time:0.0 min
## [Tune] Result:maxdepth = 4;cp = 0.01:rsq.test.mean = 0.7229809
res
## Tune result:
## Op.  pars:maxdepth = 4;cp = 0.01
## rsq.test.mean = 0.7229809
```

可以看出,最佳的超参数组合最大深度(maxdepth)为 4 且最小提升度(cp)为 0.01。

可视化超参数调优结果,如图 11.14 所示。

```
data = generateHyperParsEffectData(res)
qplot(x = maxdepth,y = rsq.test.mean,color = as.factor(cp),data = data $ data,geom = "path")
```

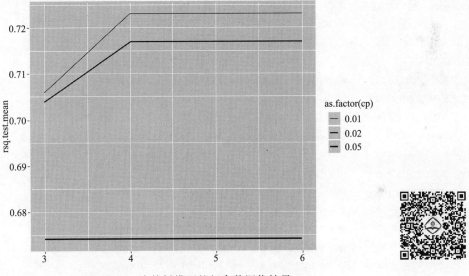

图 11.14　决策树模型的超参数调优结果

可以看出,最大深度(maxdepth)为 4、5 和 6 的性能好于 3,且最小提升度(cp)为 0.01 的性能好于 0.02 和 0.05。

2. 模型训练

训练决策树模型。

```
learner <- makeLearner("regr.rpart",par.vals = list(maxdepth = 4,cp = 0.01))
mod  <- train(learner,task)
```

调用 summary() 函数得到决策树模型的训练结果。

```
summary(mod $ learner.model)
## Call:
## rpart::rpart(formula = f,data = d,xval = 0,maxdepth = 4,cp = 0.01)
##   n = 506
##
```

```
##              CP nsplit   rel error
## 1   0.45274420      0   1.0000000
## 2   0.17117244      1   0.5472558
## 3   0.07165784      2   0.3760834
## 4   0.03616428      3   0.3044255
## 5   0.03336923      4   0.2682612
## 6   0.02661300      5   0.2348920
## 7   0.01585116      6   0.2082790
## 8   0.01000000      7   0.1924279
##
## Variable importance
##    rm  lstat    dis  indus  tax ptratio    nox    age   crim    zn   rad     b
##    33     21      7      7    6       6      6      6      4     2     1     1
## Node number 1:506 observations,      complexity param = 0.4527442
##   mean = 22.53281, MSE = 84.41956
##   left son = 2 (430 obs) right son = 3 (76 obs)
##   Primary splits:
##     rm      < 6.941     to the left,   improve = 0.4527442, (0 missing)
##     lstat   < 9.725     to the right,  improve = 0.4423650, (0 missing)
##     indus   < 6.66      to the right,  improve = 0.2594613, (0 missing)
##     ptratio < 19.9      to the right,  improve = 0.2443727, (0 missing)
##     nox     < 0.6695    to the right,  improve = 0.2232456, (0 missing)
##   Surrogate splits:
##     lstat   < 4.83      to the right,  agree = 0.891, adj = 0.276, (0 split)
##     ptratio < 14.55     to the right,  agree = 0.875, adj = 0.171, (0 split)
##     zn      < 87.5      to the left,   agree = 0.862, adj = 0.079, (0 split)
##     indus   < 1.605     to the right,  agree = 0.862, adj = 0.079, (0 split)
##     crim    < 0.013355  to the right,  agree = 0.852, adj = 0.013, (0 split)
##
## Node number 2:430 observations,      complexity param = 0.1711724
##   mean = 19.93372, MSE = 40.27284
##   left son = 4 (175 obs) right son = 5 (255 obs)
##   Primary splits:
##     lstat   < 14.4      to the right, improve = 0.4222277, (0 missing)
##     nox     < 0.6695    to the right, improve = 0.2775455, (0 missing)
##     crim    < 5.84803   to the right, improve = 0.2483622, (0 missing)
##     ptratio < 19.9      to the right, improve = 0.2199328, (0 missing)
##     age     < 75.75     to the right, improve = 0.2089435, (0 missing)
##   Surrogate splits:
##     age     < 84.3      to the right, agree = 0.814, adj = 0.543, (0 split)
##     indus   < 16.57     to the right, agree = 0.781, adj = 0.463, (0 split)
##     nox     < 0.5765    to the right, agree = 0.781, adj = 0.463, (0 split)
##     dis     < 2.23935   to the left,  agree = 0.781, adj = 0.463, (0 split)
##     tax     < 434.5     to the right, agree = 0.774, adj = 0.446, (0 split)
```

```
##
## Node number 3:76 observations,      complexity param = 0.07165784
##    mean = 37.23816,MSE = 79.7292
##    left son = 6 (46 obs) right son = 7 (30 obs)
##    Primary splits:
##        rm       < 7.437        to the left,  improve = 0.5051569,(0 missing)
##        lstat    < 4.68         to the right,improve = 0.3318914,(0 missing)
##        ptratio  < 19.7         to the right,improve = 0.2498786,(0 missing)
##        rad      < 16           to the right,improve = 0.2139402,(0 missing)
##        crim     < 2.742235     to the right,improve = 0.2139402,(0 missing)
##    Surrogate splits:
##        lstat    3.99           to the right,agree = 0.776,adj = 0.433,(0 split)
##        ptratio  14.75          to the right,agree = 0.671,adj = 0.167,(0 split)
##        b        389.885        to the right,agree = 0.658,adj = 0.133,(0 split)
##        crim     0.11276        to the left, agree = 0.645,adj = 0.100,(0 split)
##        indus    18.84          to the left, agree = 0.645,adj = 0.100,(0 split)
##
## Node number 4:175 observations,      complexity param = 0.026613
##    mean = 14.956,MSE = 19.27572
##    left son = 8 (74 obs) right son = 9 (101 obs)
##    Primary splits:
##        crim    6.99237    to the right,improve = 0.3370069,(0 missing)
##        nox     0.607      to the right,improve = 0.3307926,(0 missing)
##        dis     2.0037     to the left,  improve = 0.2927244,(0 missing)
##        tax     567.5      to the right,improve = 0.2825858,(0 missing)
##        lstat   19.83      to the right,improve = 0.2696497,(0 missing)
##    Surrogate splits:
##        rad      16         to the right,agree = 0.880,adj = 0.716,(0 split)
##        tax      567.5      to the right,agree = 0.857,adj = 0.662,(0 split)
##        nox      0.657      to the right,agree = 0.760,adj = 0.432,(0 split)
##        dis      2.202      to the left,  agree = 0.737,adj = 0.378,(0 split)
##        ptratio  20.15      to the right,agree = 0.720,adj = 0.338,(0 split)
##
## Node number 5:255 observations,      complexity param = 0.03616428
##    mean = 23.3498,MSE = 26.0087
##    left son = 10 (248 obs) right son = 11 (7 obs)
##    Primary splits:
##        dis     < 1.5511     to the right,improve = 0.23292420,(0 missing)
##        lstat   < 4.91       to the right,improve = 0.22084090,(0 missing)
##        rm      < 6.543      to the left,  improve = 0.21720990,(0 missing)
##        crim    < 4.866945   to the left,  improve = 0.06629933,(0 missing)
##        chas    splits as  LR,           improve = 0.06223827,(0 missing)
```

```
##     Surrogate splits:
##         crim  < 8.053285 to the left,   agree = 0.984, adj = 0.429, (0 split)
##
## Node number 6:46 observations,       complexity param = 0.01585116
##     mean = 32.11304, MSE = 41.29592
##     left son = 12 (7 obs) right son = 13 (39 obs)
##     Primary  splits:
##         lstat    < 9.65      to the right, improve = 0.3564426, (0 missing)
##         ptratio  < 19.7      to the right, improve = 0.2481412, (0 missing)
##         rad      < 7.5       to the right, improve = 0.1793089, (0 missing)
##         nox      < 0.639     to the right, improve = 0.1663927, (0 missing)
##         indus    < 9.5       to the right, improve = 0.1521488, (0 missing)
##     Surrogate splits:
##         crim    < 0.724605 to the right, agree = 0.913, adj = 0.429, (0 split)
##         nox     < 0.659    to the right, agree = 0.913, adj = 0.429, (0 split)
##         rad     < 16       to the right, agree = 0.891, adj = 0.286, (0 split)
##         tax     < 534.5    to the right, agree = 0.891, adj = 0.286, (0 split)
##         indus   < 15.015   to the right, agree = 0.870, adj = 0.143, (0 split)
##
## Node number 7:30 observations
##     mean = 45.09667, MSE = 36.62832
##
## Node number 8:74 observations
##     mean = 11.97838, MSE = 14.6744
##
## Node number 9:101 observations
##     mean = 17.13762, MSE = 11.39146
##
## Node number 10:248 observations,      complexity param = 0.03336923
##     mean = 22.93629, MSE = 14.75159
##     left son = 20 (193 obs) right son = 21 (55 obs)
##     Primary   splits:
##         rm      < 6.543     to the left, improve = 0.3896273, (0 missing)
##         lstat   < 7.685     to the right, improve = 0.3356012, (0 missing)
##         nox     < 0.5125    to the right, improve = 0.1514349, (0 missing)
##         ptratio < 18.35     to the right, improve = 0.1212960, (0 missing)
##         indus   < 4.1       to the right, improve = 0.1207036, (0 missing)
##     Surrogate splits:
##         lstat   < 5.055     to the right, agree = 0.839, adj = 0.273, (0 split)
##         crim    < 0.017895 to the right, agree = 0.794, adj = 0.073, (0 split)
##         zn      < 31.5      to the left,  agree = 0.790, adj = 0.055, (0 split)
##         dis     < 10.648    to the left,  agree = 0.782, adj = 0.018, (0 split)
```

```
##
## Node number 11:7 observations
##    mean = 38, MSE = 204. 1457
##
## Node number 12:7 observations
##    mean = 23. 05714, MSE = 61. 85673
##
## Node number 13:39 observations
##    mean = 33. 73846, MSE = 20. 24391
##
## Node number 20:193 observations
##    mean = 21. 65648, MSE = 8. 23738
##
## Node number 21:55 observations
##    mean = 27. 42727, MSE = 11. 69398
```

3. 模型评估

使用模型做预测,评估模型性能。

```
pred <- predict(mod, task)
performance(pred, measures = list(rsq, mse, rmse))
##       rsq        mse         rmse
##   0. 8075721 16. 2446740  4. 0304682
```

可以看出,R^2 远超 50%,有较强的预测能力。

调用程序包 rpart. plot 中的 rpart. plot( )函数画出决策树,如图 11. 15 所示。

```
library(rpart. plot)
rpart. plot(mod $ learner. model)
```

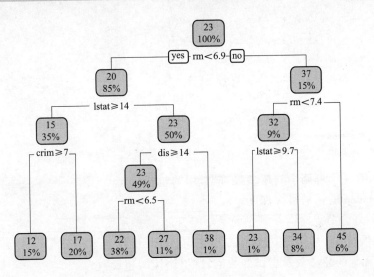

图 11. 15   决策树结构

11.6.2 使用程序包 rpart

当指定学习器为"regr. rpart"时,实际上底层调用的是程序包 rpart 中的 rpart( )函数。

调用 rpart( )函数训练决策树模型,其中:

- 第 1 个参数 formula 表示公式, ~ 左侧为因变量,右侧为自变量, . 表示除了因变量以外的所有变量;
- 第 2 个参数 data 表示输入数据框;
- 参数 control 表示决策树的超参数。

```
mod <- rpart( medv ~ . ,BostonHousing,control = rpart. control( maxdepth = 4,cp = 0.01) )
summary( mod)
## Call:
## rpart( formula = medv ~ . ,data = BostonHousing,control = rpart. control( maxdepth = 4,
##      cp = 0.01) )
##      n = 506
## [ … ]
```

11.6.3 二分类问题

预测双螺旋结构中点的类别(变量 class),这里选择决策树模型作为学习器,即 "classif. rpart",实际上是间接调用程序包 rpart 中的 rpart( )函数。

```
task <- makeClassifTask( data = spirals,target = "class" )
learner <- makeLearner( "classif. rpart",predict. type = "prob" )
learner $ par. set
```

##		Type	len	Def	Constr	Req	Tunable	Trafo
##	minsplit	integer	-	20	1 to Inf	-	TRUE	-
##	minbucket	integer	-	-	1 to Inf	-	TRUE	-
##	cp	numeric	-	0.01	0 to 1	-	TRUE	-
##	maxcompete	integer	-	4	0 to Inf	-	TRUE	-
##	maxsurrogate	integer	-	5	0 to Inf	-	TRUE	-
##	usesurrogate	discrete	-	2	0,1,2	-	TRUE	-
##	surrogatestyle	discrete	-	0	0,1	-	TRUE	-
##	maxdepth	integer	-	30	1 to 30	-	TRUE	-
##	xval	integer	-	10	0 to Inf	-	FALSE	-
##	parms	untyped	-	-		-	TRUE	-

可以看出,有 9 个可调优的超参数,最常用的包括:

- 参数 maxdepth:树的最大深度;
- 参数 cp:划分节点时需要满足的最小提升度。

1. 超参数调优

定义需要调优的超参数及尝试的数值,这里调优的超参数为:

- 最大深度(maxdepth):2、3、4、5 和 6;

- 最小提升度(cp):0.01、0.02 和 0.05。

定义用网格搜索做参数调优,定义重采样策略为 3 折交叉验证,执行超参数调优。

```
ps = makeParamSet(makeDiscreteParam("maxdepth", values = 2:6), makeDiscreteParam("cp",
    values = c(0.01, 0.02, 0.05)))
ctrl = makeTuneControlGrid()
rdesc = makeResampleDesc("CV", iters = 3)
set.seed(123)
res = tuneParams(learner, task, resampling = rdesc, par.set = ps, control = ctrl, measures = acc)
## [Tune] Started tuning learner classif.rpart for parameter set:
##              Type len Def        Constr Req Tunable Trafo
## maxdepth discrete  -   -     2,3,4,5,6   -   TRUE      -
## cp       discrete  -   -  0.01,0.02,0.05  -   TRUE      -
## With control class:TuneControlGrid
## Imputation value:-0
## [Tune-x] 1:maxdepth = 2;cp = 0.01
## [Tune-y] 1:acc.test.mean = 0.4951756;time:0.0 min
## [Tune-x] 2:maxdepth = 3;cp = 0.01
## [Tune-y] 2:acc.test.mean = 0.5349013;time:0.0 min
## [Tune-x] 3:maxdepth = 4;cp = 0.01
## [Tune-y] 3:acc.test.mean = 0.5351274;time:0.0 min
## [Tune-x] 4:maxdepth = 5;cp = 0.01
## [Tune-y] 4:acc.test.mean = 0.5751545;time:0.0 min
## [Tune-x] 5:maxdepth = 6;cp = 0.01
## [Tune-y] 5:acc.test.mean = 0.5903814;time:0.0 min
## [Tune-x] 6:maxdepth = 2;cp = 0.02
## [Tune-y] 6:acc.test.mean = 0.4951756;time:0.0 min
## [Tune-x] 7:maxdepth = 3;cp = 0.02
## [Tune-y] 7:acc.test.mean = 0.5349013;time:0.0 min
## [Tune-x] 8:maxdepth = 4;cp = 0.02
## [Tune-y] 8:acc.test.mean = 0.5448515;time:0.0 min
## [Tune-x] 9:maxdepth = 5;cp = 0.02
## [Tune-y] 9:acc.test.mean = 0.6000302;time:0.0 min
## [Tune-x] 10:maxdepth = 6;cp = 0.02
## [Tune-y] 10:acc.test.mean = 0.6152570;time:0.0 min
## [Tune-x] 11:maxdepth = 2;cp = 0.05
## [Tune-y] 11:acc.test.mean = 0.4951756;time:0.0 min
## [Tune-x] 12:maxdepth = 3;cp = 0.05
## [Tune-y] 12:acc.test.mean = 0.5349013;time:0.0 min
## [Tune-x] 13:maxdepth = 4;cp = 0.05
## [Tune-y] 13:acc.test.mean = 0.5349013;time:0.0 min
## [Tune-x] 14:maxdepth = 5;cp = 0.05
## [Tune-y] 14:acc.test.mean = 0.5649028;time:0.0 min
```

```
## [Tune-x] 15:maxdepth = 6;cp = 0.05
## [Tune-y] 15:acc.test.mean = 0.5599276;time:0.0 min
## [Tune] Result:maxdepth = 6;cp = 0.02;acc.test.mean = 0.6152570
res
## Tune result:
## Op. pars:maxdepth = 6;cp = 0.02
## acc.test.mean = 0.6152570
```

可以看出，最佳的超参数组合最大深度（maxdepth）为 6 且最小提升度（cp）为 0.02。

可视化超参数调优结果，如图 11.16 所示。

```
data = generateHyperParsEffectData(res)
qplot(x = maxdepth,y = acc.test.mean,color = as.factor(cp),data = data $ data,geom = "path")
```

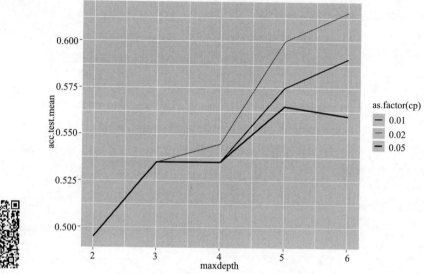

图 11.16　决策树模型的超参数调优结果

可以看出，最大深度（maxdepth）为 6 的性能好于 2、3、4 和 5，且最小提升度（cp）为 0.02
的性能好于 0.01 和 0.05。

2. 模型训练

训练决策树模型。

```
learner <- makeLearner("classif.rpart",par.vals = list(maxdepth = 6,cp = 0.01),
    predict.type = "prob")
mod <- train(learner,task)
```

得到决策树模型的训练结果。

```
summary(mod $ learner.model)
## Call:
## rpart::rpart(formula = f,data = d,xval = 0,maxdepth = 6,cp = 0.01)
##    n = 200
## [...]
```

3. 模型评估

使用模型做预测,评估模型性能。

```
pred <- predict(mod,task)
performance(pred,measures = list(acc,auc,f1))
##        acc        auc         f1
## 0.7350000 0.7989000 0.7282051
```

可以看出,精度远超 50%,有较强的预测能力。

画出决策树,如图 11.17 所示。

```
rpart.plot(mod$learner.model)
```

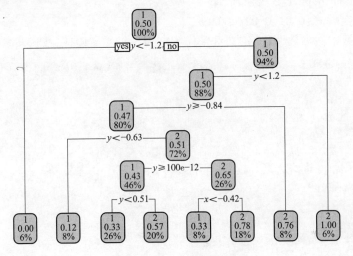

图 11.17　决策树结构

4. 决策边界

画出决策树模型的决策边界,如图 11.18 所示。

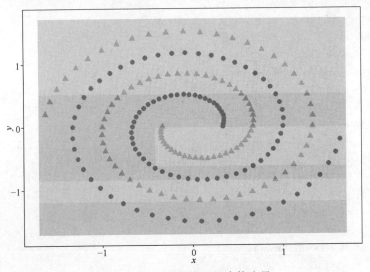

图 11.18　决策树模型的决策边界

可以看出,决策树模型的决策边界是平行于坐标轴的超平面组成的超曲面,可以部分学习出双螺旋结构这类高度非线性的决策边界。

11.6.4 多分类问题

预测鸢尾花卉的物种(变量 Species),这里选择决策树模型作为学习器,即"classif. rpart"。

```
task <- makeClassifTask(data = iris,target = "Species")
learner <- makeLearner("classif. rpart",predict. type = "prob")
```

1. 超参数调优

定义需要调优的超参数及尝试的数值,这里调优的超参数为:

- 最大深度(maxdepth):2、3、4 和 5;
- 最小提升度(cp):0.01、0.02 和 0.05。

定义用网格搜索做参数调优,定义重采样策略为 3 折交叉验证,执行超参数调优。

```
ps = makeParamSet(makeDiscreteParam("maxdepth",values = 2:5),makeDiscreteParam("cp",
    values = c(0.01,0.02,0.05)))
ctrl = makeTuneControlGrid()
rdesc = makeResampleDesc("CV",iters = 3)
set. seed(123)
res = tuneParams(learner,task,resampling = rdesc,par. set = ps,control = ctrl,measures = acc)
## [Tune] Started tuning learner classif. rpart for parameter set:
##             Type len Def   Constr Req Tunable  Trafo
## maxdepth discrete  -   -    2,3,4,5  -  TRUE      -
## cp        discrete  -   - 0.01,0.02,0.05  -  TRUE      -
## With control class:TuneControlGrid
## Imputation value:-0
## [Tune-x] 1:maxdepth = 2;cp = 0.01
## [Tune-y] 1:acc. test. mean = 0.9266667;time:0.0 min
## [Tune-x] 2:maxdepth = 3;cp = 0.01
## [Tune-y] 2:acc. test. mean = 0.9266667;time:0.0 min
## [Tune-x] 3:maxdepth = 4;cp = 0.01
## [Tune-y] 3:acc. test. mean = 0.9266667;time:0.0 min
## [Tune-x] 4:maxdepth = 5;cp = 0.01
## [Tune-y] 4:acc. test. mean = 0.9266667;time:0.0 min
## [Tune-x] 5:maxdepth = 2;cp = 0.02
## [Tune-y] 5:acc. test. mean = 0.9266667;time:0.0 min
## [Tune-x] 6:maxdepth = 3;cp = 0.02
## [Tune-y] 6:acc. test. mean = 0.9266667;time:0.0 min
## [Tune-x] 7:maxdepth = 4;cp = 0.02
## [Tune-y] 7:acc. test. mean = 0.9266667;time:0.0 min
## [Tune-x] 8:maxdepth = 5;cp = 0.02
## [Tune-y] 8:acc. test. mean = 0.9266667;time:0.0 min
## [Tune-x] 9:maxdepth = 2;cp = 0.05
## [Tune-y] 9:acc. test. mean = 0.9266667;time:0.0 min
## [Tune-x] 10:maxdepth = 3;cp = 0.05
```

```
## [Tune-y] 10:acc. test. mean = 0. 9266667;time:0. 0 min
## [Tune-x] 11:maxdepth = 4;cp = 0. 05
## [Tune-y] 11:acc. test. mean = 0. 9266667;time:0. 0 min
## [Tune-x] 12:maxdepth = 5;cp = 0. 05
## [Tune-y] 12:acc. test. mean = 0. 9266667;time:0. 0 min
## [Tune] Result:maxdepth = 3;cp = 0. 02;acc. test. mean = 0. 9266667
res
## Tune result:
## Op. pars:maxdepth = 3;cp = 0. 02
## acc. test. mean = 0. 9266667
```

可以看出，最佳的超参数组合最大深度（maxdepth）为 3 且最小提升度（cp）为 0. 02。

可视化超参数调优结果，如图 11. 19 所示。

```
data = generateHyperParsEffectData( res)
qplot( x = maxdepth,y = acc. test. mean,color = as. factor( cp) ,data = data $ data,geom = "path")
```

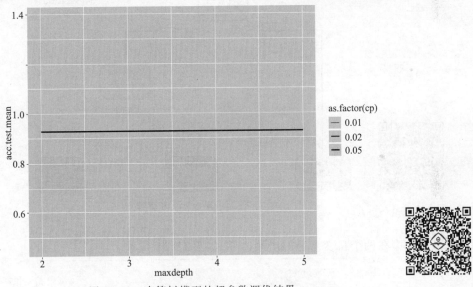

图 11. 19   决策树模型的超参数调优结果

可以看出，最大深度（maxdepth）为 2、3、4 和 5 的性能一致，且最小提升度（cp）为 0. 01、0. 02 和 0. 05 的性能一致。

2. 模型训练

训练决策树模型。

```
learner <- makeLearner( "classif. rpart",par. vals = list( maxdepth = 5,cp = 0. 02) ,
    predict. type = "prob")
mod < - train( learner,task)
```

得到决策树模型的训练结果。

```
summary( mod $ learner. model)
## Call:
## rpart::rpart(formula = f,data = d,xval = 0,maxdepth = 5,cp = 0. 02)
```

```
##    n = 150
## [ … ]
```

3. 模型评估

使用模型做预测,评估模型性能。

```
pred <- predict(mod, task)
performance(pred, measures = list(acc, logloss))
##        acc      logloss
## 0.9600000 0.1431763
```

可以看出,精度远超 50%,有较强的预测能力。

画出决策树,如图 11.20 所示。

```
library(rpart.plot)
rpart.plot(mod $ learner.model)
```

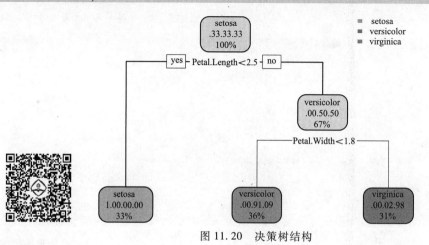

图 11.20　决策树结构

4. 决策边界

画出决策树模型在两个自变量上的决策边界,如图 11.21 所示。

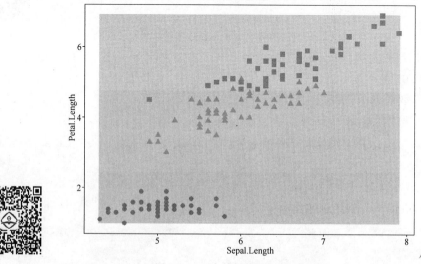

图 11.21　决策树模型的决策边界

可以看出,决策树模型的决策边界是平行于坐标轴的超平面组成的超曲面。

11.7   随机森林模型

随机森林属于集成学习的一种,由一组决策树组成,实现简单,性能强大。对于包含 m 个样本的训练集,进行 m 次重采样得到采样集,初始训练集中有的样本多次出现,有的则从未出现,约有 63.2% 的样本在采样集中,用于每个决策树的训练。对其中每个决策树的每个节点,先随机选择一个包含 k 个属性的子集,再从中选择一个最优属性用于划分。

随机森林模型既可以用于回归问题,也可以用于两分类和多分类问题。

11.7.1   回归问题

预测波士顿地区房价(变量 medv),这里选择随机森林模型作为学习器,即"regr. randomForest",实际上是间接调用程序包 randomForest 中的 randomForest()函数。

```
task <- makeRegrTask( data = BostonHousing, target = "medv" )
learner <- makeLearner( "regr. randomForest" )
learner $ par. set
```

##	Type	len	Def	Constr	Req	Tunable	Trafo
## ntree	integer	-	500	1 to Inf	-	TRUE	-
## se. ntree	integer	-	100	1 to Inf	Y	TRUE	-
## se. method	discrete	-	sd	bootstrap, jackknife, sd	Y	TRUE	-
## se. boot	integer	-	50	1 to Inf	-	TRUE	-
## mtry	integer	-	-	1 to Inf	-	TRUE	-
## replace	logical	-	TRUE	-	-	TRUE	-
## strata	untyped	-	-	-	-	FALSE	-
## sampsize	integervector < NA >	-	-	1 to Inf	-	TRUE	-
## nodesize	integer	-	5	1 to Inf	-	TRUE	-
## maxnodes	integer	-	-	1 to Inf	-	TRUE	-
## importance	logical	-	FALSE	-	-	TRUE	-
## localImp	logical	-	FALSE	-	-	TRUE	-
## nPerm	integer	-	1	-Inf to Inf	-	TRUE	-
## proximity	logical	-	FALSE	-	-	FALSE	-
## oob. prox	logical	-	-	-	Y	FALSE	-
## do. trace	logical	-	FALSE	-	-	FALSE	-
## keep. forest	logical	-	TRUE	-	-	FALSE	-
## keep. inbag	logical	-	FALSE	-	-	FALSE	-

可以看出,有 12 个可调优的超参数,最常用的包括:

- 参数 ntree:树的数量;
- 参数 mtry:划分节点时随机抽取的候选特征数量,对于回归问题默认为自变量数量的 1/3;
- 参数 nodesize:树的叶节点包含的最小样本数。

1. 超参数调优

调用 makeParamSet( )函数定义需要调优的超参数及尝试的数值,这里调优的超参数为:

- 树的数量(ntree):10、20 和 50;
- 候选特征数量(mtry):3、5 和 7。

定义用网格搜索做参数调优,定义重采样策略为 3 折交叉验证,执行超参数调优。

```
ps = makeParamSet(makeDiscreteParam("ntree",values = c(10,20,50)),makeDiscreteParam("mtry",
    values = c(3,5,7)))
ctrl = makeTuneControlGrid( )
rdesc = makeResampleDesc("CV",iters = 3)
set.seed(123)
res = tuneParams(learner,task,resampling = rdesc,par.set = ps,control = ctrl,measures = rsq)
## [Tune] Started tuning learner regr.randomForest for parameter set:
##          Type len  Def    Constr  Req  Tunable  Trafo
## ntree discrete   -    -  10,20,50    -     TRUE      -
## mtry  discrete   -    -     3,5,7    -     TRUE      -
## With control class:TuneControlGrid
## Imputation value:Inf
## [Tune-x] 1:ntree = 10;mtry = 3
## [Tune-y] 1:rsq.test.mean = 0.8412006;time:0.0 min
## [Tune-x] 2:ntree = 20;mtry = 3
## [Tune-y] 2:rsq.test.mean = 0.8465267;time:0.0 min
## [Tune-x] 3:ntree = 50;mtry = 3
## [Tune-y] 3:rsq.test.mean = 0.8612217;time:0.0 min
## [Tune-x] 4:ntree = 10;mtry = 5
## [Tune-y] 4:rsq.test.mean = 0.8499101;time:0.0 min
## [Tune-x] 5:ntree = 20;mtry = 5
## [Tune-y] 5:rsq.test.mean = 0.8525695;time:0.0 min
## [Tune-x] 6:ntree = 50;mtry = 5
## [Tune-y] 6:rsq.test.mean = 0.8640718;time:0.0 min
## [Tune-x] 7:ntree = 10;mtry = 7
## [Tune-y] 7:rsq.test.mean = 0.8574234;time:0.0 min
## [Tune-x] 8:ntree = 20;mtry = 7
## [Tune-y] 8:rsq.test.mean = 0.8610169;time:0.0 min
## [Tune-x] 9:ntree = 50;mtry = 7
## [Tune-y] 9:rsq.test.mean = 0.8634842;time:0.0 min
## [Tune] Result:ntree = 50;mtry = 5;rsq.test.mean = 0.8640718
res
## Tune result:
## Op.pars:ntree = 50;mtry = 5
## rsq.test.mean = 0.8640718
```

可以看出,最佳的超参数组合树的数量(ntree)为 50 且候选特征数量(mtry)为 5。

调用 generateHyperParsEffectData( )函数得到可视化超参数调优结果所需数据。

调用 qplot( )函数做可视化,如图 11.22 所示。

```
data = generateHyperParsEffectData(res)
qplot( x = ntree, y = rsq. test. mean, color = as. factor(mtry), data = data $ data, geom = "path")
```

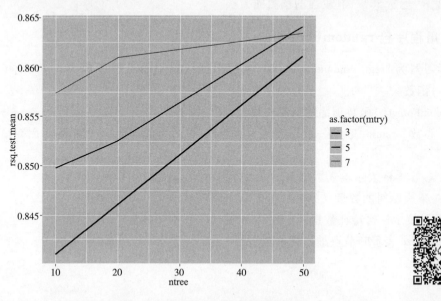

图 11.22 随机森林模型的超参数调优结果

可以看出,情况较复杂,树的数量(ntree)和候选特征数量(mtry)中固定一个参数并不存在另一个参数取得单调性能增加的情况。

2. 模型训练

训练随机森林模型。

```
learner <- makeLearner("regr. randomForest", par. vals = list(ntree = 50, mtry = 7))
mod <- train(learner, task)
mod $ learner. model
##
## Call:
##   randomForest(x = data[["data"]], y = data[["target"]], ntree = 50, mtry = 7,
keep. inbag = if (is. null(keep. inbag)) TRUE else keep. inbag)
##            Type of random forest : regression
##            Number of trees : 50
## No. of variables tried at each split : 7
##
##        Mean of squared residuals : 11. 0176
##            % Var explained : 86. 95
```

3. 模型评估

使用模型做预测,评估模型性能。

```
pred < - predict( mod, task)
performance( pred, measures = list( rsq, mse, rmse) )
##        rsq         mse         rmse
## 0.9763334 1.9979225 1.4134789
```

可以看出，R^2 远超 50%，有较强的预测能力。

11.7.2　使用程序包 randomForest

当指定学习器为" regr. randomForest" 时，实际上底层调用的是程序包 randomForest 中的 randomForest( )函数。

调用 randomForest( )函数训练随机森林模型，其中：

- 第 1 个参数 formula 表示公式，~ 左侧为因变量，右侧为自变量，. 表示除了因变量以外的所有变量；
- 第 2 个参数 data 表示输入数据框；
- 参数 ntree 表示树的数量；
- 参数 mtry 表示候选特征数量；
- 参数 nodesize 表示叶节点最小样本数。

```
library( randomForest)
## randomForest 4.6-14
## Type rfNews( ) to see new features/changes/bug fixes.
##
## Attaching package: 'randomForest'
## The following object is masked from 'package:ggplot2':
##
##        margin
mod < - randomForest( medv ~ . , BostonHousing, ntree = 50, mtry = 7)
mod
##
## Call:
##   randomForest(formula = medv ~ . , data = BostonHousing, ntree = 50, mtry = 7)
##               Type of random forest: regression
##                     Number of trees: 50
## No.   of variables tried at each split: 7
##
##         Mean of squared residuals: 10.83673
##                   % Var explained: 87.16
```

11.7.3　二分类问题

预测双螺旋结构中点的类别（变量 class），这里选择随机森林模型作为学习器，即" classif. randomForest"，实际上是间接调用程序包 randomForest 中的 randomForest( )函数。

```
task <- makeClassifTask( data = spirals , target = "class" )
learner <- makeLearner( "classif. randomForest" , predict. type = "prob" )
learner $ par. set
```

##	Type	len	Def	Constr	Req	Tunable	Trafo
## ntree	integer	-	500	1 to Inf	-	TRUE	-
## mtry	integer	-	-	1 to Inf	-	TRUE	-
## replace	logical	-	TRUE	-	-	TRUE	-
## classwt	numericvector < NA >	-	-	0 to Inf	-	TRUE	-
## cutoff	numericvector < NA >	-	-	0 to 1	-	TRUE	-
## strata	untyped	-	-	-	-	FALSE	-
## sampsize	integervector < NA >	-	-	1 to Inf	-	TRUE	-
## nodesize	integer	-	1	1 to Inf	-	TRUE -	
## maxnodes	integer	-	-	1 to Inf	-	TRUE	-
## importance	logical	-	FALSE	-	-	TRUE	-
## localImp	logical	-	FALSE	-	-	TRUE	-
## proximity	logical	-	FALSE	-	-	FALSE	-
## oob. prox	logical	-	-	-	Y	FALSE	-
## norm. votes	logical	-	TRUE	-	-	FALSE	-
## do. trace	logical	-	FALSE	-	-	FALSE	-
## keep. forest	logical	-	TRUE	-	-	FALSE	-
## keep. inbag	logical	-	FALSE	-	-	FALSE	-

可以看出,有10个可调优的超参数,最常用的包括:

- 参数 ntree:树的数量;
- 参数 mtry:划分节点时随机抽取的候选特征数量,对于分类问题默认为自变量数量的平方根;
- 参数 nodesize:树的叶节点包含的最小样本数。

1. 超参数调优

定义需要调优的超参数及尝试的数值,这里调优的超参数为:

- 树的数量(ntree):10、20 和 50;
- 叶节点最小样本数(nodesize):2、5 和 10。

定义用网格搜索做参数调优,定义重采样策略为 3 折交叉验证,执行超参数调优。

```
ps = makeParamSet(makeDiscreteParam("ntree", values = c(10,20,50)), makeDiscreteParam("nodesize",
    values = c(2,5,10)))
ctrl = makeTuneControlGrid( )
rdesc = makeResampleDesc("CV", iters = 3)
set. seed(123)
res = tuneParams(learner, task, resampling = rdesc, par. set = ps, control = ctrl, measures = acc)
## [ Tune] Started tuning learner classif. randomForest for parameter set :
```

##	Type	len	Def	Constr	Req	Tunable	Trafo
## ntree	discrete	-	-	10,20,50	-	TRUE	-
## nodesize	discrete	-	-	2,5,10	-	TRUE	-

```
## With control class : TuneControlGrid
## Imputation value : -0
```

```
## 〔Tune-x〕1：ntree = 10；nodesize = 2
## 〔Tune-y〕1：acc. test. mean = 0. 7553143；time：0. 0 min
## 〔Tune-x〕2：ntree = 20；nodesize = 2
## 〔Tune-y〕2：acc. test. mean = 0. 7706166；time：0. 0 min
## 〔Tune-x〕3：ntree = 50；nodesize = 2
## 〔Tune-y〕3：acc. test. mean = 0. 7605156；time：0. 0 min
## 〔Tune-x〕4：ntree = 10；nodesize = 5
## 〔Tune-y〕4：acc. test. mean = 0. 7604402；time：0. 0 min
## 〔Tune-x〕5：ntree = 20；nodesize = 5
## 〔Tune-y〕5：acc. test. mean = 0. 7256897；time：0. 0 min
## 〔Tune-x〕6：ntree = 50；nodesize = 5
## 〔Tune-y〕6：acc. test. mean = 0. 7455148；time：0. 0 min
## 〔Tune-x〕7：ntree = 10；nodesize = 10
## 〔Tune-y〕7：acc. test. mean = 0. 6956882；time：0. 0 min
## 〔Tune-x〕8：ntree = 20；nodesize = 10
## 〔Tune-y〕8：acc. test. mean = 0. 6504598；time：0. 0 min
## 〔Tune-x〕9：ntree = 50；nodesize = 10
## 〔Tune-y〕9：acc. test. mean = 0. 6653098；time：0. 0 min
## 〔Tune〕Result：ntree = 20；nodesize = 2；acc. test. mean = 0. 7706166
res
## Tune result：
## Op. pars：ntree = 20；nodesize = 2
## acc. test. mean = 0. 7706166
```

可以看出，最佳的超参数组合树的数量（ntree）为 20 且叶节点最小样本数（nodesize）为 2。
可视化超参数调优结果所需数据，如图 11.23 所示。

```
data = generateHyperParsEffectData( res )
qplot( x = ntree,y = acc. test. mean,color = as. factor( nodesize） ,data = data $ data,geom = "path" )
```

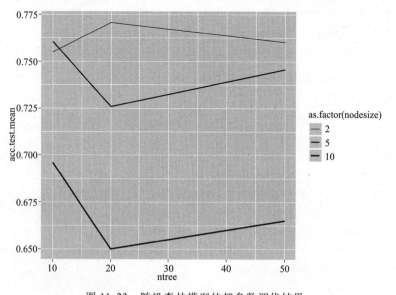

图 11.23　随机森林模型的超参数调优结果

可以看出,最小样本数(nodesize)为 2 的性能好于 5 和 10。

2. 模型训练

训练随机森林模型。

```
learner <- makeLearner("classif.randomForest", par.vals = list(ntree = 20, nodesize = 2),
    predict.type = "prob")
mod <- train(learner, task)
mod $ learner.model
##
## Call：
##   randomForest(formula = f, data = data, classwt = classwt, cutoff = cutoff, ntree = 20, nodesize = 2)
##                Type of random forest：classification
##                      Number of trees：20
## No.         of variables tried at each split：1
##
##                OOB estimate of error rate：19%
## Confusion matrix：
##     1    2    class.error
## 1   82   18        0.18
## 2   20   80        0.20
```

3. 模型评估

使用模型做预测,评估模型性能。

```
pred <- predict(mod, task)
performance(pred, measures = list(acc, auc, f1))
##         acc         auc          f1
## 0.9950000 1.0000000 0.9949749
```

可以看出,精度远超 50%,有较强的预测能力。

4. 决策边界

画出随机森林模型的决策边界,如图 11.24 所示。

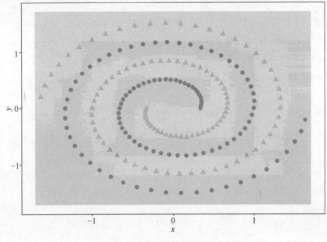

图 11.24 随机森林模型的决策边界

可以看出,随机森林模型的决策边界是平行于坐标轴的超平面组成的超曲面,可以学习出双螺旋结构这类高度非线性的决策边界。

11.7.4 多分类问题

预测鸢尾花卉的物种(变量 Species),这里选择随机森林模型作为学习器,即 "classif. randomForest"。

```
task <- makeClassifTask(data = iris, target = "Species")
learner <- makeLearner("classif. randomForest", predict. type = "prob")
```

1. 超参数调优

调用 makeParamSet()函数定义需要调优的超参数及尝试的数值,这里调优的超参数为:

- 树的数量(ntree):10、20 和 50;
- 叶节点最小样本数(nodesize):2、5 和 10。

定义用网格搜索做参数调优,定义重采样策略为 3 折交叉验证,执行超参数调优。

```
ps = makeParamSet(makeDiscreteParam("ntree", values = c(10,20,50)), makeDiscreteParam("nodesize",
    values = c(2,5,10)))
ctrl = makeTuneControlGrid()
rdesc = makeResampleDesc("CV", iters = 3)
set. seed(123)
res = tuneParams(learner, task, resampling = rdesc, par. set = ps, control = ctrl, measures = acc)
## [Tune] Started tuning learner classif. randomForest for parameter set:
##            Type    len    Def    Constr    Req    Tunable    Trafo
## ntree    discrete    -      -    10,20,50    -      TRUE       -
## nodesize discrete    -      -    2,5,10      -      TRUE       -
## With control class:TuneControlGrid
## Imputation value:-0
## [Tune-x] 1:ntree = 10;nodesize = 2
## [Tune-y] 1:acc. test. mean = 0. 9400000;time:0. 0 min
## [Tune-x] 2:ntree = 20;nodesize = 2
## [Tune-y] 2:acc. test. mean = 0. 9400000;time:0. 0 min
## [Tune-x] 3:ntree = 50;nodesize = 2
## [Tune-y] 3:acc. test. mean = 0. 9266667;time:0. 0 min
## [Tune-x] 4:ntree = 10;nodesize = 5
## [Tune-y] 4:acc. test. mean = 0. 9466667;time:0. 0 min
## [Tune-x] 5:ntree = 20;nodesize = 5
## [Tune-y] 5:acc. test. mean = 0. 9333333;time:0. 0 min
## [Tune-x] 6:ntree = 50;nodesize = 5
## [Tune-y] 6:acc. test. mean = 0. 9333333;time:0. 0 min
## [Tune-x] 7:ntree = 10;nodesize = 10
## [Tune-y] 7:acc. test. mean = 0. 9266667;time:0. 0 min
## [Tune-x] 8:ntree = 20;nodesize = 10
```

```
## [Tune-y] 8:acc. test. mean = 0.9333333;time:0.0 min
## [Tune-x] 9:ntree = 50;nodesize = 10
## [Tune-y] 9:acc. test. mean = 0.9333333;time:0.0 min
## [Tune] Result:ntree = 10;nodesize = 5:acc. test. mean = 0.9466667
res
## Tune result:
## Op. pars:ntree = 10;nodesize = 5
## acc. test. mean = 0.9466667
```

可以看出,最佳的超参数组合树的数量(ntree)为 10 且叶节点最小样本数(nodesize)为 5。可视化超参数调优结果,如图 11.25 所示。

```
data = generateHyperParsEffectData(res)
qplot(x = ntree,y = acc. test. mean,color = as. factor(nodesize),data = data $ data,geom = "path")
```

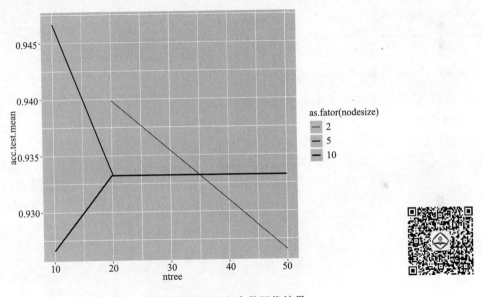

图 11.25 随机森林模型的超参数调优结果

可以看出,情况较复杂,树的数量(ntree)和候选特征数量(mtry)中固定一个参数并不存在另一个参数取得单调性能增加的情况。

2. 模型训练

训练随机森林模型。

```
learner < - makeLearner("classif. randomForest",par. vals = list(ntree = 20,nodesize = 10),
    predict. type = "prob")
mod < - train(learner,task)
mod $ learner. model
##
## Call:
##   randomForest(formula = f,data = data,classwt = classwt,cutoff = cutoff,ntree = 20,nodesize = 10)
```

```
##              Type of random forest:classification
##                    Number of trees:20
##   No. of variables tried at each split:2
##
##            OOB estimate of error rate:4%
## Confusion matrix:
##          setosa    versicolor   virginica   class. error
## setosa      50          0           0          0.00
## versicolor   0         46           4          0.08
## virginica    0          2          48          0.04
```

3. 模型评估

使用模型做预测,评估模型性能。

```
pred <- predict(mod,task)
performance(pred,measures = list(acc,logloss))
##          acc          logloss
## 0.97333333   0.05110986
```

可以看出,精度远超 50%,有较强的预测能力。

4. 决策边界

画出随机森林模型在两个自变量上的决策边界,如图 11.26 所示。

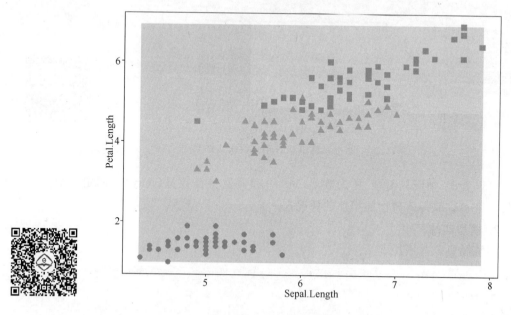

图 11.26　随机森林模型的决策边界

可以看出,随机森林模型的决策边界是平行于坐标轴的超平面组成的超曲面。

11.8　神经网络模型

神经网络是由具有适应性的简单单元组成的广泛并行互连的网络,它的组织能够模拟生物神经系统对真实世界物体所作出的交互反应。

神经网络最基本的成分是 M-P 神经元(neuron)模型,神经元接收到来自 n 个其他神经元传递过来的输入信号$(x_1,x_2,\cdots,x_n)$,通过带权重的连接$(w_1,w_2,\cdots,w_n)$进行传递,神经元接收到的总输入值将与神经元的阈值(θ)进行比较,然后通过激活函数处理以产生神经元的输出,如图 11.27 所示。

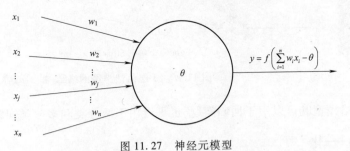

图 11.27　神经元模型

常见的神经网络是如图 11.28 和图 11.29 所示的层级结构,每层神经元下一层神经元全互连,神经元之间不存在同层连接,也不存在跨层连接,这样的神经网络结构称为多层前馈神经网络。

图 11.28 所示为一个 2 层前馈神经网络,其中有 1 个隐藏层,最左侧为输入层,最右侧为输出层。

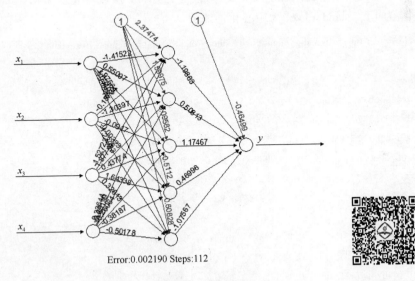

Error:0.002190 Steps:112

图 11.28　2 层前馈神经网络结构

图 11.29 所示为一个 3 层前馈神经网络,其中有 2 个隐藏层,最左侧为输入层,最右侧为输出层。

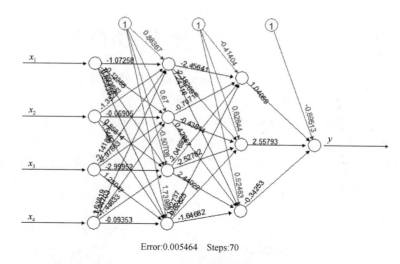

图 11.29 3 层前馈神经网络结构

神经网络模型既可以用于回归问题,也可以用于两分类和多分类问题。

11.8.1 数据归一化

由于神经网络模型使用梯度下降法优化目标函数,为了使得收敛更快,需要对自变量做归一化。

调用 normalizeFeatures( )函数做自变量的归一化,其中:

- 第 1 个参数 obj 表示输入数据框;
- 参数 method 表示归一化策略,"center"为中心化(即变换成均值为 0),"scale"为缩放(即变换成方差为 1),"standardize"为中心化加缩放。

```
nf = normalizeFeatures(BostonHousing, method = "standardize", cols = names(BostonHousing)[c(-4,-14)])
summary(nf)
```

##	crim	zn	indus	chas
##	Min. : -0.419366929	Min. : -0.48724019	Min. : -1.5563017	0:471
##	1st Qu. : -0.410563278	1st Qu. : -0.48724019	1st Qu. : -0.8668328	1: 35
##	Median : -0.390280295	Median : -0.48724019	Median : -0.2108898	
##	Mean : 0.000000000	Mean : 0.00000000	Mean : 0.0000000	
##	3rd Qu. : 0.007389247	3rd Qu. : 0.04872402	3rd Qu. : 1.0149946	
##	Max. : 9.924109610	Max. : 3.80047346	Max. : 2.4201701	
##	nox	rm	age	
##	Min. : -1.4644327	Min. : -3.8764132	Min. : -2.3331282	
##	1st Qu. : -0.9121262	1st Qu. : -0.5680681	1st Qu. : -0.8366200	
##	Median : -0.1440749	Median : -0.1083583	Median : 0.3170678	
##	Mean : 0.0000000	Mean : 0.0000000	Mean : 0.0000000	
##	3rd Qu. : 0.5980871	3rd Qu. : 0.48229063rd Qu. : 0.9059016		
##	Max. : 2.7296452	Max. : 3.5515296	Max. : 1.1163897	

##	dis	rad	tax	ptratio
##	Min. : -1.2658165	Min. : -0.9818712	Min. : -1.3126910	Min. : -2.7047025
##	1st Qu.: -0.8048913	1st Qu.: -0.6373311	1st Qu.: -0.7668172	1st Qu.: -0.4875567
##	Median : -0.2790473	Median : -0.5224844	Median : -0.4642132	Median :0.2745872
##	Mean :0.0000000	Mean :0.0000000	Mean :0.0000000	Mean :0.0000000
##	3rd Qu.:0.6617161	3rd Qu.:1.6596029	3rd Qu.:1.5294129	3rd Qu.:0.8057784
##	Max. :3.9566022	Max. :1.6596029	Max. :1.7964164	Max. :1.6372081
##	b	lstat	medv	
##	Min. : -3.9033305	Min. : -1.5296134	Min. :5.00000	
##	1st Qu.:0.2048688	1st Qu.: -0.7986296	1st Qu.:17.02500	
##	Median :0.3808097	Median : -0.1810744	Median :21.20000	
##	Mean :0.0000000	Mean :0.0000000	Mean :22.53281	
##	3rd Qu.:0.4332223	3rd Qu.:0.6024226	3rd Qu.:25.00000	
##	Max. :0.4406159	Max. :3.5452624	Max. :50.00000	

可以看出,除了因变量 medv 和因子型自变量 chas 以外,所有自变量都归一化成了均值为 0、方差为 1 的数值。

11.8.2 回归问题

预测波士顿地区房价(变量 medv),这里选择神经网络模型作为学习器,即"regr.nnet",实际上是间接调用程序包 nnet 中的 nnet()函数。

```
task <- makeRegrTask( data = nf, target = "medv")
learner <- makeLearner( "regr.nnet", par.vals = list( trace = FALSE) )
learner $ par.set
```

##		Type	len	Def	Constr	Req	Tunable	Trafo
##	size	integer	-	3	0 to Inf	-	TRUE	-
##	maxint	integer	-	100	1 to Inf	-	TRUE	-
##	linout	logical	-	FALSE	-	Y	TRUE	-
##	entropy	logical	-	FALSE	-	Y	TRUE	-
##	softmax	logical	-	FALSE	-	Y	TRUE	-
##	censored	logical	-	FALSE	-	Y	TRUE	-
##	skip	logical	-	FALSE	-	-	TRUE	-
##	rang	numeric	-	0.7	-Inf to Inf	-	TRUE	-
##	decay	numeric	-	0	0 to Inf	-	TRUE	-
##	Hess	logical	-	FALSE	-	-	TRUE	-
##	trace	logical	-	TRUE	-	-	FALSE	-
##	MaxNWts	integer	-	1000	1 to Inf	-	FALSE	-
##	abstol	numeric	-	0.0001	-Inf to Inf	-	TRUE	-
##	reltol	numeric	-	1e-08	-Inf to Inf	-	TRUE	-

可以看出,有 12 个可调优的超参数,最常用的包括:

● 参数 size:隐藏层神经元数量;

- 参数 maxint：最大迭代次数；
- 参数 rang：初始连接权重 w_i 的范围为 $[-rang, rang]$，一般而言使得该参数与输入自变量的最大值乘积约为 1；
- 参数 decay：连接权重衰减，即每次迭代都将连接权重乘以该系数用以正则化。

1. 超参数调优

定义需要调优的超参数及尝试的数值，这里调优的超参数为：

- 隐藏层神经元数量（size）：5、10 和 20；
- 权重衰减（decay）：0.001 和 0.005。

定义用网格搜索做参数调优，定义重采样策略为 3 折交叉验证，执行超参数调优。

```
ps = makeParamSet(makeDiscreteParam("size", values = c(5,10,20)), makeDiscreteParam("decay",
    values = c(0.001,0.005)))
ctrl = makeTuneControlGrid()
rdesc = makeResampleDesc("CV", iters = 3)
set.seed(123)
res = tuneParams(learner, task, resampling = rdesc, par.set = ps, control = ctrl, measures = rsq)
## [Tune] Started tuning learner regr.nnet for parameter set:
##          Type len Def    Constr Req Tunable Trafo
## size  discrete  -   -     5,10,20  -  TRUE     -
## decay discrete  -   - 0.001,0.005  -  TRUE     -
## With control class:TuneControlGrid
## Imputation value:Inf
## [Tune-x] 1:size = 5;decay = 0.001
## [Tune-y] 1:rsq.test.mean = 0.7688984765;time:0.0 min
## [Tune-x] 2:size = 10;decay = 0.001
## [Tune-y] 2:rsq.test.mean = 0.7726660185;time:0.0 min
## [Tune-x] 3:size = 20;decay = 0.001
## [Tune-y] 3:rsq.test.mean = 0.8048282908;time:0.0 min
## [Tune-x] 4:size = 5;decay = 0.005
## [Tune-y] 4:rsq.test.mean = 0.6595774260;time:0.0 min
## [Tune-x] 5:size = 10;decay = 0.005
## [Tune-y] 5:rsq.test.mean = 0.7145271125;time:0.0 min
## [Tune-x] 6:size = 20;decay = 0.005
## [Tune-y] 6:rsq.test.mean = 0.8481320645;time:0.0 min
## [Tune] Result:size = 20;decay = 0.005:rsq.test.mean = 0.8481320645
res
## Tune result:
## Op.pars:size = 20;decay = 0.005
## rsq.test.mean = 0.8481320645
```

可以看出，最佳的超参数组合隐藏层神经元数量（size）为 20 且权重衰减（decay）为 0.005。

可视化超参数调优结果，如图 11.30 所示。

```
data = generateHyperParsEffectData(res)
qplot(x = size,y = rsq. test. mean,color = as. factor(decay),data = data $ data,geom = "path")
```

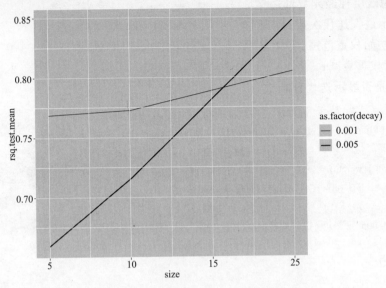

图 11.30　神经网络模型的超参数调优结果

可以看出,隐藏层神经元数量(size)为 20 的性能好于 5 和 10。

2. 模型训练

调用 train()函数训练神经网络模型。

```
learner <- makeLearner("regr. nnet",par. vals = list(size = 20,decay = 0.005,trace = FALSE))
mod <- train(learner,task)
summary(mod $ learner. model)
## a 13-20-1 network with 301 weights
## options were - linear output units　decay = 0.005
## [···]
```

3. 模型评估

使用模型做预测,评估模型性能。

```
pred <- predict(mod,task)
performance(pred,measures = list(rsq,mse,rmse))
##　　　　　rsq　　　　　　mse　　　　　　rmse
## 0.9701510265 2.5198370904 1.5873994741
```

可以看出,R^2 远超 50%,有较强的预测能力。

11.8.3　使用程序包 nnet

当指定学习器为"regr. nnet"时,实际上底层调用的是程序包 nnet 中的 nnet()函数。

调用 nnet()函数训练神经网络模型,其中:

- 第 1 个参数 formula 表示公式, ~ 左侧为因变量,右侧为自变量,. 表示除了因变量以外

的所有变量;
- 参数 data 表示输入数据框;
- 参数 size 表示隐藏层神经元数量;
- 参数 maxint 表示最大迭代次数;
- 参数 rang 表示初始权重范围;
- 参数 decay 表示权重衰减;
- 参数 trace 表示是否显示迭代日志。

```
library( nnet)
mod <- nnet( medv ~ . , BostonHousing, size = 20, decay = 0.005, trace = FALSE)
mod
## a 13-20-1 network with 301 weights
## inputs: crim zn indus chas1 nox rm age dis rad tax ptratio b lstat
## output( s) : medv
## options were - decay = 0.005
```

11.8.4 二分类问题

预测双螺旋结构中点的类别(变量 class),这里选择神经网络模型作为学习器,即 "classif. nnet",实际上是间接调用程序包 nnet 中的 nnet() 函数。

```
task <- makeClassifTask( data = spirals, target = "class" )
learner <- makeLearner( "classif. nnet", par. vals = list( trace = FALSE), predict. type = "prob" )
learner $ par. set
```

##	Type	len	Def	Constr	Req	Tunable	Trafo
## size	integer	-	3	0 to Inf	-	TRUE	-
## maxint	integer	-	100	1 to Inf	-	TRUE	-
## skip	logical	-	FALSE	-	-	TRUE	-
## rang	numeric	-	0.7	-Inf to Inf	-	TRUE	-
## decay	numeric	-	0	-Inf to Inf	-	TRUE	-
## Hess	logical	-	FALSE	-	-	TRUE	-
## trace	logical	-	TRUE	-	-	FALSE	-
## MaxNWts	integer	-	1000	1 to Inf	-	FALSE	-
## abstol	numeric	-	0.0001	-Inf to Inf	-	TRUE	-
## reltol	numeric	-	1e-08	-Inf to Inf	-	TRUE	-

可以看出,有 8 个可调优的超参数,最常用的包括:
- 参数 size:隐藏层神经元数量;
- 参数 maxint:最大迭代次数;
- 参数 rang:初始权重范围,一般而言使得该参数与输入自变量的最大值乘积约为 1;
- 参数 decay:权重衰减。

1. 超参数调优

定义需要调优的超参数及尝试的数值,这里调优的超参数为:

● 隐藏层神经元数量(size):10、20 和 50;

● 权重衰减(decay):0.0001 和 0.0005。

定义用网格搜索做参数调优,定义重采样策略为 3 折交叉验证,执行超参数调优。

```
ps = makeParamSet(makeDiscreteParam("size",values = c(10,20,50)),makeDiscreteParam("decay",
    values = c(0.0001,0.0005)))
ctrl = makeTuneControlGrid()
rdesc = makeResampleDesc("CV",iters = 3)
set.seed(123)
res = tuneParams(learner,task,resampling = rdesc,par.set = ps,control = ctrl,measures = acc)
## [Tune] Started tuning learner classif.nnet for parameter set:
##          Type len Def       Constr Req Tunable Trafo
## size   discrete   -   -      10,20,50   -   TRUE     -
## decay discrete   -   - 0.0001,0.0005   -   TRUE     -
## With control class:TuneControlGrid
## Imputation value:-0
## [Tune-x] 1:size = 10;decay = 0.0001
## [Tune-y] 1:acc.test.mean = 0.5452284034;time:0.0 min
## [Tune-x] 2:size = 20;decay = 0.0001
## [Tune-y] 2:acc.test.mean = 0.6596562641;time:0.0 min
## [Tune-x] 3:size = 50;decay = 0.0001
## [Tune-y] 3:acc.test.mean = 0.6406603347;time:0.0 min
## [Tune-x] 4:size = 10;decay = 0.0005
## [Tune-y] 4:acc.test.mean = 0.5954319313;time:0.0 min
## [Tune-x] 5:size = 20;decay = 0.0005
## [Tune-y] 5:acc.test.mean = 0.6352329263;time:0.0 min
## [Tune-x] 6:size = 50;decay = 0.0005
## [Tune-y] 6:acc.test.mean = 0.6953113222;time:0.0 min
## [Tune] Result:size = 50;decay = 0.0005:acc.test.mean = 0.6953113222
res
## Tune result:
## Op.  pars:size = 50;decay = 0.0005
## acc.test.mean = 0.6953113222
```

可以看出,最佳的超参数组合隐藏层神经元数量(size)为 50 且权重衰减(decay)为 0.0005。

可视化超参数调优结果,如图 11.31 所示。

```
data = generateHyperParsEffectData(res)
qplot(x = size,y = acc.test.mean,color = as.factor(decay),data = data $ data,geom = "path")
```

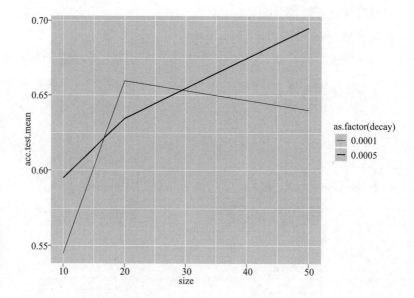

图 11.31　神经网络模型的超参数调优结果

可以看出,隐藏层神经元数量(size)并不是越多性能就越好。

2. 模型训练

训练神经网络模型。

```
learner < - makeLearner ( " classif. nnet", par. vals  =  list ( size  =  50, decay  =  0. 0005, trace  =  FALSE ),
predict. type  =  " prob" )
mod  < - train( learner, task )
summary( mod $ learner. model )
## a 2-50-1 nctwork with 201 wcights
## options were - entropy fitting    decay = 0. 0005
## [ … ]
```

3. 模型评估

使用模型做预测,评估模型性能。

```
pred  < - predict( mod, task )
performance( pred, measures  =  list( acc, auc, f1 ) )
##            acc              auc            f1
## 0. 9650000000     0. 9962000000     0. 9651741294
```

可以看出,精度远超 50%,有较强的预测能力。

4. 决策边界

画出神经网络模型的决策边界,如图 11.32 所示。

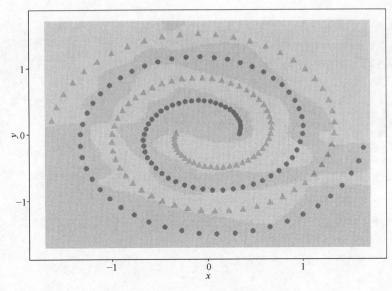

图 11.32　神经网络模型的决策边界

可以看出,神经网络模型的决策边界可以是一个不规则超曲面,可以学习出双螺旋结构这类高度非线性的决策边界。

11.8.5　多分类问题

预测鸢尾花卉的物种(变量 Species),这里选择神经网络模型作为学习器,即"classif. nnet"。

```
task <- makeClassifTask(data = iris,target = "Species")
learner <- makeLearner("classif. nnet",par. vals = list(trace = FALSE),predict. type = "prob")
```

1. 超参数调优

定义需要调优的超参数及尝试的数值,这里调优的超参数为:

- 隐藏层神经元数量(size):1、2 和 5;
- 权重衰减(decay):0. 001 和 0. 005。

定义用网格搜索做参数调优,定义重采样策略为 3 折交叉验证,执行超参数调优。

```
ps = makeParamSet(makeDiscreteParam("size",values = c(1,2,5)),makeDiscreteParam("decay",
    values = c(0. 001,0. 005)))
ctrl = makeTuneControlGrid()
rdesc = makeResampleDesc("CV",iters = 3)
set. seed(123)
res = tuneParams(learner,task,resampling = rdesc,par. set = ps,control = ctrl,measures = acc)
## [Tune] Started tuning learner classif. nnet for parameter set:
##            Type len Def      Constr Req   Tunable Trafo
## size    discrete  -   -       1,2,5  -      TRUE    -
## decay   discrete  -   - 0. 001,0. 005  -      TRUE    -
## With control class:TuneControlGrid
## Imputation value:-0
```

```
## [Tune-x] 1:size = 1;decay = 0.001
## [Tune-y] 1:acc.test.mean = 0.9400000000;time:0.0 min
## [Tune-x] 2:size = 2;decay = 0.001
## [Tune-y] 2:acc.test.mean = 0.9466666667;time:0.0 min
## [Tune-x] 3:size = 5;decay = 0.001
## [Tune-y] 3:acc.test.mean = 0.9466666667;time:0.0 min
## [Tune-x] 4:size = 1;decay = 0.005
## [Tune-y] 4:acc.test.mean = 0.9400000000;time:0.0 min
## [Tune-x] 5:size = 2;decay = 0.005
## [Tune-y] 5:acc.test.mean = 0.9533333333;time:0.0 min
## [Tune-x] 6:size = 5;decay = 0.005
## [Tune-y] 6:acc.test.mean = 0.9400000000;time:0.0 min
## [Tune] Result:size = 2;decay = 0.005;acc.test.mean = 0.9533333333
res
## Tune result:
## Op.  pars:size = 2;decay = 0.005
## acc.test.mean = 0.9533333333
```

可以看出,最佳的超参数组合隐藏层神经元数量(size)为 2 且权重衰减(decay)为 0.005。可视化超参数调优结果,如图 11.33 所示。

```
data = generateHyperParsEffectData(res)
qplot(x = size,y = acc.test.mean,color = as.factor(decay),data = data $ data,geom = "path")
```

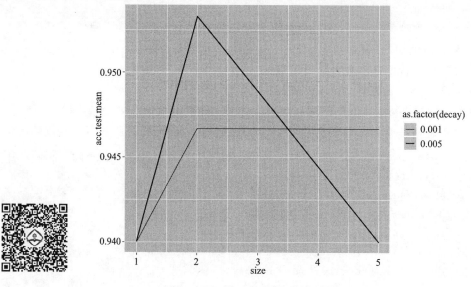

图 11.33　神经网络模型的超参数调优结果

可以看出,隐藏层神经元数量(size)并不是越多性能就越好。

2. 模型训练

训练神经网络模型。

```
learner <- makeLearner ( " classif. nnet " , par. vals = list ( size = 2, decay = 0.005, trace = FALSE),
predict. type = " prob" )
mod < - train( learner, task)
summary( mod $ learner. model)
## a 4-2-3 network with 19 weights
## options were - softmax modelling    decay = 0.005
## [ ⋯ ]
```

3. 模型评估

使用模型做预测,评估模型性能。

```
pred <- predict( mod, task)
performance( pred, measures = list( acc, logloss) )
##            acc       logloss
## 0.9866666667 0.0429918438
```

可以看出,精度远超 50%,有较强的预测能力。

4. 决策边界

画出神经网络模型在两个自变量上的决策边界,如图 11.34 所示。

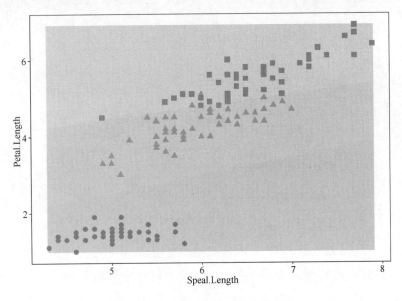

图 11.34　神经网络模型的决策边界

可以看出,神经网络模型的决策边界可以是一个不规则超曲面。

11.9　支持向量机模型

首先需要理解支持向量的概念。给定训练集样本 $D = \{(x_1, y_1), (x_2, y_2), \cdots, (x_m, y_m)\}$,$y_i \in \{-1, +1\}$,分类模型最基本的想法就是基于训练集 D 在样本空间中找到一个划分超平面,将不同类别的样本分开。应该去找位于两类训练样本正中间的划分超平面,这样对训练样本局部扰动的容忍性最好。距离超平面最近的这几个训练样本称为支持向量,如图 11.35 所示。

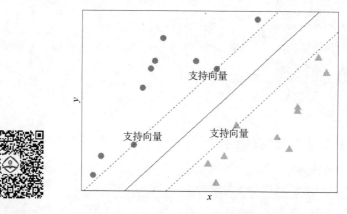

图 11.35　支持向量

　　但是,在原始样本空间内也许并不存在一个能正确划分两类样本的超平面。对这样的问题,可将样本从原始空间映射到一个更高维的特征空间,使得样本在这个特征空间内线性可分。如图 11.36 所示,将原始的二维空间映射到了一个合适的三维空间,就能找到一个合适的划分超平面。

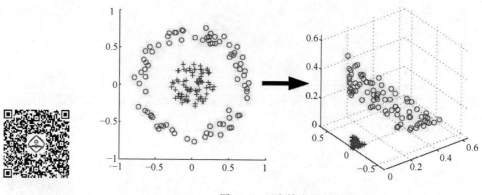

图 11.36　支持向量机原理

　　令 $\varphi(\boldsymbol{x})$ 表示将 $\boldsymbol{x}$ 映射后的特征向量,则在特征空间中划分超平面所对应的模型可表示为:

$$f(\boldsymbol{x}) = \boldsymbol{w}^{\mathrm{T}}\varphi(\boldsymbol{x}) + b$$

其中,$\boldsymbol{w}$ 和 b 是模型参数。求解划分超平面时需要计算 $\varphi(\boldsymbol{x}_i)^{\mathrm{T}}\varphi(\boldsymbol{x}_j)$,由于特征空间维数可能很高,甚至可能是无穷维,因此直接计算通常是困难的。为了避开这个障碍,设想这样一个函数:

$$\kappa(\boldsymbol{x}_i, \boldsymbol{x}_j) = \varphi(\boldsymbol{x}_i)^{\mathrm{T}}\varphi(\boldsymbol{x}_j)$$

这里的函数 $\kappa(\cdot, \cdot)$ 就是核函数。常用的核函数有:

- 线性核:$\kappa(\boldsymbol{x}_i, \boldsymbol{x}_j) = \boldsymbol{x}_i^{\mathrm{T}}\boldsymbol{x}_j$;
- 多项式核:$\kappa(\boldsymbol{x}_i, \boldsymbol{x}_j) = (\boldsymbol{x}_i^{\mathrm{T}}\boldsymbol{x}_j)^d$;

- 径向基核(高斯核):$\kappa(\boldsymbol{x}_i,\boldsymbol{x}_j) = \exp\left(-\dfrac{\|\,x_i - x_j\,\|^2}{2\,\sigma^2} \right)$;

- 拉普拉斯核:$\kappa(\boldsymbol{x}_i,\boldsymbol{x}_j) = \exp\left(-\dfrac{\|\,x_i - x_j\,\|}{\sigma} \right)$。

支持向量机模型既可以用于回归问题,也可以用于两分类和多分类问题。

11.9.1 回归问题

预测波士顿地区房价(变量 medv),这里选择支持向量机模型作为学习器,即"regr. ksvm",实际上是间接调用程序包 kernlab 中的 ksvm()函数。

```
task <- makeRegrTask( data = BostonHousing, target = "medv" )
learner <- makeLearner( "regr. ksvm" )
learner $ par. set
```

##	Type	len	Def	Constr	Req	Tunable	Trafo
## scaled	logical	-	TRUE	-	-	TRUE	-
## type	discrete	-	eps-svr	eps-svr,nu-svr,eps-bsvr	-	TRUE	-
## kernel	discrete	-	rbfdot	vanilladot,polydot,rbfdot,tanhdot,lap...	-	TRUE	-
## C	numeric	-	1	0 to Inf	Y	TRUE	-
## nu	numeric	-	0. 2	0 to Inf	Y	TRUE	-
## epsilon	numeric	-	0. 1	0 to Inf	Y	TRUE	-
## sigma	numeric	-	-	0 to Inf	Y	TRUE	-
## degree	integer	-	3	1 to Inf	Y	TRUE	-
## scale	numeric	-	1	0 to Inf	Y	TRUE	-
## offset	numeric	-	1-	-Inf to Inf	Y	TRUE	-
## order	integer	-	1	-Inf to Inf	Y	TRUE	-
## tol	numeric	-	0. 001	0 to Inf	-	TRUE	-
## shrinking	logical	-	TRUE	-	Y	TRUE	-
## fit	logical	-	TRUE	-	-	FALSE	-
## cache	integer	-	40	1 to Inf	-	TRUE	-

可以看出,有 14 个可调优的超参数,最常用的包括:

- 参数 type:支持向量机的类型;
- 参数 kernel:用于将样本从低维空间映射到高维空间的核函数;
- 参数 C:违反约束条件的代价,即拉格朗日公式中的正则化系数 C;
- 参数 nu:训练误差的上界和支持向量比例的下界;
- 参数 epsilon:代价函数中的 ϵ。

1. 超参数调优

定义需要调优的超参数及尝试的数值,这里调优的超参数为:

- 正则化系数(C):0.5、1 和 2;
- 核函数(kernel):径向基核("rbfdot")、多项式核("polydot")和拉普拉斯核("laplacedot")。

定义用网格搜索做参数调优,定义重采样策略为 3 折交叉验证,执行超参数调优。

```
ps = makeParamSet( makeDiscreteParam( "C" , values = c( 0.5,1,2 ) ) , makeDiscreteParam( "kernel" ,
    values = c( "rbfdot" , "polydot" , "laplacedot" ) ) )
ctrl = makeTuneControlGrid( )
rdesc = makeResampleDesc( "CV" , iters = 3 )
set. seed( 123 )
res = tuneParams( learner , task , resampling = rdesc , par. set = ps , control = ctrl ,
    measures = rsq )
## [ Tune ] Started tuning learner regr. ksvm for parameter set:
##            Type len Def               Constr Req  Tunable  Trafo
## C         discrete  -   -               0.5,1,2   -   TRUE     -
## kernel    discrete  -   - rbfdot,polydot,laplacedot    -   TRUE     -
## With control class:TuneControlGrid
## Imputation value:Inf
## [ Tune-x ] 1:C = 0.5;kernel = rbfdot
## [ Tune-y ] 1:rsq. test. mean = 0.7855734182;time:0.0 min
## [ Tune-x ] 2:C = 1;kernel = rbfdot
## [ Tune-y ] 2:rsq. test. mean = 0.8259209404;time:0.0 min
## [ Tune-x ] 3:C = 2;kernel = rbfdot
## [ Tune-y ] 3:rsq. test. mean = 0.8500674087;time:0.0 min
## [ Tune-x ] 4:C = 0.5;kernel = polydot
##    Setting default kernel parameters
##    Setting default kernel parameters
##    Setting default kernel parameters
## [ Tune-y ] 4:rsq. test. mean = 0.6963769176;time:0.0 min
## [ Tune-x ] 5:C = 1;kernel = polydot
##    Setting default kernel parameters
##    Setting default kernel parameters
##    Setting default kernel parameters
## [ Tune-y ] 5:rsq. test. mean = 0.6968369109;time:0.0 min
## [ Tune-x ] 6:C = 2;kernel = polydot
##    Setting default kernel parameters
##    Setting default kernel parameters
##    Setting default kernel parameters
## [ Tune-y ] 6:rsq. test. mean = 0.6971359132;time:0.0 min
## [ Tune-x ] 7:C = 0.5;kernel = laplacedot
## [ Tune-y ] 7:rsq. test. mean = 0.7603436206;time:0.0 min
## [ Tune-x ] 8:C = 1;kernel = laplacedot
## [ Tune-y ] 8:rsq. test. mean = 0.8034861995;time:0.0 min
## [ Tune-x ] 9:C = 2;kernel = laplacedot
## [ Tune-y ] 9:rsq. test. mean = 0.8379961739;time:0.0 min
## [ Tune ] Result:C = 2;kernel = rbfdot:rsq. test. mean = 0.8500674087
res
## Tune result:
## Op. pars:C = 2;kernel = rbfdot
## rsq. test. mean = 0.8500674087
```

可以看出,最佳的超参数组合正则化系数(C)为 2 且核函数(kernel)为径向基核("rbfdot")。

可视化超参数调优结果,如图 11.37 所示。

```
data = generateHyperParsEffectData(res)
qplot(x = C,y = rsq. test. mean,color = as. factor(kernel),data = data $ data,geom = "path")
```

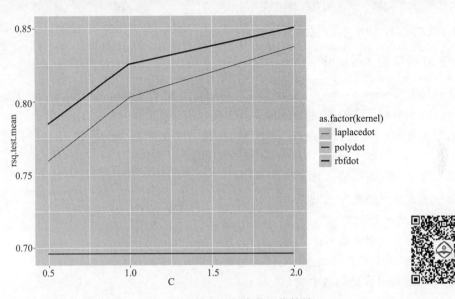

图 11.37　支持向量机模型的超参数调优结果

可以看出,正则化系数(C)为 2 的性能好于 0.5 和 1,核函数(kernel)为径向基核("rbfdot")的性能好于多项式核("polydot")和拉普拉斯核("laplacedot")。

2. 模型训练

训练支持向量机模型。

```
learner < - makeLearner( "regr. ksvm", par. vals = list( C = 2, kernel = "rbfdot"))
mod < - train( learner, task)
mod $ learner. model
## Support Vector Machine object of class "ksvm"
##
## SV type:eps-svr （regression）
##    parameter:epsilon = 0. 1    cost C = 2
##
## Gaussian Radial Basis kernel function.
##    Hyperparameter:sigma =    0. 0934924191259912
##
## Number of Support Vectors:325
##
## Objective Function Value:-119. 4676
```

3. 模型评估

使用模型做预测,评估模型性能。

```
pred <- predict(mod, task)
performance(pred, measures = list(rsq, mse, rmse))
##            rsq            mse          rmse
## 0.9290297096  5.9912804122  2.4477092173
```

可以看出,R^2 远超 50%,有较强的预测能力。

11.9.2 使用程序包 kernlab

当指定学习器为"regr. ksvm"时,实际上底层调用的是程序包 kernlab 中的 ksvm( )函数。

调用 nnet( )函数训练支持向量机模型,其中:

- 第 1 个参数 x 表示公式,~ 左侧为因变量,右侧为自变量, . 表示除了因变量以外的所有变量;
- 第 2 个参数 data 表示输入数据框;
- 参数 type 表示支持向量机的类型;
- 参数 kernel 表示核函数;
- 参数 C 表示正则化系数 C;
- 参数 nu 表示训练误差的上界和支持向量比例的下界;
- 参数 epsilon 表示代价函数中的 ϵ。

```
library(kernlab)
##
## Attaching package:'kernlab'
## The following object is masked from 'package:ggplot2':
##
##       alpha
mod <- ksvm(medv ~ ., BostonHousing, C = 2, kernel = "rbfdot")
mod
## Support Vector Machine object of class "ksvm"
##
## SV type:eps-svr  (regression)
##   parameter:epsilon = 0.1   cost C = 2
##
## Gaussian Radial Basis kernel function.
##   Hyperparameter:sigma =    0.0987723836437984
##
## Number of Support Vectors:325
##
## Objective Function Value:-117.7434
## Training error:0.068003
```

11.9.3 二分类问题

预测双螺旋结构中点的类别(变量 class),这里选择支持向量机模型作为学习器,即 "classif. ksvm",实际上是间接调用程序包 kernlab 中的 ksvm()函数。

```
task <- makeClassifTask(data = spirals, target = "class")
learner <- makeLearner("classif. ksvm", predict. type = "prob")
learner $ par. set
```

##	Type	len	Def		Constr	Req	Tunable	Trafo
## scaled	logical	-	TRUE		-	-	TRUE	-
## type	discrete	-	C-svc	C-svc, nu-svc, C-bsvc, spoc-svc, kbb-svc	-		TRUE	-
## kernel	discrete	-	rbfdot	vanilladot, polydot, rbfdot, tanhdot, lap...	-		TRUE	-
## C	numeric	-	1		0 to Inf	Y	TRUE	-
## nu	numeric	-	0.2		0 to Inf	Y	TRUE	-
## epsilon	numeric	-	0.1		-Inf to Inf	Y	TRUE	-
## sigma	numeric	-	-		0 to Inf		TRUE	-
## degree	integer	-	3		1 to Inf	Y	TRUE	-
## scale	numeric	-	1		0 to Inf	Y	TRUE	-
## offset	numeric	-	1		-Inf to Inf	Y	TRUE	-
## order	integer	-	1		-Inf to Inf	Y	TRUE	-
## tol	numeric	-	0.001		0 to Inf	-	TRUE	-
## shrinking	logical	-	TRUE		-	-	TRUE	-
## class. weights	numericvector	<NA>	-		0 to Inf	-	TRUE	-
## fit	logical	-	TRUE		-	-	FALSE	-
## cache	integer	-	40		1 to Inf	-	TRUE	-

可以看出,有 15 个可调优的超参数,最常用的包括:
- 参数 type:支持向量机的类型;
- 参数 kernel:用于将样本从低维空间映射到高维空间的核函数;
- 参数 C:违反约束条件的代价,即拉格朗日公式中的正则化系数 C;
- 参数 nu:训练误差的上界和支持向量比例的下界;
- 参数 epsilon:代价函数中的 ϵ。

1. 超参数调优

定义需要调优的超参数及尝试的数值,这里调优的超参数为:
- 正则化系数(C):0.5、1 和 2;
- 类型(type):C 型("C-svc")和 nu 型("nu-svc")。

定义用网格搜索做参数调优,定义重采样策略为 3 折交叉验证,执行超参数调优。

```
ps = makeParamSet(makeDiscreteParam("C", values = c(0.5,1,2)), makeDiscreteParam("type",
    values = c("C-svc","nu-svc")))
ctrl = makeTuneControlGrid()
rdesc = makeResampleDesc("CV", iters = 3)
set. seed(123)res = tuneParams(learner, task, resampling = rdesc, par. set = ps, control = ctrl, measures =
acc)
## [Tune] Started tuning learner classif. ksvm for parameter set:
```

```
##                Type    len    Def        Constr    Req    Tunable    Trafo
## C          discrete     -      -        0.5,1,2     -      TRUE       -
## type       discrete     -      -     C-svc,nu-svc   -      TRUE       -
## With control class:TuneControlGrid
## Imputation value:-0
## [Tune-x] 1:C = 0.5;type = C-svc
## [Tune-y] 1:acc. test. mean = 0.4500226142;time:0.0 min
## [Tune-x] 2:C = 1;type = C-svc
## [Tune-y] 2:acc. test. mean = 0.4902758933;time:0.0 min
## [Tune-x] 3:C = 2;type = C-svc
## [Tune-y] 3:acc. test. mean = 0.4602743856;time:0.0 min
## [Tune-x] 4:C = 0.5;type = nu-svc
## [Tune-y] 4:acc. test. mean = 0.8701191015;time:0.0 min
## [Tune-x] 5:C = 1;type = nu-svc
## [Tune-y] 5:acc. test. mean = 0.8399668325;time:0.0 min
## [Tune-x] 6:C = 2;type = nu-svc
## [Tune-y] 6:acc. test. mean = 0.7954168551;time:0.0 min
## [Tune] Result:C = 0.5;type = nu-svc:acc. test. mean = 0.8701191015
res
## Tune result:
## Op. pars:C = 0.5;type = nu-svc
## acc. test. mean = 0.8701191015
```

可以看出，最佳的超参数组合正则化系数（C）为 0.5 且类型（type）为 nu 型（"nu-svc"）。可视化超参数调优结果，如图 11.38 所示。

```
data = generateHyperParsEffectData(res)
qplot(x = C,y = acc. test. mean,color = as. factor(type),data = data $ data,geom = "path")
```

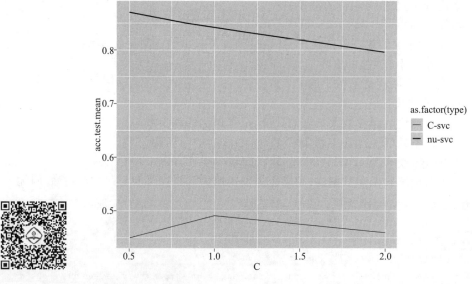

图 11.38　支持向量机模型的超参数调优结果

可以看出，类型（type）为 nu 型（"nu-svc"）的性能好于 C 型（"C-svc"）。

2. 模型训练

训练支持向量机模型。

```
learner <- makeLearner("classif. ksvm", par. vals = list(C = 1, type = "nu-svc"), predict. type = "prob")
mod <- train(learner, task)
mod $ learner. model
## Support Vector Machine object of class "ksvm"
##
## SV type: nu-svc   (classification)
##   parameter: nu = 0.2
##
## Gaussian Radial Basis kernel function.
##   Hyperparameter: sigma =    1.05883519976704
##
## Number of Support Vectors: 117
##
## Objective Function Value: 2277.6525
## Probability model included.
```

3. 模型评估

使用模型做预测, 评估模型性能。

```
pred <- predict(mod, task)
performance(pred, measures = list(acc, auc, f1))
## acc auc   f1
##   1   1    1
```

可以看出, 精度远超 50%, 有较强的预测能力。

4. 决策边界

画出支持向量机模型的决策边界, 如图 11.39 所示。

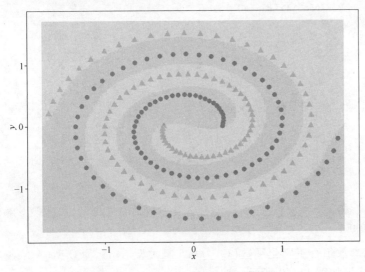

图 11.39　支持向量机模型的决策边界

可以看出,支持向量机模型的决策边界可以是一个不规则超曲面,完全可以学习出双螺旋结构这类高度非线性的决策边界。

11.9.4 多分类问题

预测鸢尾花卉的物种(变量 Species),这里选择支持向量机模型作为学习器,即" classif. ksvm"。

```
task <- makeClassifTask(data = iris,target = "Species")
learner <- makeLearner("classif. ksvm",predict. type = "prob")
```

1. 超参数调优

定义需要调优的超参数及尝试的数值,这里调优的超参数为:

- 正则化系数(C):0.5、1 和 2;
- 类型(type):C 型("C-svc")和 nu 型("nu-svc")。

定义用网格搜索做参数调优,定义重采样策略为 3 折交叉验证,执行超参数调优。

```
ps = makeParamSet(makeDiscreteParam("C",values = c(0.5,1,2)),makeDiscreteParam("type",
    values = c("C-svc","nu-svc")))
ctrl = makeTuneControlGrid()
rdesc = makeResampleDesc("CV",iters = 3)
set. seed(123)
res = tuneParams(learner,task,resampling = rdesc,par. set = ps,control = ctrl,measures = acc)
## [Tune] Started tuning learner classif. ksvm for parameter set:
##          Type   len  Def    Constr   Req  Tunable  Trafo
## C        discrete  -   -    0.5,1,2   -    TRUE      -
## type     discrete  -   -   C-svc,nu-svc  -   TRUE     -
## With control class:TuneControlGrid
## Imputation value:-0
## [Tune-x] 1:C = 0.5;type = C-svc
## [Tune-y] 1:acc. test. mean = 0.9400000000;time:0.0 min
## [Tune-x] 2:C = 1;type = C-svc
## [Tune-y] 2:acc. test. mean = 0.9266666667;time:0.0 min
## [Tune-x] 3:C = 2;type = C-svc
## [Tune-y] 3:acc. test. mean = 0.9333333333;time:0.0 min
## [Tune-x] 4:C = 0.5;type = nu-svc
## [Tune-y] 4:acc. test. mean = 0.9333333333;time:0.0 min
## [Tune-x] 5:C = 1;type = nu-svc
## [Tune-y] 5:acc. test. mean = 0.9333333333;time:0.0 min
## [Tune-x] 6:C = 2;type = nu-svc
## [Tune-y] 6:acc. test. mean = 0.9333333333;time:0.0 min
## [Tune] Result:C = 0.5;type = C-svc;acc. test. mean = 0.9400000000
res
## Tune result:
## Op. pars:C = 0.5;type = C-svc
## acc. test. mean = 0.9400000000
```

可以看出,最佳的超参数组合正则化系数(C)为 0.5 且类型(type)为 C 型("C-svc")。

可视化超参数调优结果如图 11.40 所示。

```
data = generateHyperParsEffectData( res)
qplot( x = C, y = acc. test. mean, color = as. factor( type) , data = data $ data, geom = "path")
```

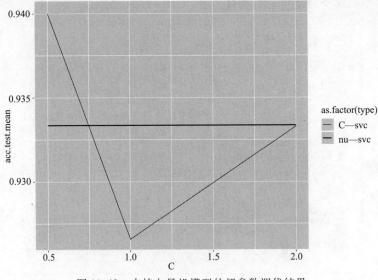

图 11.40　支持向量机模型的超参数调优结果

可以看出,各组超参数的性能相差不大。

2. 模型训练

调用 train( )函数训练支持向量机模型。

```
learner < - makeLearner( "classif. ksvm", par. vals = list( C = 0. 5, type = "C-svc") , predict. type = "prob")
mod  < - train( learner, task)
mod $ learner. model
## Support Vector Machine object of class "ksvm"
##
## SV type:C-svc　(classification)
##   parameter:cost C = 0. 5
##
## Gaussian Radial Basis kernel function.
##   Hyperparameter:sigma =  1. 35651436396703
##
## Number of Support Vectors:79
##
## Objective Function Value:-5. 8339 -6. 5299 -14. 4769
## Probability model included.
```

3. 模型评估

调用 predict( )函数使用模型做预测,这里为了突出模型,并没有分割训练集和测试集。

调用 performance( )函数评估模型性能。

```
pred < - predict( mod, task)
performance( pred, measures  = list( acc, logloss) )
##          acc          logloss
## 0. 98666666667 0. 07600369786
```

可以看出,精度远超 50%,有较强的预测能力。

4. 决策边界

画出支持向量机模型在两个自变量上的决策边界,如图 11.41 所示。

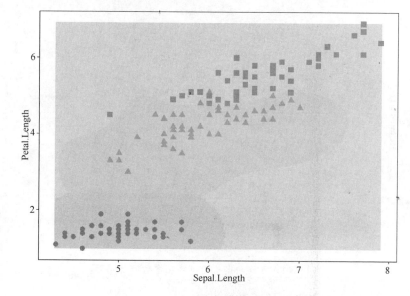

图 11.41　支持向量机模型的决策边界

可以看出,支持向量机模型的决策边界可以是一个不规则超曲面。

小　　结

本章主要介绍了在 R 语言中常用的有监督学习模型,包括线性回归、逻辑回归、线性判别分析、朴素贝叶斯、k 近邻、决策树、随机森林、神经网络和支持向量机模型。每个有监督学习模型又进一步分为回归问题、二分类问题和多分类问题。这些有监督学习模型各有各的适用场景。线性回归模型仅用于回归问题,逻辑回归和线性判别分析模型仅用于分类问题,而其他模型既可用于回归问题又可用于分类问题。对于分类问题,不同的模型有不同的决策边界,逻辑回归、线性判别分析和朴素贝叶斯模型的决策边界为线性,决策树和随机森林模型的决策边界为平行坐标轴,k 近邻、神经网络和支持向量机模型的决策边界可以是非线性的超曲面。

本章使用程序包 mlr 实现有监督学习,其优点为接口统一,即使用不同的模型时调用格式保持一致。

习　　题

1. 各种有监督学习模型的特点是什么? 主要从适用场景、变量选择、复杂度和效率等角度叙述。

2. 对于每个有监督学习模型,选取一到两个新的超参数进行调优。

3. 使用不归一化的数据输入神经网络模型,评估结果。

无监督学习模型 ‹‹‹

本章主要介绍使用 R 语言中的程序包 mlr 和其他程序包实现常用的无监督学习模型,如聚类和关联分析。

程序包 mlr 的本质是对各实现模型的其他程序包提供了一个统一的调用接口,在具体执行模型操作时,还是依赖于具体的程序包,如执行 k 均值聚类模型时依赖的是程序包 stats。

无监督学习定义为,训练样本标记信息是未知的或未提供给模型,目标是通过对无标记训练样本的训练来揭示数据的内在性质和规律,为进一步的数据分析提供基础。本章的前 3 节主要介绍聚类模型,最后一节介绍关联分析。

聚类(clustering)试图将数据集中的样本划分为若干个不相交的子集,每个子集称为一个簇(cluster)。假定样本集 $D = \{x_1, x_2, \cdots, x_m\}$ 包含 m 个无标记样本,每个样本 $x_i = (x_{i1}; x_{i2}; \cdots; x_{in})$ 是一个 n 维特征向量,则聚类算法将样本集 D 划分为 k 个不相交的簇 $\{C_l | l = 1, 2, \cdots, k\}$,其中 $C_{l'} \cap_{l' \neq l} C_l = \varnothing$ 且 $D = \cup_{l=1}^{k} C_l$。相应的,用 $\lambda_j \in \{1, 2, \cdots, k\}$ 表示样本 x_j 的簇标记,即 $x_j \in C_{\lambda_j}$。于是,聚类结果可用包含 m 个元素的簇标记向量 $\lambda = (\lambda_1, \lambda_2, \cdots, \lambda_m)$ 表示。

本章前 3 节的所有例子基于两个数据集。第 1 个数据集是包含多种形状的数据,为人工合成,包含 1 100 个样本,每个样本包含 3 个属性,如表 12.1 所示。

表 12.1 包含多种形状的数据集属性定义

属　性	定　义	属　性	定　义
x	x 轴坐标	shape	形状序号
y	y 轴坐标		

载入程序包 ggplot2。载入程序包 factoextra 中的多形状数据集 multishapes。调用 ggplot( ) 函数画出包含多种形状的数据,如图 12.1 所示。

```
library( ggplot2)
data( multishapes, package = "factoextra")
ggplot( data = multishapes, aes( x = x, y = y, colour = as. factor( shape), shape = as. factor( shape))) +
    geom_point( ) + labs( color = "shape", shape = "shape")
```

该数据集包含了几个非球形或凸面的簇,聚类时只输入前 2 个变量,用于比较基于划分的聚类模型(如 k 均值)和基于密度的聚类模型(如 DBSCAN)结果的差异。

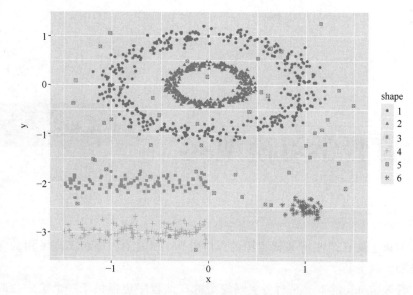

图 12.1　包含多种形状的结构

第 2 个数据集是鸢尾花卉数据集,由生物学家 Fisher 于 1936 年收集整理,包含 150 个样本,每个样本包含 5 个属性,如表 12.2 所示。

表 12.2　鸢尾花卉数据集属性定义

属　　性	定　　义	属　　性	定　　义
Sepal. Length	花萼长度	Petal. Width	花瓣宽度
Sepal. Width	花萼宽度	Species	物种
Petal. Length	花瓣长度		

该数据集聚类时只输入前 4 个变量,聚类结果可以与物种(变量 Species)进行比较,该变量包含了 3 个类别,分别为 Setosa、Versicolour 和 Virginica,每类 50 个样本。调用 head( ) 函数查看数据集前几行,默认为前 6 行。

```
head( iris )
##      Sepal. Length   Sepal. Width   Petal. Length   Petal. Width   Species
## 1             5.1            3.5             1.4            0.2      setosa
## 2             4.9            3.0             1.4            0.2      setosa
## 3             4.7            3.2             1.3            0.2      setosa
## 4             4.6            3.1             1.5            0.2      setosa
## 5             5.0            3.6             1.4            0.2      setosa
## 6             5.4            3.9             1.7            0.4      setosa
```

下面依次介绍一些常用的无监督学习模型,重点会覆盖:

- 模型在聚类和关联分析中的应用;
- 模型在程序包 mlr 中和相应原生程序包中的实现方法;
- 模型各超参数的含义和影响。

12.1 k 均值聚类模型

给定样本集 $D = \{x_1, x_2, \cdots, x_m\}$，k 均值（$k$-means）算法针对聚类所得划分 $C = \{C_1, C_2, \cdots, C_k\}$ 最小化平方误差

$$E = \sum_{i=1}^{k} \sum_{x \in C_i} \| x - \mu_i \|_2^2$$

其中，$\mu_i = \dfrac{1}{|C_i|} \sum_{x \in C_i} x$ 是簇 C_i 的均值向量。E 在一定程度上刻画了簇内样本围绕簇均值向量的紧密程度，E 越小则簇内样本相似度越高。

最小化 E 并不容易，找到它的最优解需要考察样本集 D 所有可能的簇划分，这是一个 NP 难问题。因此，k 均值算法采用了贪心策略，通过迭代优化来近似求解，算法流程如下所示。

输入：样本集 $D = \{x_1, x_2, \cdots, x_m\}$
        聚类簇数 k
过程：函数 TreeGenerate(D, A)
1：从 D 中随机选择 k 个样本作为初始均值向量 $\{\mu_1, \mu_2, \cdots, \mu_k\}$
2：repeat
3：   令 $C_i = \varnothing \,(1 \leqslant i \leqslant k)$
4：   for $j = 1, 2, \cdots, m$ do
5：   计算样本 x_j 与各均值向量 $\mu_i (1 \leqslant i \leqslant k)$ 的距离：$d_{ji} = \| x_j - \mu_i \|_2$
6：   根据距离最近的均值向量确定 x_j 的簇标记：$\lambda_j = \mathrm{argmin}_{i \in \{1,2,\cdots,k\}}\, d_{ji}$
7：   将样本 x_j 划入相应的簇：$C_{\lambda_j} = C_{\lambda_j} \cup \{x_j\}$
8：   end for
9：   for $i = 1, 2, \cdots, k$ do
10：   计算新均值向量：$\mu'_i = \dfrac{1}{|C_i|} \sum_{x \in C_i} x$
11：   if $\mu'_i \neq \mu_i$ then
12：   将当前均值向量 μ_i 更新为 μ'_i
13：   else
14：   保持当前均值向量不变
15：   end if
16：   end for
17：until 当前均值向量均未更新
输出：簇划分 $C = \{C_1, C_2, \cdots, C_k\}$

图 12.2 是一个 k 均值聚类模型（$k = 2$）的全过程，样本集中有 100 个样本，颜色表示簇标记，最大的表示均值向量。整个过程中，2 个图为一组表示一次迭代，每一组中：

- 左图：根据距离最近的均值向量确定每个样本的簇标记；
- 右图：计算新均值向量。

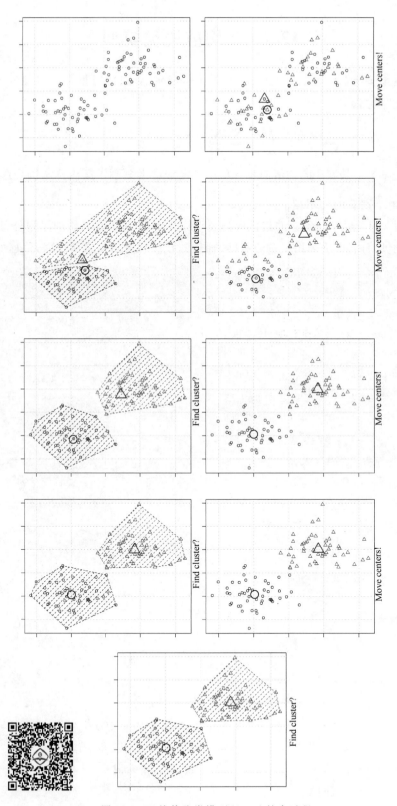

图 12.2　k 均值聚类模型($k=2$)的全过程

12.1.1 多形状聚类问题

调用函数 makeClusterTask()定义一个聚类任务,输入数据排除形状序号(变量 shape)。

调用函数 makeLearner()定义学习器,这里选择 k 均值聚类模型作为学习器,即"cluster. kmeans",实际上是间接调用程序包 stats 中的函数 kmeans()。查看返回结果的属性par. set 得到超参数列表。

```
library( mlr)
task <- makeClusterTask( data = multishapes[ ,-3])
learner <- makeLearner( "cluster. kmeans" )
learner $ par. set
##                Type   len        Def                          Constr   Req  Tunable  Trafo
##   centers   untyped   -           -                                -      -    TRUE     -
##   iter. max integer   -          10                          1 to Inf    -    TRUE     -
##   nstart    integer   -           1                          1 to Inf    -    TRUE     -
##   algorithm discrete  -  Hartigan-Wong  Hartigan-Wong,Lloyd,Forgy,MacQueen  -    TRUE     -
##   trace     logical   -                                         -      -    FALSE    -
```

可以看出,有 4 个可调优的超参数,最常用的包括:
- 参数 centers 聚类得到簇的数量,或每个簇的初始中心;
- 参数 nstart:随机选择初始中心的组数,越大则结果越稳定。

虽然理论上可以进行超参数调优,但意义并不大,多数聚类性能指标会随着簇的数量增加而改善。因此,在指定超参数时需要更多联系应用场景。

1. 模型训练

重新定义学习器,使用指定的超参数。

调用 train()函数训练 k 均值聚类模型。

```
learner <- makeLearner( "cluster. kmeans" ,par. vals = list( centers = 5 ,nstart = 3 ) )
set. seed( 123 )
mod <- train( learner ,task)
mod $ learner. model
## K-means clustering with 5 clusters of sizes 60 ,260 ,284 ,286 ,210
##
## Cluster means:
##           x              y
## 1   0. 9768879  -2. 3894589
## 2   0. 5570847   0. 2149020
## 3  -0. 0145026  -0. 5961030
## 4 - 0. 4837706   0. 3169535
## 5 - 0. 7158193  -2. 4849375
##
## Clustering vector:
##   [1] 3 2 2 3 2 2 4 3 3 4 3 4 3 3 2 3 4 4 4 2 3 4 4 2 4 4 2 4 2 3 4 3 4 3 3 3 3
##   [35] 4 4 4 4 3 4 2 4 4 3 3 4 4 4 4 4 4 4 4 4 3 3 3 3 2 4 2 2 4 4 3 2 3 3
```

```
## [ ... ]
##
## Within cluster sum of squares by cluster:
## [1]  8.135006 67.844197 74.908345 76.802047 93.841392
##  (between_SS / total_SS =  83.7 %)
##
## Available components:
##
## [1] "cluster"      "centers"      "totss"        "withinss"
## [5] "tot.withinss" "betweenss"    "size"         "iter"
## [9] "ifault"
```

结果中包含了以下几部分:
- 每个簇的样本数量;
- 簇的中心;
- 每个样本的簇序号;
- 每个簇内样本到簇中心距离的平方和,其中样本到簇中心的距离平方和(between_SS)与样本到全局中心的距离平方和(total_SS)之比是一个重要的聚类性能指标。

可以看出,簇内距离平方和与全局距离平方和之比接近于100%,聚类结果较好。

调用 ggplot()函数画出聚类结果,如图 12.3 所示。

```
ggplot(data = multishapes, aes(x = x, y = y, colour = as.factor(mod $ learner.model $ cluster),
    shape = as.factor(mod $ learner.model $ cluster))) + geom_point() + labs(color = "cluster",
    shape = "cluster")
```

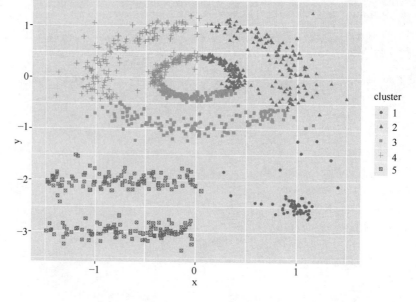

图 12.3　k 均值聚类结果

可以看出：

- 上方的 2 个圆环形状在径向分成了 3 个簇；
- 左下方的 2 个矩形分成了 1 个簇；
- 右下方的球形分成了 1 个簇。

2. 模型评估

对于聚类问题，最常用的是 DB 指数（Davies-Bouldin Index, db）和 Dunn 指数（Dunn Index, dunn）作为模型性能指标。

考虑聚类结果的簇划分 $C = \{C_1, C_2, \cdots, C_k\}$，簇 C 内样本间的平均距离为

$$\text{avg}(C) = \frac{2}{|C|(|C|-1)} \sum_{1 \leqslant i < j \leqslant |C|} \text{dist}(\boldsymbol{x}_i, \boldsymbol{x}_j)$$

其中，dist(· , ·)用于计算两个样本之间的距离。

簇 C 内样本间的最远距离为：

$$\text{diam}(C) = \max_{1 \leqslant i < j \leqslant |C|} \text{dist}(\boldsymbol{x}_i, \boldsymbol{x}_j)$$

簇 C_i 与 C_j 最近样本间的距离为：

$$d_{\min}(C_i, C_j) = \min_{x_i \in C_i, x_j \in C_j} \text{dist}(\boldsymbol{x}_i, \boldsymbol{x}_j)$$

簇 C_i 与 C_j 中心点间的距离为：

$$d_{\text{cen}}(C_i, C_j) = \text{dist}(\boldsymbol{\mu}_i, \boldsymbol{\mu}_j)$$

其中，$\boldsymbol{\mu}$ 表示簇 C 的中心点，$\boldsymbol{\mu} = \frac{1}{|C|} \sum_{1 \leqslant i \leqslant |C|} x_i$。

则 DB 指数（DBI）定义为：

$$\text{DBI} = \frac{1}{k} \sum_{i=1}^{k} \max_{j \neq i} \left(\frac{\text{avg}(C_i) + \text{avg}(C_j)}{d_{\text{cen}}(C_i, C_j)} \right)$$

Dunn 指数（DI）定义为：

$$\text{DI} = \min_{1 \leqslant i \leqslant k} \left\{ \min_{j \neq i} \left(\frac{d_{\min}(C_i, C_j)}{\max\limits_{1 \leqslant l \leqslant k} \text{diam}(C_l)} \right) \right\}$$

显然，DBI 的值越小越好，而 DI 则相反，值越大越好。

调用 predict( )函数使用模型做预测。调用 performance( )函数评估模型性能。

```
pred  <- predict(mod, task)
performance(pred, measures = list(db, dunn), task)
##          db          dunn
## 0.858587864  0.006697806
```

可以看出，DBI 较小，DI 也较小，说明聚类模型从簇间平均距离的角度评估较好，但是从簇间最小距离的角度评估较差。

12.1.2　使用程序包 stats

当指定学习器为"cluster. kmeans"时，实际上底层调用的是程序包 stats 中的 kmeans( )函数。

调用 kmeans( )函数训练 k 均值聚类模型，其中：

- 第 1 个参数 x 表示输入数据框；

- 第 2 个参数 centers 聚类得到簇的数量,或每个簇的初始中心;
- 参数 nstart:随机选择初始中心的组数,越大则结果越稳定。

```
set.seed(123)
mod <- kmeans(multishapes,5,nstart = 3)
mod
## K-means clustering with 5 clusters of sizes 93,198,207,400,202
##
## Cluster means:
##                 x              y           shape
## 1    0.6438410737    -1.67094714     5.537634
## 2    0.5972133600     0.20067723     1.000000
## 3   -0.7228949112    -2.49277348     3.550725
## 4    0.0002986719    -0.01183731     2.000000
## 5   -0.5839087790    -0.25530397     1.000000
##
## Clustering vector:
##    [1] 5 2 2 5 2 2 5 5 5 5 5 5 2 5 5 5 5 2 5 5 5 5 2 5 5 2 5 5 5 5 2 5 5 5
##   [35] 5 5 5 5 5 2 5 5 5 5 5 5 5 5 5 5 2 5 5 2 2 2 5 2 5 2 2 2 2 5 5 5 2 5 2
## [...]
##
## Within cluster sum of squares by cluster:
## [1] 181.84613 124.20617 157.11045  65.01214 121.83889
##  (between_SS / total_SS =   84.0 % )
##
## Available components:
##
## [1] "cluster"       "centers"       "totss"          "withinss"
## [5] "tot.withinss"  "betweenss"     "size"           "iter"
## [9] "ifault"
```

12.1.3 鸢尾花聚类问题

定义一个聚类任务,输入数据排除物种(变量 Species),选择 k 均值聚类模型作为学习器,即"cluster.kmeans",实际上是间接调用程序包 stats 中的 kmeans()函数。

```
task <- makeClusterTask(data = iris[,-5])
learner <- makeLearner("cluster.kmeans",par.vals = list(centers = 3,nstart = 3))
```

1. 模型训练

训练 k 均值聚类模型。

```
set.seed(123)
mod <- train(learner,task)
mod $ learner.model
## K-means clustering with 3 clusters of sizes 50,38,62
##
```

```
##    Cluster means:
##     Sepal. Length  Sepal. Width  Petal. Length  Petal. Width
## 1      5.006000      3.428000      1.462000      0.246000
## 2      6.850000      3.073684      5.742105      2.071053
## 3      5.901613      2.748387      4.393548      1.433871
##
## Clustering vector:
##   [1] 1 1 1 1 1 1 1 1 1 1 1 1 1 1 1 1 1 1 1 1 1 1 1 1 1 1 1 1 1 1 1 1 1 1 1
##  [36] 1 1 1 1 1 1 1 1 1 1 1 1 1 1 1 1 3 3 2 3 3 3 3 3 3 3 3 3 3 3 3 3 3 3 3
##  [71] 3 3 3 3 3 3 3 2 3 3 3 3 3 3 3 3 3 3 3 3 3 3 3 3 3 3 3 3 3 2 3 2 2 2 2
## [106] 2 3 2 2 2 2 2 2 3 3 2 2 2 2 2 3 2 3 2 3 2 2 3 3 2 2 2 2 2 3 2 2 2 2 3 2
## [141] 2 2 3 2 2 2 3 2 2 3
##
## Within cluster sum of squares by cluster:
## [1] 15.15100 23.87947 39.82097
##  (between_SS / total_SS =   88.4 %)
##
## Available components:
##
## [1] "cluster"      "centers"      "totss"        "withinss"
## [5] "tot.withinss" "betweenss"    "size"         "iter"
## [9] "ifault"
```

画出聚类结果中的 2 个特征,如图 12.4 所示。

```
ggplot(data = iris,aes(x = Sepal.Length,y = Petal.Length,
    colour = as.factor(mod $ learner.model $ cluster),
    shape = as.factor(mod $ learner.model $ cluster))) + geom_point() + labs(color = "cluster",
    shape = "cluster")
```

可以看出:

- 左下方的凸面分成了 1 个簇;
- 右上方的凸面分成了 2 个簇。

2. 模型评估

使用模型做预测,评估模型性能。

```
pred <- predict(mod,task)
performance(pred,measures = list(db,dunn),task)
##        db        dunn
## 0.72558728 0.09880739
```

可以看出,DBI 较小,DI 也较小,说明聚类模型从簇间平均距离的角度评估较好,但是从簇间最小距离的角度评估较差。

该数据集的真实类别标记(变量 Species)已知,因此另一种模型评估方法是将聚类得到的簇与真实类别标记进行比较。调用 table( )函数得到簇的序号与真实类别标记的列联表。

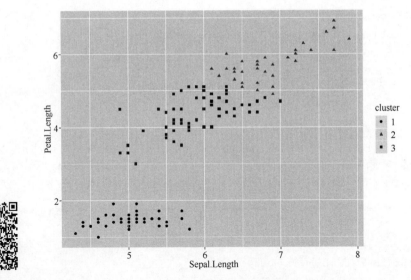

图 12.4　k 均值聚类结果

```
table(iris[ ,5],mod $ learner. model $ cluster)
##
##                1     2     3
##    setosa     50     0     0
##    versicolor  0     2    48
##    virginica   0    36    14
```

可以看出,setosa 完全对应 1 个簇,而 versicolor 和 virginica 基本也分成了 2 个簇。

12.1.4　簇的初始中心对聚类结果的影响

k 均值聚类模型在一开始需要随机选择一组样本作为簇的初始中心,而初始中心的选取有时会对聚类结果产生影响。

在如下例子中:

- 第 1 个模型选取序号为 1、51 和 101 的样本作为初始中心;
- 第 2 个模型选取序号为 1、2 和 150 的样本作为初始中心。

```
mod1  < - kmeans(iris[ ,-5],iris[ c(1,51,101) ,-5])
mod2  < - kmeans(iris[ ,-5],iris[ c(1,2,150) ,-5])
```

调用 table( )函数得到 2 个 k 均值聚类模型簇的序号的列联表。

```
table(mod1 $ cluster,mod2 $ cluster)
##
##         1     2     3
##    1   33    17     0
##    2    0     4    58
##    3    0     0    38
```

可以看出,2 个模型的聚类结果并不完全一致。

调用 ggplot( )函数画出聚类结果中的 2 个特征,如图 12.5 所示。

```
ggplot(data = iris,aes(x = Sepal. Length,y = Petal. Length,colour = as. factor(mod1 $ cluster),
    shape = as. factor(mod1 $ cluster))) + geom_point( ) + labs(color = "cluster",
    shape = "cluster")
ggplot(data = iris,aes(x = Sepal. Length,y = Petal. Length,colour = as. factor(mod2 $ cluster),
    shape = as. factor(mod2 $ cluster))) + geom_point( ) + labs(color = "cluster",
    shape = "cluster")
```

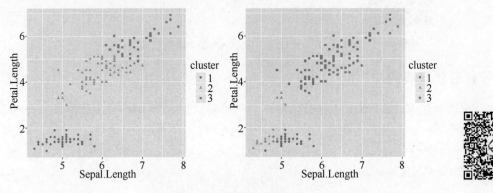

图 12.5　k 均值聚类结果

12.2　DBSCAN 聚类模型

密度聚类算法假设聚类结构能通过样本分布的紧密程度确定,从样本密度的角度来考察样本之间的可连接性,并基于可连接样本不断扩展聚类簇以获得最终的聚类结果。

DBSCAN(Density – Based Spatial Clustering of Applications with Noise)是一种著名的密度聚类算法,它基于一组邻域参数(ϵ,MinPts)来刻画样本分布的紧密程度。给定数据集 $D = \{x_1, x_2, \cdots, x_m\}$,定义以下几个概念:

●ϵ-邻域:对$x_j \in D$,其 ϵ-邻域包含样本集 D 中与x_j的距离不大于 ϵ 的样本,即$N_\epsilon(x_j) = \{x_j \in D \mid \mathrm{dis}(x_i,x_j) \leqslant \epsilon\}$;

●核心对象:若x_j的 ϵ-邻域至少包含 MinPts 个样本,即$|N_\epsilon(x_j)| \geqslant \mathrm{MinPts}$,则$x_j$是一个核心对象;

●密度直达:若x_j位于x_i的 ϵ-邻域中,且x_i是核心对象,则x_j由x_i密度直达;

●密度可达:对x_i与x_j,若存在样本序列$p_1,p_2,\cdots,p_n$,其中$p_1 = x_i,p_n = x_j$且p_{i+1}由p_i密度直达,则称x_j由x_i密度可达;

●密度相连:对x_i与x_j,若存在x_k使得x_i与x_j均由x_k密度可达,则称x_i与x_j密度相连。

DBSCAN 将簇定义为,由密度可达关系导出的最大的密度相连样本集合。如图 12.6 所示,参数 MinPts = 4,圆圈区域为每个点的 ϵ-邻域。A 点和其他红色点都是核心对象并且密度相连,形成了一个簇。B 和 C 点不是核心对象但通过 A 点密度可达,因此也属于这个簇。点 N 是一个噪声点。

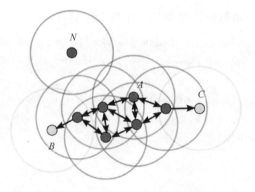

图 12.6　DBSCAN 聚类模型原理

12.2.1　多形状聚类问题

定义一个聚类任务,输入数据排除形状序号(变量 shape),选择 DBSCAN 聚类模型作为学习器,即"cluster. dbscan",实际上是间接调用程序包 fpc 中的 DBSCAN( )函数。

```
library( mlr)
task  < - makeClusterTask( data  =  multishapes[ ,-3 ] )
learner  < - makeLearner( "cluster. dbscan" )
learner $ par. set
##              Type   len      Def        Constr    Req  Tunable  Trafo
## eps       numeric    -        1        0 to Inf    -     TRUE     -
## MinPts    integer    -        5        0 to Inf    -     TRUE     -
## scale     logical    -      FALSE         -        -     TRUE     -
## showplot  logical    -      FALSE         -        -    FALSE     -
## method    discrete   -      hybrid   hybrid,raw,dis      TRUE
```

可以看出,有 4 个可调优的超参数,最常用的包括:

- 参数 eps:样本邻居的半径;
- 参数 MinPts:样本在半径 eps 的范围内最小的邻居数。

虽然理论上可以进行超参数调优,但意义并不大,多数聚类性能指标会随着簇的数量增加而改善。因此,在指定超参数时需要更多联系应用场景。

1. 模型训练

训练 DBSCAN 聚类模型。

```
learner  < - makeLearner( "cluster. dbscan", par. vals  =  list( eps  =  0. 15, MinPts  =  5) )
set. seed( 123)
mod  < - train( learner, task)
mod $ learner. model
## dbscan Pts = 1100 MinPts = 5 eps = 0. 15
##          0     1     2     3     4     5
## border   31    24    1     5     7     1
## seed     0    386   404    99    92    50
## total    31   410   405   104    99    51
```

结果中,每一列表示一个簇,其中 0 表示异常样本或噪声样本。行 border 表示边界样本数,行 seed 表示种子样本数,行 total 表示总样本数。

画出聚类结果,如图 12.7 所示。

```
ggplot(data = multishapes,aes(x = x,y = y,colour = as. factor(mod $ learner. model $ cluster),
    shape = as. factor(mod $ learner. model $ cluster))) + geom_point() + labs(color = " cluster",
    shape = " cluster")
```

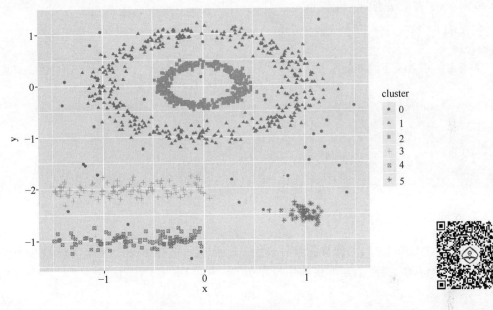

图 12.7　DBSCAN 聚类结果

可以看出,5 个形状和异常样本合理分入了各自的簇。

2. 模型评估

调用 predict()函数使用模型做预测。由于 DBSCAN 聚类模型会将一些样本分成异常或噪音样本,因此在评估模型性能前,先去除这些样本。

调用 performance()函数评估模型性能。

```
pred < - predict(mod,task)
pred $ data  < - pred $ data[ ! is. na(pred $ data $ response),]
performance(pred,measures = list(db,dunn),task)
##          db          dunn
## 20. 98016542   0. 05912752
```

可以看出,DBI 较大,DI 较小,说明聚类模型从簇间平均距离和最小距离的角度评估都较差。但这并不能说明这样的聚类结果是没有意义的。

12.2.2 使用程序包 fpc

当指定学习器为"cluster. dbscan"时,实际上底层调用的是程序包 fpc 中的 DBSCAN( )函数。
调用 DBSCAN( )函数训练 DBSCAN 聚类模型,其中:

- 第 1 个参数 data 表示输入数据框;
- 第 2 个参数 eps 表示样本邻居的半径;
- 第 3 个参数 MinPts 表示样本在半径 eps 的范围内最小的邻居数;
- 参数 scale 表示是否归一化数据。

```
library(fpc)
set. seed(123)
mod  <- dbscan(multishapes[ ,-3],0. 15,5)
mod
## dbscan Pts = 1100 MinPts = 5 eps = 0. 15
##           0       1       2       3       4       5
## border  31      24       1       5       7       1
## seed      0     386     404      99      92      50
## total    31     410     405     104      99      51
```

12.2.3 鸢尾花聚类问题

定义一个聚类任务,输入数据排除物种(变量 Species),选择 DBSCAN 聚类模型作为学习器,即"cluster. dbscan",实际上是间接调用程序包 fpc 中的 DBSCAN( )函数。

```
task  <- makeClusterTask(data = iris[ ,-5])
learner  <- makeLearner("cluster. dbscan",par. vals = list(eps = 0. 4,MinPts = 4))
```

1. 模型训练

训练 DBSCAN 聚类模型。

```
set. seed(123)
mod  <- train(learner,task)
mod $ learner. model
## dbscan Pts = 150 MinPts = 4 eps = 0. 4
##           0       1       2       3       4
## border  25       4       7       7       3
## seed      0      43      31      29       1
## total    25      47      38      36       4
```

画出聚类结果中的两个特征,如图 12.8 所示。

```
ggplot(data = iris,aes(x = Sepal. Length,y = Petal. Length,
    colour = as. factor(mod $ learner. model $ cluster),
    shape = as. factor(mod $ learner. model $ cluster))) + geom_point( ) + labs(color = "cluster",
    shape = "cluster")
```

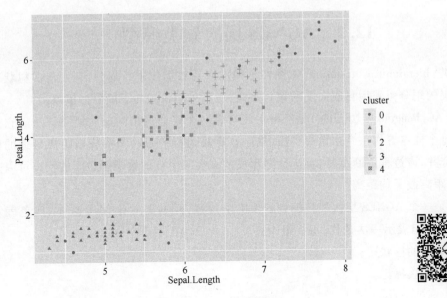

图 12.8 DBSCAN 聚类结果

可以看出：

- 左下方的凸面分成了 1 个簇；
- 右上方的凸面分成了 2 个簇。

2. 模型评估

使用模型做预测。由于 DBSCAN 聚类模型会将一些样本分成异常或噪音样本，因此在评估模型性能前，先去除这些样本。评估模型性能。

```
pred <- predict(mod, task)
pred $ data <- pred $ data[! is. na(pred $ data $ response),]
performance(pred, measures = list(db, dunn), task)
##          db          dunn
## 0.7429332 0.2019094
```

可以看出，DBI 较小，DI 也较小，说明聚类模型从簇间平均距离的角度评估较好，但是从簇间最小距离的角度评估较差。

该数据集的真实类别标记（变量 Species）已知，因此另一种模型评估方法是将聚类得到的簇与真实类别标记进行比较。

得到簇的序号与真实类别标记的列联表。

```
table(iris[,5], mod $ learner. model $ cluster)
##
##              0    1    2    3    4
##   setosa     3   47    0    0    0
##   versicolor 0    0   38    3    4
##   virginica  0    0    0   33    0
```

可以看出，setosa 完全对应 1 个簇，而 versicolor 和 virginica 基本也分成了 2 个簇。

12.3　AGNES 层次聚类模型

层次聚类(hierarchical clustering)试图在不同层次对数据集进行划分,从而形成树状聚类结构。数据集的划分可采用自底向上的聚合策略,也可采用自顶向下的分拆策略。

AGNES(AGglomerative NESting)是一种采用自底向上聚合策略的层次聚类算法。它先将数据集中的每个样本看作一个初始聚类簇,然后在算法运行的每一步中找出距离最近的两个聚类簇进行合并,该过程不断重复,直至达到预设的聚类簇个数。聚类簇之间的距离可以是最小距离、最大距离或平均距离。

图 12.9 是一个 AGNES 层次聚类模型的聚类全过程,样本集中有 10 个样本,颜色表示簇标记,2 个图为一组表示一次迭代,每一组中:

- 左图:聚类的树状图;
- 右图:聚类簇标记。

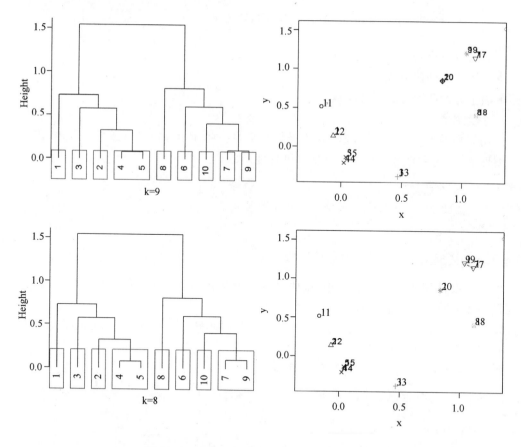

图 12.9　AGNES 层次聚类模型的聚类全过程

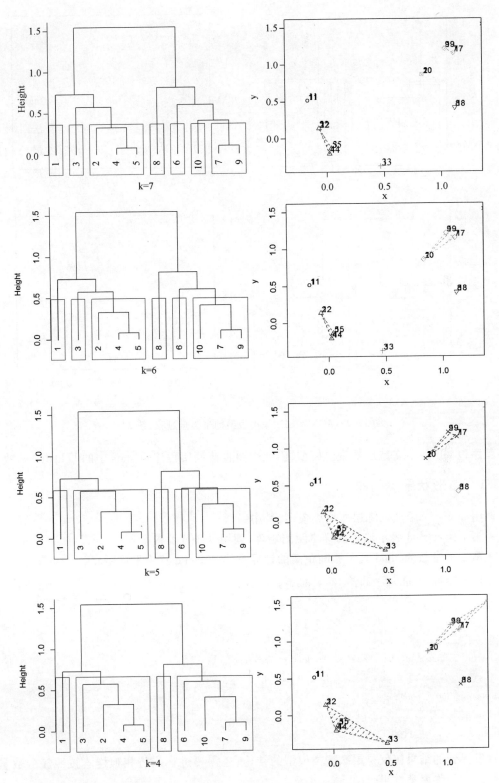

图 12.9　AGNES 层次聚类模型的聚类全过程(续 1)

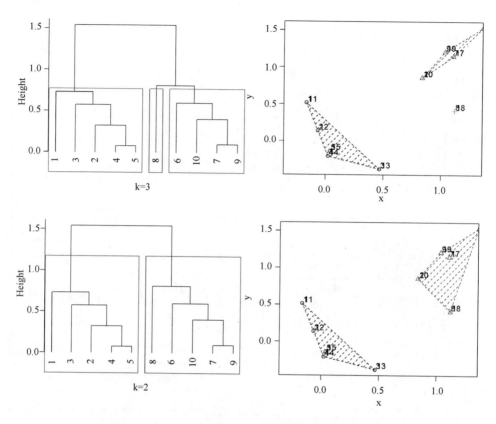

图 12.9　AGNES 层次聚类模型的聚类全过程(续 2)

　　程序包 mlr 并不支持层次聚类模型,因此需要直接调用程序包 stats 中的 hclust( )函数。

12.3.1　多形状聚类问题

　　调用 hclust( )函数训练层次聚类模型,其中:

- 第 1 个参数 d 表示输入的样本距离矩阵,调用 dist( )函数得到;
- 第 2 个参数 method 表示簇间距离的计算方法,"average"为平均距离。

```
mod  < - hclust( dist( multishapes[ ,-3] ) , method  =  " average" )
mod
##
## Call:
## hclust( d  =  dist( multishapes[ ,-3] ) , method  =  " average" )
##
## Cluster method    :average
## Distance          :euclidean
## Number of objects :1100
```

　　这里得到的结果仅仅是层次聚类模型的结构,还需要进一步将相似样本按照簇的数量合并才能得到最终聚类结果。

　　调用 cutree( )函数将层次聚类结果分成簇:

- 第 1 个参数 tree 表示层次聚类结果;
- 第 2 个参数 k 表示簇的数量。

```
clusters <- cutree(mod,k = 5)
```

画出聚类结果,如图 12.10 所示。

```
ggplot(data = multishapes,aes(x = x,y = y,colour = as.factor(clusters),shape = as.factor(clusters))) +
    geom_point() + labs(color = "cluster",shape = "cluster")
```

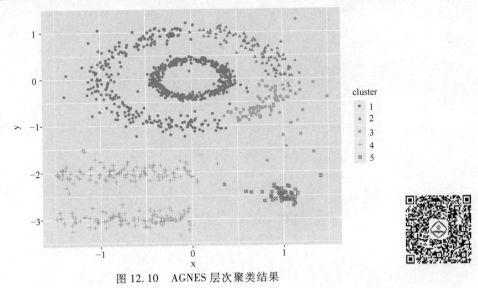

图 12.10 AGNES 层次聚类结果

可以看出:

- 上方的内圈圆环形状和外圈圆环形状的左半边分成了 1 个簇;
- 上方的外圈圆环形状的右半边分成了 2 个簇;
- 左下方的 2 个矩形分成了 1 个簇;
- 右下方的球形分成了 1 个簇。

12.3.2 鸢尾花聚类问题

1. 模型训练

训练层次聚类模型。

```
mod <- hclust(dist(iris[,-5]),method = "average")
mod
##
## Call:
## hclust(d = dist(iris[,-5]),method = "average")
##
## Cluster method      :average
## Distance            :euclidean
## Number of objects   :150
```

将层次聚类结果分成簇。

```
clusters <- cutree(mod, k = 3)
```

画出聚类结果中的 2 个特征,如图 12.11 所示。

```
ggplot(data = iris, aes(x = Sepal.Length, y = Petal.Length, colour = as.factor(clusters),
    shape = as.factor(clusters))) + geom_point() + labs(color = "cluster", shape = "cluster")
```

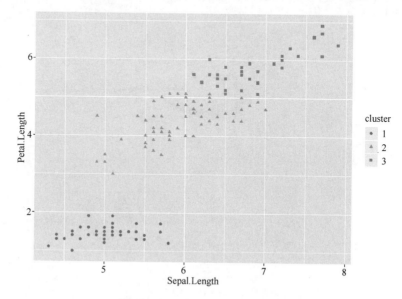

图 12.11　AGNES 层次聚类结果

可以看出:
- 左下方的凸面分成了 1 个簇;
- 右上方的凸面分成了 3 个簇。

2. 模型评估

该数据集的真实类别标记(变量 Species)已知,因此另一种模型评估方法是将聚类得到的簇与真实类别标记进行比较。

得到簇的序号与真实类别标记的列联表。

```
table(iris[ ,5], clusters)
##          clusters
##            1    2    3
## setosa    50    0    0
## versicolor 0   50    0
## virginica  0   14   36
```

可以看出,setosa 完全对应 1 个簇,而 versicolor 和 virginica 基本也分成了 2 个簇。

3. 聚类过程的树状图

树状图(dendrogram)是一种层次聚类独有的表示样本合并顺序的图。

为了使得图中标记能够清晰显示,暂时只选取 40 个样本做聚类。

```
set.seed(123)
idx <- sample(1:dim(iris)[1],45)
irisSample <- iris[idx,]
mod <- hclust(dist(irisSample[,-5]),method = "average")
```

调用 plot( ) 函数画出层次聚类过程的树状图,如图 12.12 所示,其中:

- 第 1 个参数 x 表示层次聚类结果;
- 第 2 个参数 labels 表示图中样本的标记。

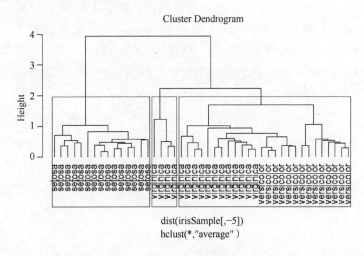

图 12.12　AGNES 层次聚类过程的树状图

调用 rect.hclust( ) 函数在已有树状图上添加簇的边框,其中:

- 第 1 个参数 tree 表示层次聚类结果;
- 第 2 个参数 k 表示簇的数量;
- 第 3 个参数 hang 表示标记位置。

```
plot(mod,labels = iris$Species[idx],hang = -1)
rect.hclust(mod,k = 3)
```

12.4　关联分析模型

关联规则用于表达项集之间的联系,形式如同 $A \Rightarrow B$,其中 A 和 B 是两个不相交的项集,分别称为规则的左侧项集(left – hand side)和右侧项集(right – hand side)。关联规则有 3 个最重要的衡量指标,分别为:

- 支持度(support):样本中同时包含 A 和 B 的样本比例。定义为:

$$\mathrm{support}(A \Rightarrow B) = P(A \cup B)$$

- 置信度(confidence):包含 A 的样本中同时包含 B 的样本比例。定义为:

$$\mathrm{confidence}(A \Rightarrow B) = P(B \mid A) = \frac{P(A \cup B)}{P(A)}$$

- 提升度(lift):置信度与包含 B 的样本比例之比。定义为:

$$\text{lift}(A \Rightarrow B) = \frac{\text{confidence}(A \Rightarrow B)}{P(B)} = \frac{P(A \cup B)}{P(A)P(B)}$$

挖掘关联规则的经典算法是 APRIORI，是一种按层次递进的广度优先算法，首先遍历每个样本找出并统计频繁项集，再从中挖掘出关联规则。

12.4.1　案例数据

本节的所有例子基于某杂货店一个月的交易数据，包含 9 835 条交易记录，涵盖了 169 个商品类别，每一行代表一笔交易，包含了这笔交易所涉及的商品类别，用逗号分隔。

载入程序包 arules 和 arulesViz。载入程序包 arules 中的交易数据集 Groceries。调用 inspect( )函数和 head( )函数查看数据集前几行，默认为前 6 行。

```
library(arules)
## Loading required package:Matrix
##
## Attaching package:'arules'
## The following objects are masked from 'package:base':
##
##      abbreviate,write
library(arulesViz)
## Loading required package:grid
data(Groceries)
inspect(head(Groceries))
##      items
## [1]  {citrus fruit,
##       semi-finished bread,
##       margarine,
##       ready soups}
## [2]  {tropical fruit,
##       yogurt,
##       coffee}
## [3]  {whole milk}
## [4]  {pip fruit,
##       yogurt,
##       cream cheese,
##       meat spreads}
## [5]  {other vegetables,
##       whole milk,
##       condensed milk,
##       long life bakery product}
## [6]  {whole milk,
##       butter,
##       yogurt,
##       rice,
##       abrasive cleaner}
```

调用 image( )函数画出交易中商品类别的分布情况图，其中行代表交易，列代表商品类别，交易中有列号所代表商品类别，则用黑点表示。为了显示比例合理，抽取 500 条交易记录作图,如图 12.13 所示。

```
set. seed(123)
idx <- sample(1:dim(Groceries)[1],500)
image(Groceries[idx,])
```

调用 itemFrequencyPlot( )函数画出商品类别的频率图,如图 12.14 所示。其中:

- 第 1 个参数 x 表示输入的交易类型对象;
- 参数 topN 表示画出排在最前的商品类别的数量。

```
itemFrequencyPlot(Groceries,topN = 20)
```

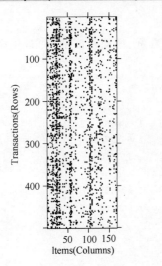

图 12.13 商品类别的分布情况图

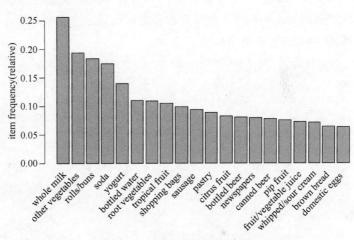

图 12.14 商品类别的频率图

12.4.2 关联规则挖掘

调用 apriori( )函数挖掘关联规则,其中:

- 第 1 个参数 data 表示输入的交易类型对象;
- 第 2 个参数 parameter 表示超参数列表,其中:
- 参数 support 表示最小支持度阈值;
- 参数 confidence 表示最小置信度阈值。

```
rules <- apriori(Groceries,parameter = list(support = 0.005,confidence = 0.2))
## Apriori
##
## Parameter specification:
##  confidence minval smax arem    aval originalSupport maxtime support minlen maxlen target    ext
##         0.2    0.1    1 none FALSE            TRUE       5   0.005      1     10  rules  FALSE
##
## Algorithmic control:
##  filter  tree  heap  memopt  load sort verbose
##    0.1  TRUE  TRUE   FALSE  TRUE    2    TRUE
##
```

```
## Absolute minimum support count:49
##
## set item appearances ... [0 item(s)] done [0.00s].
## set transactions ... [169 item(s),9835 transaction(s)] done [0.01s].
## sorting and recoding items ... [120 item(s)] done [0.00s].
## creating transaction tree ... done [0.00s].
## checking subsets of size 1 2 3 4 done [0.00s].
## writing ... [873 rule(s)] done [0.00s].
## creating S4 object  ... done [0.00s].
```

可以看出，共得到了 873 条关联规则。

调用 inspect() 函数和 head() 函数查看前 6 条规则。

调用 summary() 函数查看数据集的概括信息，包括规则的数量、规则长度的分布、规则支持度、置信度和提升度的分布等。

```
inspect(head(rules))
##     lhs              rhs                 support      confidence     lift     count
## [1] {}            => {whole milk}        0.255516014  0.2555160    1.000000   2513
## [2] {cake bar}    => {whole milk}        0.005592272  0.4230769    1.655775   55
## [3] {dishes}      => {other vegetables}  0.005998983  0.3410405    1.762550   59
## [4] {dishes}      => {whole milk}        0.005287239  0.3005780    1.176357   52
## [5] {mustard}     => {whole milk}        0.005185562  0.4322034    1.691492   51
## [6] {pot plants}  => {whole milk}        0.006914082  0.4000000    1.565460   68
summary(rules)
## set of 873 rules
#### rule length distribution (lhs + rhs):sizes
##   1    2    3    4
##   1  265  559   48
##
##    Min. 1st Qu. Median  Mean 3rd Qu.   Max.
##   1.000   2.000  3.000 2.749   3.000  4.000
##
## summary of quality measures:
##          support          confidence           lift            count
##    Min.  :0.005084     Min. :0.2000       Min. :0.8991      Min. :50.0
##    1st Qu. :0.005796   1st Qu. :0.2517    1st Qu. :1.5570   1st Qu. :57.0
##    Median :0.007219    Median :0.3156     Median :1.9415    Median :71.0
##    Mean :0.010254      Mean :0.3459       Mean :2.0134      Mean :100.9
##    3rd Qu. :0.010269   3rd Qu. :0.4249    3rd Qu. :2.3571   3rd Qu. :101.0
##    Max. :0.255516      Max. :0.7000       Max. :4.0855      Max. :2513.0
##
## mining info:
##       data ntransactions  support  confidence
##   Groceries        9835     0.005    0.2
```

调用 sort() 函数将关联规则排序，其中：

- 第 1 个参数 x 表示需要排序的关联规则对象；
- 参数 by 表示排序特征，这里按置信度降序排列。

调用 inspect( ) 函数和 head( ) 函数查看排序后的前几条规则。

```
rules. sorted  < - sort( rules, by  =  "confidence" )
inspect( head( rules. sorted ) )
##      lhs                       rhs           support        confidence         lift    count
## 〔1〕 {tropical fruit,
##       root vegetables,
##       yogurt}               => {whole milk}  0. 005693950   0. 7000000    2. 739554    56
## 〔2〕 {pip fruit,
##       root vegetables,
##       other vegetables}     => {whole milk}  0. 005490595   0. 6750000    2. 641713    54
## 〔3〕 {butter,
##       whipped/sour cream}   => {whole milk}  0. 006710727   0. 6600000    2. 583008    66
## 〔4〕 {pip fruit,
##       whipped/sour cream}   => {whole milk}  0. 005998983   0. 6483516    2. 537421    59
## 〔5〕 {butter,
##       yogurt}               => {whole milk}  0. 009354347   0. 6388889    2. 500387    92
## 〔6〕 {root vegetables,
##       butter}               => {whole milk}  0. 008235892   0. 6377953    2. 496107    81
```

12.4.3 关联规则可视化

调用 plot( ) 函数画出关联规则的相关可视化图表,其中:

● 第 1 个参数 rules 表示输入的关联规则对象;

● 第 2 个参数 method 表示可视化方法,"scatterplot" 为二维散点图,"graph" 为形成路径图,"paracoord" 为平行坐标图。

这里画出关联规则的支持度和置信度的散点图,x 轴表示支持度,y 轴表示置信度,颜色表示提升度,如图 12.15 所示。

```
plot( rules )
```

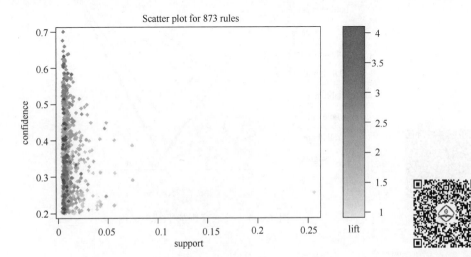

图 12.15 关联规则的支持度和置信度的散点图

调用 subset( )函数选取关联规则的子集,其中:

●第 1 个参数 rules 表示输入的关联规则对象;

●第 2 个参数 subset 表示元素是否需要保留的逻辑型向量,指定 subset ＝ rhs ％ in％ "bottled water"表示取出规则的右侧项集为瓶装水的规则。

调用 plot( )函数画出关联规则的形成路径图,如图 12.16 所示。

```
rules. bottled. water  < - subset( rules, subset = ( rhs) % in%  ( "bottled water" ) )
plot( rules. bottled. water, method  =  "graph" )
```

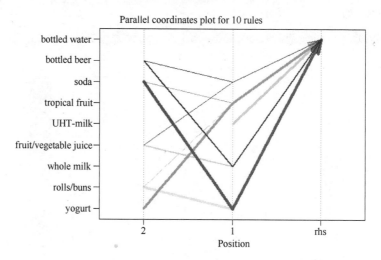

图 12.16　关联规则的形成路径图

调用 plot( )函数画出关联规则的平行坐标图,如图 12.17 所示。

```
plot( rules. bottled. water, method  =  "paracoord" , reorder  =  TRUE)
```

图 12.17　关联规则的平行坐标图

小　结

本章主要介绍了在 R 语言中常用的无监督学习模型,包括 k 均值聚类、DBSCAN 聚类、AGNES 层次聚类和关联分析模型。k 均值聚类需要事先指定簇的数量,基于样本距离做聚类,且会因为初始点选取的不同而得到不同的聚类结果。DBSCAN 聚类不需要事先指定簇的数量,而是根据样本的密度决定聚类结果。AGNES 层次聚类不需要随机选取初始点,且聚类结果是稳定的,即每次结果都完全一样。关联分析模型主要介绍了 APRIORI 算法挖掘关联规则。

本章使用程序包 mlr 实现无监督学习的聚类模型,其优点为接口统一,即使用不同的模型时调用格式保持一致。同时,使用了程序包 arules 实现关联分析模型。

习　题

1. 各种无监督学习模型的特点是什么？主要从适用场景、输入参数、复杂度和效率等角度叙述。

2. 调整 k 均值聚类模型的参数 k,对比结果有哪些不同。

3. 调整 DBSCAN 聚类模型的参数 eps 和 MinPts,对比结果有哪些不同。

4. 调整 APRIORI 关联规则模型算法的支持度、置信度和提升度,对比结果有哪些不同。

参 考 文 献

[1] GERBING D W. R data analysis without programming[M]. New York：Routledge，2014.

[2] 卡巴科弗. R 语言实战[M]. 高涛, 肖楠, 陈钢, 译. 北京：人民邮电出版社, 2016.

[3] 麦克哈贝尔. R 语言数据挖掘[M]. 李洪成, 许金炜, 段力辉, 译. 北京：机械工业出版社, 2016.

[4] 古铁雷斯. 机器学习与数据科学：基于 R 的统计学习方法[M]. 施翊, 译. 北京：人民邮电出版社, 2017.

[5] NOLAN D, LANG D T. Data science in R[M]. New York：CRC Press, 2015.

[6] 莱斯米斯特尔. 精通机器学习：基于 R（第 2 版）[M]. 陈光欣, 译. 北京：人民邮电出版社, 2018.

[7] MELITA N T, HOLBAN S. dGAselID：An R Package for Selecting a Variable Number of Features in High Dimensional Data[J]. The R Journal, 2017, 9(2)：18-34.